**图书在版编目（CIP）数据**

分布式协同控制系统应用场景及对策/王力强，贾永楠著.—北京：知识产权出版社，2023.1

ISBN 978 - 7 - 5130 - 8329 - 4

Ⅰ.①分… Ⅱ.①王… ②贾… Ⅲ.①分散控制系统 Ⅳ.①TP273

中国版本图书馆 CIP 数据核字（2022）第 164199 号

**内容提要**

万事万物的演化过程必定是朝着从简单到复杂、从个体到群体、从个体智能到集群智能的方向发展，故集群智能代表了未来人工智能的发展趋势。本书以集群思想为灵感所设计的分布式协同控制策略的典型应用场景为导向，详细给出从数学建模、理论推导、仿真分析到工程应用的完整解决方案。本书适合自然科学爱好者等人士阅读，可作为高等院校控制科学工程、计算机科学类专业的教材使用，可供控制科学、计算机科学、数学、物理等领域专业人士参考使用。

责任编辑：刘 嵩　　　　　　　　　责任校对：潘凤越

封面设计：红石榴文化·王英磊　　　责任印制：刘译文

**分布式协同控制系统应用场景及对策**

王力强　贾永楠　著

| | | | |
|---|---|---|---|
| 出版发行：知识产权出版社 有限责任公司 | | 网　　址：http：//www.ipph.cn | |
| 社　　址：北京市海淀区气象路 50 号院 | | 邮　　编：100081 | |
| 责编电话：010 - 82000860 转 8119 | | 责编邮箱：liuhe@ cnipr.com | |
| 发行电话：010 - 82000860 转 8101/8102 | | 发行传真：010 - 82000893/82005070/82000270 | |
| 印　　刷：三河市国英印务有限公司 | | 经　　销：新华书店、各大网上书店及相关专业书店 | |
| 开　　本：720mm ×1000mm　1/16 | | 印　　张：13 | |
| 版　　次：2023 年 1 月第 1 版 | | 印　　次：2023 年 1 月第 1 次印刷 | |
| 字　　数：246 千字 | | 定　　价：128.00 元 | |

ISBN 978 - 7 - 5130 - 8329 - 4

# 前　言

老子在《道德经》中提到："一生二,二生三,三生万物。"这句话暗藏着一个亘古不变的道理,即,万事万物的演化过程必定是朝着从简单到复杂、从个体到群体、从个体智能到集群智能的方向发展。集群智能(即集体智慧)是目前人工智能领域五大持续攻关方向之一,代表了人工智能未来的发展趋势。

集群智能面向大规模的多智能体系统(或大系统、群体系统、复杂系统),是一种依靠局部交互和简单规则涌现出协同特征的复杂群体行为的智能表现。分布式是多智能体系统的基本组织方式,决定了集群智能具有鲁棒性、可扩展性、可靠性、灵活性等基本特征。本书主要侧重于从自然界的集群行为获得灵感,设计分布式协同控制策略,解决大规模多智能体系统分布式协同控制问题。

本书从生物、物理和控制三个角度分别给出了分布式协同控制问题的模型由来、模型设计与仿真分析、理论推导和实验验证的完整分析全过程,并由此抽象出解决一般自然科学问题的基本步骤。为了帮助读者更深刻地理解集群策略的基本内涵和使用方法,本书特别给出了各种集群策略对应的应用场景。为理论插上实践的翅膀,从而赋予理论更鲜活的生命力。

本书以集群思想为灵感所设计的分布式协同控制策略的典型应用场景为导向,详细给出从数学建模、理论推导、仿真分析到工程应用的完整解决方案。全书共分为八章,第1章为前言,主要从研究背景、研究意义阐述本书的写作初衷。第2章主要从源头出发,详述集群智能的前世今生,重点介绍自然界和人类社会中的集群现象,分析集群行为所呈现出的典型特征,梳理集群智能和分布式协同的核心内涵。第3章从集群系统和集群智能出发,引出分布式协同控制系统的概念和主要研究方向,介绍了研究该问题所需的基本理论工具及所涉及的共性关键技术。第4章梳理一类可归纳为个体平等的分布式协同控制系统的应用场景,详细给出完整解决决策。第5章梳理一类可归纳为领导者速度恒定的分布式协同控制系统的应用场景,详细给出完整解决方案。第6章梳理一类可归纳为领导者速度可变的分布式协同控制系统的应用场景,详细给出完整解决对策。

第 7 章考虑损伤条件下的分布式协同控制系统的应用场景,详细给出完整解决方案。第 8 章则侧重于介绍分布式协同控制系统的优化对策,结合自然界群居动物的集群行为灵感,从收敛稳定性、收敛速度等方面展开探讨。

这里我们特别想要强调的是,科研的灵感来源于生活,科研的最终目标是服务于生活。带着这样的初心和使命,我们组织了这本书。希望借由这样一本书,能带给您一些启发,用您的慧眼去发现生活中的美,去追寻生命中的光,去领悟生存中闪耀的智慧光芒。同时也希望本书能够起到抛砖引玉的作用,一方面让更多的读者关注到集群思想背后的逻辑思维;另一方面能够秉持复杂性科学的初衷,打破传统学科之间的界限,寻找各学科之间的相互联系、相互合作的统一机制。

钱学森先生在《工程控制论》中首创把控制论推广到工程技术领域,为控制论的研究打开一扇新的大门。在钱老伟著的感召下,本书也有两个小小的首次贡献:一是首次给出基于集群策略的分布式协同控制问题从理论推导、仿真分析和实验验证的完整研究过程;二是首次将严谨的复杂系统稳定性分析与统计学方法相结合,从而得到了许多新鲜、有趣的结论。集群研究方兴未艾,本书抛砖引玉,希望能够引起读者共鸣,共同探讨集群智能的未来。

特别需要指出的是,本书内容基于国家自然科学基金委青年项目"有人机/无人机集群的三维协同控制研究"(No. 61603362)的研究成果以及与匈牙利科学院院士 Tamas Vicsek 教授合作的研究成果。

# 目　录

第1章　集群现象 ································································· 001

  1.1　自然界中的集群现象 ················································· 002

    1.1.1　典型集群现象 ················································· 002

    1.1.2　集群策略的优势 ··············································· 003

    1.1.3　集群策略的困惑 ··············································· 003

    1.1.4　集群现象的启示 ··············································· 005

  1.2　人类社会中的集群现象 ··············································· 005

    1.2.1　从集群行为到分布式协同——人群疏散 ············· 006

    1.2.2　从集群行为到分布式协同——交通堵塞 ············· 007

  1.3　小结 ···································································· 007

  1.4　参考文献 ······························································ 007

第2章　集群系统、集群智能与集群策略 ································· 009

  2.1　集群系统 ······························································ 009

  2.2　集群智能 ······························································ 010

  2.3　集群策略与分布式协同 ·············································· 011

    2.3.1　集群策略的核心思想 ········································· 011

    2.3.2　分布式架构的核心思想 ······································ 012

    2.3.3　集群策略与分布式协同的统一 ····························· 013

  2.4　小结 ···································································· 014

第3章　分布式协同控制系统 ·············································· 015

  3.1　多智能体系统 ························································· 015

  3.2　多智能体的分布式协同 ·············································· 019

  3.3　常用理论工具 ························································· 020

3.3.1　图论 ……………………………………………………………… 020

3.3.2　一致性 …………………………………………………………… 023

3.3.3　人工势场法——吸引排斥函数 ………………………………… 023

3.3.4　李雅普诺夫稳定性定理 ………………………………………… 024

3.4　共性关键技术 ……………………………………………………………… 026

3.5　小结 ………………………………………………………………………… 027

3.6　参考文献 …………………………………………………………………… 027


第4章　个体平等的分布式协同控制系统应用场景及对策 ……………………… 030

4.1　典型应用场景 ……………………………………………………………… 030

4.1.1　搭建通信网络 …………………………………………………… 030

4.1.2　水质监测与搜索 ………………………………………………… 030

4.1.3　搜索和应急救援 ………………………………………………… 031

4.1.4　智慧交通 ………………………………………………………… 031

4.2　对策研究 …………………………………………………………………… 032

4.2.1　引言 ……………………………………………………………… 032

4.2.2　问题描述 ………………………………………………………… 033

4.2.3　分布式协同控制策略设计及系统稳定性分析 ………………… 036

4.2.4　实验验证和讨论 ………………………………………………… 043

4.3　小结 ………………………………………………………………………… 050

4.4　参考文献 …………………………………………………………………… 050


第5章　领导者速度恒定的分布式协同控制系统应用场景及对策 …………… 053

5.1　典型应用场景 ……………………………………………………………… 053

5.1.1　检修机器人 ……………………………………………………… 053

5.1.2　水下搜救 ………………………………………………………… 053

5.1.3　遥感与对地观测 ………………………………………………… 054

5.2　对策研究 …………………………………………………………………… 054

5.2.1　引言 ……………………………………………………………… 055

5.2.2　系统建模 ………………………………………………………… 056

5.2.3　分布式协同控制策略设计及系统稳定性分析 ………………… 058

5.2.4　实验验证和讨论 ………………………………………………… 068

      5.2.5　针对大规模系统的对策研究 ·················· 073

  5.3　小结 ·················································· 080

  5.4　参考文献 ············································· 081


第6章　领导者速度可变的分布式协同控制系统应用场景及对策 ·········· 084

  6.1　典型应用场景 ········································ 084

      6.1.1　农田监测 ······································ 084

      6.1.2　物流机器人集群运输 ····················· 085

      6.1.3　智能电网 ······································ 086

  6.2　对策研究 ············································· 086

      6.2.1　引言 ··········································· 087

      6.2.2　系统建模 ······································ 088

      6.2.3　分布式协同控制策略设计及系统稳定性分析 ·········· 090

      6.2.4　仿真实验验证和讨论 ····················· 099

  6.3　小结 ·················································· 102

  6.4　参考文献 ············································· 102


第7章　考虑部分个体发生故障时的分布式协同控制系统应用场景及
     对策 ······················································· 104

  7.1　典型应用场景 ········································ 104

  7.2　对策研究 ············································· 105

      7.2.1　引言 ··········································· 106

      7.2.2　系统建模 ······································ 107

      7.2.3　通信网络 ······································ 108

      7.2.4　分布式协同控制策略设计及系统稳定性分析 ·········· 108

      7.2.5　仿真实验验证和讨论 ····················· 111

  7.3　小结 ·················································· 119

  7.4　参考文献 ············································· 120


第8章　分布式协同控制系统的优化对策 ·················· 123

  8.1　系统参数的优化 ····································· 123

      8.1.1　引言 ··········································· 124

8.1.2　无人机模型 ·················································· 125

8.1.3　交互机制 ···················································· 129

8.1.4　协同策略设计 ·············································· 130

8.1.5　仿真验证 ···················································· 134

8.1.6　讨论与分析 ················································ 141

8.1.7　结论 ·························································· 144

8.1.8　参考文献 ···················································· 145

8.2　通信半径的优化 ····················································· 147

8.2.1　引言 ·························································· 148

8.2.2　材料和方法 ·················································· 149

8.2.3　结果 ··························································· 156

8.2.4　讨论 ··························································· 157

8.2.5　结论 ·························································· 162

8.2.6　参考文献 ···················································· 162

8.3　平等系统与不平等系统的对比 ····························· 164

8.3.1　引言 ·························································· 165

8.3.2　模型中的定义 ·············································· 166

8.3.3　集群层级化模型 ·········································· 168

8.3.4　仿真与讨论 ·················································· 170

8.3.5　结论 ·························································· 178

8.3.6　参考文献 ···················································· 179

8.4　个体视角的优化 ····················································· 180

8.4.1　引言 ·························································· 180

8.4.2　有限视野下的严格无标度模型 ··················· 182

8.4.3　仿真分析与结果 ·········································· 185

8.4.4　探讨与分析 ·················································· 191

8.4.5　结论 ·························································· 195

8.4.6　参考文献 ···················································· 195

结　语 ····························································································· 199

# 第1章　集群现象

集群现象在自然界和人类社会中普遍存在。

集群现象指的是自然种群在空间分布上往往形成或大或小的群,它是种群利用空间的一种形式。例如,许多海洋鱼类在产卵、觅食、越冬洄游时表现出明显的集群现象,鱼群的形状、大小因种而异。再如,密集人群中的舆情事件、同频鼓掌等现象也体现了集群的思想。经过多年的进化演变,位于食物链顶端的智慧生物——人类同样充分意识到需要通过合作,依靠集体的力量来获得竞争的优势。

从生态学的角度来看,采用集群策略能够为生物赢得生存空间。特别对于那些无法独自生存的生物来说,集群现象具有非常显著的生态学意义。第一,集群有利于个体交配与繁殖。第二,集群对种群内各个体间起到很大的互助作用,当鱼类遇到外来袭击者时,可立即结群进行防卫,往往只有离群的个体才被凶猛的袭击者所捕食。第三,群体的集群索饵也显示出有利的作用,当鱼群中一部分遇到较好的食物环境时,会停留在这个区域,其余部分也将以更快的速度围绕这一地区环游,以便都能获得较好的食物。采用同样策略的还有蚂蚁。第四,在群体运动时可形成有利于运动的动力学条件,比单独行动时的阻力低,游泳的效率最高。第五,集群可能改变环境的化学性质,已有研究表明,鱼类在集群条件下比个体生活时对有毒物质的抵御能力更强。此外,采用集群策略也会带来一些麻烦。例如,群体目标大,有造成大量被捕食的危险;群体内有争夺食物和疾病传播的风险;等等。

你是否曾在漫天的晚霞中驻足欣赏百万级规模的欧椋鸟群呼啸而过,变化着似童话般美好、似沙画般灵动的图案?你是否曾经幻化成一条自由的鱼儿在大海中遨游,为偶然看到的沙丁鱼群环绕成巨大的球体以抵抗鲨鱼的侵袭而伤感落泪?你是否会好奇如此壮观的大规模群体协同行为的背后,到底隐藏着怎样的奥秘?本章将为你层层揭开集群背后的故事。

## 1.1 自然界中的集群现象

集群现象通常出现于具有自我驱动特征的个体所构成的生物群中。尽管单一生物个体在运动、感知和视觉等方面的能力是有限的,但是通过种群中相邻个体成员之间的信息交互所构成的小规模或大规模的群体却能够表现出复杂而协同的集群行为。

### 1.1.1 典型集群现象

如图 1－1 所示,集群行为不仅存在于有生命个体,如细菌的聚合、鸟类的季节性迁徙、鱼类的聚集和洄游、牛群迁徙、蜜蜂的社群行为、蚁群的觅食等,也存在于无生命个体,如分子、星系等。鱼群中的每条鱼利用它的视觉和体侧线来感知水流变化,以期和群体内其他的鱼达到一致的速度和方向。这种高效的集群

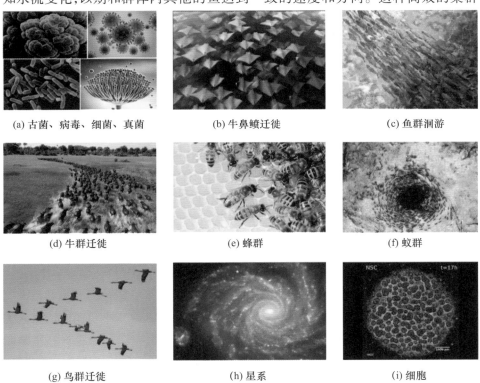

(a) 古菌、病毒、细菌、真菌　　　(b) 牛鼻鲼迁徙　　　(c) 鱼群洄游

(d) 牛群迁徙　　　(e) 蜂群　　　(f) 蚁群

(g) 鸟群迁徙　　　(h) 星系　　　(i) 细胞

图 1－1　自然界中的集群现象

行为对鱼类的搜寻食物、迁徙和逃避天敌都起到非常重要的作用,可以使得鱼群在高速运动中前往同一目标,同时有效避开捕食者或障碍物[1]。此外,自然界中也存在具有危害性的集群行为,如蝗灾[2]。

## 1.1.2　集群策略的优势

总的来说,集群现象是指群体中个体通过相邻个体间的局部信息交换,以某种规则进行自我决策,从而涌现出协同一致的集群行为或者形成一个能够互相合作、自由组织的群体以完成单独个体无法完成的复杂任务。

从生物角度而言,集群策略为生物群体带来了很多优势。例如,牛背鹭在集群觅食过程中,同伴可以惊扰地面的昆虫,使得它们更加容易捕获猎物[3];狮群可以捕食斑马、水牛等大型猎物;丹顶鹤在群体规模增大的情况下可以延长觅食时间;麻雀、白尾鹿利用群体效应更容易发现天敌,个体间通过声音、行为和化学等信号相互报警,提前躲避天敌,降低个体被捕食的风险;白鲦鱼、紫翅椋鸟在大量的群体运动中,迷惑捕食者,减小被捕食的概率;鹭科鸟类、鹟科鸟类以及一些鸦科鸟类的集群行为有益于其在面临天敌时进行集体防御;猫鼬群的群体规模越大,其幼崽越可以得到更好的照顾,提高后代的存活率;帝企鹅在寒冷的冬天会集体抱团取暖孵蛋,以熬过漫长的冬季。总结下来,集群行为至少为生物带来了如下四种优势:第一,减小被天敌捕食的风险;第二,降低觅食的难度;第三,提高交配的效率;第四,有效提升整体防御机制等[4-6]。当然,集群策略也存在一些弊端。例如,在食物资源有限时,集群生活不仅增加了群体内个体的竞争,也增加了疾病传播的风险等。无论如何,集群行为背后所隐藏的协同机制为科研工作者和工程师们提供了丰富的科研灵感。因此,有必要充分认知集群现象,挖掘集群行为背后的协同控制机理,更好地指导和服务人们的生活。

## 1.1.3　集群策略的困惑

早在两千年前,古罗马的普林尼就对成群椋鸟的集群现象进行了观察。20世纪60年代起,美国罗德岛大学名誉教授、鸟类学家弗兰克·赫普纳(Frank Heppner)也开始研究椋鸟的行为。虽然他已经研究了它们五十多年,但这种高度协调一致的动作和飞行依然令他感到困惑。

对集群现象着迷的还有2021年诺贝尔物理学奖获得者乔治·帕里西(Giorgio Parisi)。有一天,他看到罗马火车站上空有成千上万只鸟儿成群结队地飞翔。为什么椋鸟群没有统一的指挥却能如同一个整体自由变换形状? 带着这样的疑问,他与罗马大学物理学家安德里亚·卡瓦尼亚(Andrea Cavagna)等人合作,在马西莫宫(Palazzo Massimo)的屋顶上设置了三台同步高速相机,对同一个鸟群进行了长期的拍摄,以观测冬季迁徙中的椋鸟。他们利用相机拍下的镜头重建出椋鸟运动的三维坐标,在计算机模型中模拟了鸟群中每只椋鸟的位置和速度,从而为椋鸟群创建了一个复杂的3D模型。他们用统计物理方法分析了数百万只椋鸟如何形成一个整体。

实验数据表明,虽然椋鸟群形态复杂多变,但维持椋鸟群的机制却很简单:个体根据距离它最近的七只邻居个体的动作对自身行为做出调整,就能在群体层面涌现出复杂形态。当其中一只鸟改变了速度和飞行方向,其周边的其他个体会迅速跟进,并协调一致地做出改变。通过这种方式,信息会迅速地在整个庞大的鸟群中传递。尽管每只鸟只受到周围邻鸟的影响,但每只鸟的运动又都会最终影响到整个鸟群且同时受到鸟群的影响。这样,信息以恒定的速度在鸟群中传播。结果就是群体决策的速度极快,以至于通常由一只外围的椋鸟发出的转向信号可以在半秒的时间内传遍400只椋鸟组成的鸟群(速度约为145 km/h)。

鸟群在天空中齐鸣时组成的各种形状和图案都被赋予了极具画面感的名字,如液泡、警戒线、闪光膨胀。荷兰格罗宁根大学进化生命科学教授夏洛特·赫默里克(Charlotte Hemelrijk)说,最迷人的景象或许是当一大群椋鸟像流动的云朵一样快速变换着形状,鸟群疏密间形成了一条条黑色的绸带。

集群以抵御捕食者的理由,并不能完全解释为什么欧洲椋鸟会在天空中组成如此美丽的图案。当猎鹰划破夜空,一群椋鸟紧紧地结团飞行,这种形状叫作警戒线。成千上万的鸟儿一齐翩飞,旋转又俯冲,似一场高度协同的芭蕾舞表演。当猎鹰高速逼近时,椋鸟群会挤缩在一起以避免被擒获。从地面上看,这些“搅动波”似乎意味着椋鸟们聚集得更紧密。但实际上,我们看到这种波纹是因为鸟儿正在斜向上飞行,倾斜的翅膀划出更大的区域给下方的鸟儿观测。换句话说,除了锚定周围的七只鸟以外,椋鸟们也在追随头鸟的方向。赫默里克说:“我们的最新模型表明,椋鸟模仿邻鸟的行为,使运动的信号在整个鸟群得以传播。”赫默里克还发现有证据表明,椋鸟群组成的图案可以用来迷惑鹰和其他猛禽类掠食者,从而使它们更加难以瞄准那些掉队的椋鸟。赫默里克用复杂的计算机模型分析出了椋鸟集体逃脱的模型,再专门与掠食者鹰或隼的活动进行关联。

为什么欧洲椋鸟要聚集起如此庞大的群体一起在空中盘旋呢?这是一个令

人困惑的问题。最常见的解释是"在一起更安全",也就是说,集群是应对天敌的一种保护性反应。人们最初可能会认为椋鸟更倾向于缩短飞行时间,可实际上这样的壮观景象常常要持续 30 ~ 45 min,椋鸟的体能会以惊人的速度被消耗。与此同时,它们的行为实际上吸引了捕食者的目光,增加了曝光的危险。

　　另一种可能的解释是"抱团取暖"理论。该理论认为,齐鸣的声响发挥着为栖息地进行宣传的作用,以此吸引更多的椋鸟到鸟群中以抱团取暖。为了解开这个谜团,格鲁斯特大学和英国皇家生物学学会的研究人员整理了来自 3000 多个椋鸟群的数据,这些数据是 2014 年和 2015 年来自 23 个国家的志愿者帮助收集的。2017 年发表的论文显示,温度和椋鸟群的大小之间没有相关性,抱团取暖的假设失去了支撑。研究还发现,椋鸟群中出现鹰、隼或其他猛禽的数据不到三分之一,这为捕食理论提供了一些支持,但至今仍无法解释为什么这些鸟儿要聚在一起组织一场如此漫长的表演。

### 1.1.4　集群现象的启示

　　集群现象以其强大的魅力吸引了众多学者的目光。目前已经有了一些得到普遍认可的研究结果。集群策略,又可称为"无标度相关"(Scale – free Behavioral Correlation)的行为机制。集群行为具有有趣的"临界"特征。"临界"指的是恰好处在"有序"与"无序"之间的状态,类似于相变的临界点处。此时,一个群体既能保持其稳定性,又能保证个体的信息在群体中有效地传递。结合上述集群现象,我们可以发现,采用集群策略的群体具有如下共性优势。

　　第一,集群策略响应速度极快,信息在群体内部传播的速度极快,且不因规模的增大而降低群体响应速度,如游离尾蝠、欧椋鸟、蝗虫等。

　　第二,集群策略往往是在单个生物体无法应对的情况下,催生出的一种生存策略,如抵御敌害、远途迁徙、繁殖后代等。

　　第三,集群行为具有典型的分布式特征,每个个体具有典型的自驱动特性,因而具有极大的灵活性,如帝企鹅抱团取暖时的交替换班、大雁南飞时头雁轮值等。

　　第四,集群策略尤其适用于大规模、超大规模群体的协同行为,且个体间完全不会发生碰撞,体现了大自然进化的鬼斧神工。

## 1.2　人类社会中的集群现象

　　集群现象不仅广泛存在于自然界中,在人类社会中也很常见。例如,人群的同频鼓掌、人群的聚集与疏散、交通流的阻塞和疏导等(图 1-2)。人类社会中的集群行为又称集合行为、集体行为、大众行为,它是与处在既定的社会规范的制约之下的群体行为相对而言的,是一种在人们的互动中自发发生的无指导、无明确目的、不受正常社会规范约束的众多人的协同行为。最常被提及的一个集群行为特征是对原有的个人信念和人生态度的抛弃,取而代之的是新的集体行为模式。尽管集群成员的背景各不相同,他们在集群中的行为通常都遵守一套新的共同规范,统一的集群精神应运而生。

(a) 人群同频鼓掌     (b) 交通流

图 1-2　人类社会中的集群现象

## 1.2.1　从集群行为到分布式协同——人群疏散

实际上,人类正是以集群的形式居住在城市或农村。除此之外,人类社会活动中还存在许多集群行为。例如,国内外举办的大型活动中经常发生拥挤踩踏事故。据不完全统计,自 2000 年以来,在国内外的大型活动中共发生 100 余起拥挤踩踏事故,导致近 6000 人死亡、近 10000 人受伤,造成了极其恶劣的社会影响。2011 年,日本发生 9 级大地震,引发约 10 m 高的海啸,死亡人数接近 16000人,失踪人数超过 2500 人。2019 年,全中国火灾发生次数超过 23 万起,伤亡人数总计超过 2000 人,直接财产损失达到 36 亿元。当地震、火灾、踩踏等自然和非自然灾害来临时,如何有效疏散人群成了一个亟须解决的问题。如果可以利用集群的机理去影响、调整甚至控制人们的行为和社会活动,那么就可以避免很多悲剧的发生。

在 2008 年汶川地震中,处于地震最严重地区的安县桑枣中学,2300 名师生按照计划在一分钟内完成了人员疏散,有序地撤离到操场。桑枣中学的案例就应用了集群现象中的分布式协同思想,在地震发生之前多次演练撤离方案,能够在人群密集的地方有效控制人流的移动方向和速度,使其行为保持一致,从而提高了灾难来临时的人员疏散速度,进而大大减少人员与财产的损失。

### 1.2.2　从集群行为到分布式协同——交通堵塞

随着人类社会的不断发展,城市规模不断扩大,人口密度越来越大,城市交通堵塞问题日趋严峻,大大增加了人们的出行成本。截至 2020 年年底,北京市机动车保有量达 657 万辆,其中,私人小微型客车保有量达到 473 万辆,工作日出现交通堵塞的时间超过两个小时。根据中国社会科学院统计数据:每天在交通拥堵问题上增加的社会成本约为 4000 万元,全部损失超过 140 亿元。交通拥堵不仅增加了出行所需的时间,而且燃油消耗也随之增加,影响人们的日常生活,导致尾气、噪声污染等一系列社会经济问题。

如果能将集群中的分布式协同思想应用到以上社会问题中,则能够大量减少人员及财产损失,起到积极的社会推动作用。许多国家已经开始将集群的思想应用于城市交通控制中。例如,美国运输部实施了“国家智能交通系统项目规划”,降低了 20% 的交通堵塞,该项目规划包括了控制交通流量、调控车辆行为、交通信息共享、实时传输并应用交通信息等控制手段,已经在 80% 以上的交通设施中应用了智能交通系统。2016 年,欧盟通过了“欧洲合作式智能交通系统战略”,计划大规模推广合作式智能交通系统,实现汽车与道路设施之间、汽车与汽车之间的“智能沟通”,以降低道路交通事故死亡率,实现在 2010 年到 2020 年将交通死亡总人数降低一半的目标。

## 1.3　小结

本章主要介绍自然界和人类社会中的集群现象。研究集群现象,对了解自然界具有深远的科学价值;探索集群思想,对理解人类的社交模式和发展趋势具有重要的借鉴意义;挖掘集群背后的机理,对解决复杂的系统工程具有广阔的应用前景。

## 1.4　参考文献

[1] VABO R,NOTTESTAD L. An individual – based model of fish school reactions:Predicting anti-predator behaviour as observed in nature[J]. Fisheries Oceanography,1997,6:155 – 171.

[2] COUZIN I D,KRAUSE J. Self – organization and collective behavior in vertebrates[J]. Ad-

vances in The Study of Behavior,2003,32:1 – 67.

［3］SCOTT D. The feeding success of cattle egrets in flocks［J］. Animal Behavior,1984,32（4）:1089 – 1100.

［4］余玉群,刘楚光,郭松涛,等.天山盘羊集群行为的研究［J］.兽类学报,2000,20（2）:101 – 107.

［5］FOSTER W A,TREHERNE J E. Evidence for the dilution effect in the selfish herd from fish predation on a marine insect［J］. Nature,1981,293:466 – 467.

［6］OLSON R S,HINTZE A,DYER F C,KNOESTER D B,ADAMI C. Predator confusion is sufficient to evolve swarming behavior［J］. J. R. Soc. Interface,2013,10:20130305.

# 第 2 章　集群系统、集群智能与集群策略

　　《生物群》系列纪录片的制片人约翰·唐纳(John Downer)说:"自然通过两种进化方式创造智慧行为。一种方式是,个体生物体形成大而复杂的大脑,例如人类。另一种方式是,由数百万长着小脑袋的生物构成一个群体,它们相互进行交流,例如生物群。"

　　在自然界中,存在大量的群体行为。通过观察和研究发现,这些群体行为有一个共同点,即通过生物个体之间的交流和协作,使得群体呈现出一定的智能行为,而且每个个体是通过观察其他一部分个体的行为调整自己的动向。与单个个体行为相比,群体行为有很多优势,例如更快地找到食物、躲避天敌等。

　　随着对自然界和人类社会中群体行为研究的不断深入,人们逐渐意识到,可以把这些群体行为中的合作机制应用到工程实践中,这就促进了集群系统、集群智能、集群策略的研究。通过对集群系统的系统分析、系统建模以及系统控制的研究,可以探索群体间协同现象的内在原理和机制,由此可以对集群系统进行更为深入的研究,为规模庞大、目标多样、子任务繁杂的复杂系统提供更好的理论指导与技术支撑。

## 2.1　集群系统

　　生物群一般是由一个个小的个体组合起来的,秉持着合作和自组织的精神,遵循着某个规则,从而完成单独个体很难胜任甚至无法完成的高级任务。自然界中的集群行为往往是动态的过程,对其中的利弊进行权衡,使其获得的利益最大化,以适应多变的自然环境。

　　研究这些生物的集群行为,不仅能更好地学习生物的行为规律,而且可以将其高效的、协同的行动运用到人类生活的方方面面,最典型的例子就是如何利用动物的高效的同步性、信息传递的准确性和躲避碰撞的精确性来控制无人机集群和卫星群,以便达到最优的调度。再如,发生蝗灾的一个重要因素就是蝗虫密

度过大,它们会相互影响,就会组成有秩序的蝗群,因此研究和预测蝗虫的群体行为,有助于控制蝗灾的爆发。

从自然界的生物(动物、植物、微生物等)和人类社会中汲取集群现象的灵感,研究集群智能的涌现机理,复现并优化多智能体集群行为的系统称为集群系统。集群系统的核心优势是可以在付出较低成本的情况下获得在性能、可靠性、灵活性方面的相对较高的收益。深入探究集群系统,不仅具有较高的社会效益和经济效益,还有助于国家抢抓人工智能发展的重大战略机遇,增强人工智能发展的先发优势,加快建设科技强国。

集群系统,是由大量智能体基于开放式体系架构进行综合集成,以通信网络信息为中心,以系统的群智能涌现能力为核心,以平台间的协同交互能力为基础,以单平台的任务执行能力为支撑,构建的具有抗毁性、低成本、功能分布化等优势和智能特征的多智能体体系。

## 2.2 集群智能

集群智能源于自然界中广泛存在的生物集群行为,后来与经济学、社会学、管理学、控制工程、计算机科学等都存在着密切的联系。集群智能(Swarm Intelligence)目前并没有统一的定义。一般来说,在某群体中,若存在众多无智能或低智能的个体,它们通过相互之间的简单合作所表现出来的智能行为,称之为集群智能。

集群智能具有如下特点:第一,控制是分布式的,不存在中心控制,因而它更能够适应当前网络环境下的工作状态,并且具有较强的鲁棒性,即不会由于某一个或几个个体出现故障而影响集群对整个问题的求解。第二,集群中的每个个体都能够改变环境,这是个体之间间接通信的一种方式,这种方式被称为激发式(Stigmergy)。由于集群智能可以通过非直接通信的方式进行信息的传输与合作,因而随着个体数目的增加,通信开销的增幅较小,因此,它具有较好的可扩充性。第三,集群中每个个体的能力或遵循的行为规则非常简单,因而集群智能的实现具有便捷性、简单性的特点。第四,集群表现出来的复杂行为是通过简单个体的交互过程涌现出来的智能(Emergent Intelligence),因此集群具有自组织性。集群智能可以在适当的进化机制引导下,通过个体交互以某种涌现形式发挥作用。这是个体及个体智能都难以做到的。

目前,全球人工智能领域人类科学技术水平迅速发展,其中有关人工智能技术的研究更是如日中天。人工智能技术以及自动控制技术等相关技术的发展，给集群智能的研究带来了新的机遇与挑战。

2017 年，国务院发布的《新一代人工智能发展规划》中指出，群体智能理论是新一代人工智能的八大基础理论之一，应着重研究群体智能结构理论与组织方法、群体智能激励机制与涌现机理、群体智能学习理论与方法、群体智能通用计算范式与模型。此外，该规划还指出，群体智能关键技术是新一代人工智能八大关键共性技术之一，并且群体智能服务平台是新一代人工智能的五大基础支撑平台之一。前者主要涉及开展群体智能的主动感知与发现、知识获取与生成、协同与共享、评估与演化、人机整合与增强、自我维持与安全交互等关键技术研究，构建群智空间的服务体系结构，研究移动群体智能的协同决策与控制技术。后者则以建立群智众创计算支撑平台、科技众创服务系统、群智软件开发与验证自动化系统、群智软件学习与创新系统、开放环境的群智决策系统、群智共享经济服务系统为核心内容。科技部发布的《科技创新 2030—"新一代人工智能"重大项目 2018 年度项目申报指南》中亦明确指出，集群智能是人工智能领域的五大持续攻关方向之一。作为复杂系统和人工智能领域研究的一大重要方向，集群系统在航天、国防、交通与农业等多个领域具有广泛的应用前景。

## 2.3　集群策略与分布式协同

### 2.3.1　集群策略的核心思想

集群现象以其独特的魅力受到了生物学家、物理学家、控制专家、计算机专家、社会学家等各领域学者的广泛关注，他们试图利用各种研究工具通过建模、仿真、推导等方式来研究群体如何在无法获得全局信息且存在外界干扰的情况下，仍能保持协调一致的行为。

自驱动的个体依靠局部的信息交互和简单的规则，最终呈现出一个有序的、同步化的整体运动。这种不需要中心节点集中控制而由个体局部行为涌现出的群体智能，其效能远超个体能力。这种效应表现为生物群体生存、捕食等能力的提升。这类远远超过群体中个体单独行动所获得收益的行为，使得种群的利益得到了最大化。因此，集群思想的核心可以总结为依靠规模优势，在付出较低成本的情况下，获得性能、可靠性、灵活性、可扩展性等方面相对较高的收益。

因此,集群思想在工程上具有极大的应用价值:第一,低成本。集群策略的实施对智能体本身智能性要求不高,仅需要简单的数据处理能力、计算能力、环境感知能力以及智能体之间信息交互的能力即可。第二,可扩展。集群策略的无标度相关性特征,使得集群策略可以方便地从小规模群体推广应用到大规模群体中,而不用担心因种群规模增大而导致的计算量、通信量等呈指数规模增大的难题。第三,性能高。在智能体自驱动和分布式架构的基础上,在无全局信息通信的前提下,依靠智能体之间的局部交互涌现出协同的、远超个体效能的群体行为,可用来解释集群智能的涌现。第四,鲁棒性。智能体之间依靠自组织的特性,在系统内部分智能体损坏的条件下,依然可以继续完成既定的复杂任务。这也正是集群核心思想的体现。

## 2.3.2 分布式架构的核心思想

分布式作为一种组织形式,主要是相对于集中式而言,广泛存在于诸多领域。例如,分布式计算是计算机科学的研究方向之一。它研究如何把一个需要非常巨大的计算能力才能解决的问题分成许多小的部分,然后把这些部分分配给多个计算机进行处理,最后把这些计算结果综合起来得到最终的结果。分布式网络存储技术,则是采用可扩展的系统结构,利用多台存储服务器分担存储负荷,利用位置服务器定位存储信息,将数据分散地存储于多台独立的机器设备上。无论是分布式计算还是分布式网络存储系统,不但解决了传统集中式计算和集中式存储系统中单计算机和单存储服务器的瓶颈问题,还提高了系统的可靠性、可用性和可扩展性。

分布式控制系统(也称集散控制系统)则主要是对生产过程进行集中管理和分散控制的计算机控制系统,是随着现代大型工业生产自动化水平不断提高和过程控制要求日益复杂应运而生的综合控制系统。它融合了计算机技术、网络技术、通信技术和自动控制技术,是一种把危险分散、控制集中优化的新型控制系统。系统采用分散控制和集中管理的设计思想,分而自治和综合协调的设计原则,具有层次化的体系结构。分布式控制系统已在石油、化工、电力、冶金以及智能建筑等现代自动化控制系统中得到了广泛应用。

综上可见,分布式组织架构的核心思想非常清晰。就是把一个复杂的任务(或机构、组织等)分解成若干个子任务(或子机构、子组织等),依靠子任务之间的协同配合,达到完成复杂任务的整体目标,在提高系统的可靠性、可扩展性、性能、灵活性等方面具有重要的价值。

本书中,我们重点研究的是分布式协同控制系统,主要是针对采用分布式的组织架构,以能够实现群体协同为目标的多智能体系统开展相关的研究工作。

### 2.3.3　集群策略与分布式协同的统一

章鱼是地球上最"魔性"的动物之一,也是非脊椎动物中最聪明的生物类群之一。它拥有巨量的神经元,60%分布在章鱼的八条腿上,仅有40%在大脑,因此它的触角有独立思考能力且反应敏捷,在猎捕时异常灵巧迅速,腕足之间配合极好,从不会缠绕打结,形成类似分布式计算的"多个小脑 + 一个大脑"组合。利用"多个小脑 + 一个大脑"的分布式赋能思维,中欧国际工商学院的黄钰昌教授为步步高企业打造了连锁经营新机制,帮助步步高实现数字化转型和快速规模化。如果把每家加盟店都看作一个自我驱动的个体,那么企业数字化转型实际上就可以等效成如何设计每家加盟店的经营策略,以实现整个企业的利润率最高的目标。如果我们对集群策略有深入的研究,那么就可以为这个数字化转型的案例提供更好的优化方案和更深刻的理论支撑。

黄教授认为所谓数字化就是搭建开放的多边协同网络,通过更细、更多元的分工以及更松散的组织架构,产生强大的创新动力。企业的组织形式也从类似于集中式的树状结构,逐渐演变成网状生态的分布式架构。这种组织形式最大的好处在于,除了能够产生强大的创新力,还具有应对外界不确定性因素等抗风险的能力。这恰恰是集群策略和分布式架构的优势。

显然,除了工程应用,分布式协同的思想在管理学、社会学等方面也具有重要的借鉴价值。特别是面向当前的数字化转型这一重要历史机遇,具有深远的意义。

我们要强调,这里所提的集群,专指自然界或人类社会中自驱动的个体依靠局部的信息交互和简单规则涌现出复杂群体协同行为的现象,并不单纯是聚集在一起的意思。

研究集群问题,实际上就是研究集群智能涌现的问题。在本书中,集群控制问题与分布式协同控制问题可以看作同一类问题。二者均面向由多个智能体(或组织或机构或任务)构成的复杂系统,前者更强调最终要实现的结果,后者则更强调问题得以解决的组织形式。又或者可以把集群控制问题看作一类特殊的分布式协同控制问题,是一类专注于借鉴生物集群的思想设计控制协议以解决分布式协同任务的问题。

## 2.4 小结

本章主要介绍集群系统、集群职能的定义和特点,给出集群策略的核心思想。初步探究了集群策略与分布式协同的关系,并结合实际案例说明了二者核心思想的协调统一。之所以单独把集群系统作为一章,是因为集群策略是解决分布式协同控制问题的重要方法之一,并且其深刻的思想内涵不仅对工程应用具有广泛的参考价值,而且对企业管理、商业逻辑、舆情控制等都有重要的借鉴作用。

# 第3章 分布式协同控制系统

科学家和研究人员在很早的时候就通过观察自然界中存在的现象来进行相应的科学研究,并在此基础上达成了许多惊人的科技成就。

在生物学领域,集群行为一直是被关注的焦点。不同的生物个体会自发地在空间上聚集成一个整体行动或形成有序的同步化运动,如候鸟成群地迁徙、鱼类在海洋中的集体巡游、哺乳类动物的合作捕食、集体觅食的昆虫和微生物[1-3]等,这种宏观有序的集体行为表现出单个个体所不具备的集群智能性[4],可以保证个体在觅食、交配、躲避天敌等活动中获得单独行动所得不到的收益。

人类社会中也有很多生动的实例:人群恐慌和人群疏散、多人博弈中的合作形成、时尚现象等,经过局部个体之间的信息传递和交互作用后,在整体层面上表现出高效的协同合作能力和高级智能水平。

如上所述,集群行为是群居生物的一种集体行为,个体只能感知到附近可以感知到的邻居个体的信息。在缺乏集中协调和控制机制的前提下,这些个体如何通过局部协调规则和控制策略来实现觅食、躲避敌害过程中协同的群体行为呢?本章重点探讨如何利用集群思想解决多智能体系统的分布式协同控制问题。

## 3.1 多智能体系统

自然界中的集群行为启发了多智能体系统的出现和发展,随着近年来计算机网络、通信以及传感器等技术的快速进步和发展,智能移动机器人以及无人驾驶飞行器的研究逐渐成为科学研究的前沿领域,多智能体系统也引起了国内外专家学者们的广泛关注。针对多智能体系统设计分布式协同控制算法,可以完成单个智能体所不能完成的复杂任务,在海洋资源的开采、大面积灾情搜救、集群作战等社会服务、公共安全及国防装备升级等各方面都有重要应用。

多智能体系统的概念是在不同的领域,沿着不同的研究思路产生和发展起来的,是生物学、计算机科学、系统控制科学和物理学等众多学科交叉融合的结果。目前,对智能体和多智能体系统并没有严格的定义。一般来说,智能体(也称为个体)可以代表一个物理或者抽象的实体。智能体应该具有一定的自主能力,如感知外部信息、处理获得的信息、自我控制的能力等。多机器人系统、传感器网络、人造卫星簇等都属于多智能体系统。

在计算机领域,1986 年,MIT 的著名计算机科学家及人工智能学科的创始人之一马文·明斯基(Marvin Minsky)在 *The Society of Mind* 一书中提出了智能体(Agent)的概念[5],每个智能体具有和其他智能体、最终和人(终端操作者)交互信息的能力。不同智能体间具有合作和竞争两个方面的相互作用:合作是指不同的智能体相互协调,共同完成单个智能体不可能完成的群体任务;竞争是指不同的智能体在协调合作的过程中又需要争夺有限的计算和通信资源。这样一群理性个体及其之间的相互作用就构成了多智能体系统。多智能体系统因具有较高的灵活性和适应性,逐渐成为分布式人工智能领域的研究热点[6-7]。

在控制科学与工程领域,经历了从对单个系统的控制[如比例–积分–导数(PID)控制、自适应控制等]到对多个相互关联系统控制的演变过程。近些年来,随着人工智能、计算机、通信、传感器和微电子等技术的迅速发展,控制系统的基本结构和运行模式发生了根本的改变。系统的各个组成单元不再只是具有单一功能的受控对象、传感器或控制器,而成为具备一定的传感、计算、执行和通信能力的智能体。其中,智能体间的信息交流实现了协调合作的过程,这一过程取代了整个控制和决策的过程,通信和协作扮演着越来越重要的角色。这样的系统不追求单个的、庞大的、复杂的体系,而是通过相互通信、彼此协调,共同完成复杂系统的协同控制作业任务,使系统具有更强的鲁棒性、可靠性和自组织能力。

从系统和控制理论的角度看,多智能体系统的研究具有很多新的特点:第一,多智能体系统在结构上具有"个体动态 + 通信拓扑"的特点,即系统中每个智能体通过和其他智能体交换信息来调节自己的动态行为。因此,系统的整体动力学是由每个智能体的动力学和所有智能体之间的通信拓扑共同决定的。第二,多智能体系统的动力学是由简单的个体行为规则和局部信息产生的,即群体行为是所有智能体通过相互合作而涌现出的自组织运动。第三,从控制目标来看,多智能体系统的协调控制的基本任务是实现期望的系统构型和整体运动方式,如一致性问题(Consensus)、编队控制问题(Formation Control)、聚集问题(Rendezvous)、集群问题(Swarm)、姿态调节问题(Attitude Alignment)等。

　　回顾不同学科领域对多智能体系统的研究,我们可以发现,尽管在不同领域针对多智能体系统的研究存在着不同的研究思路和建模方法,以及不同的出发点和动机,但是不同领域中的多智能体系统拥有着相同的特点,这些特点包括自主性、分布式特性以及进化性。智能体所拥有的自主性表示智能体拥有自我管理和自我调整的能力,这反映在智能体能依据其身处的不断变化的外界环境自动地对自己的状态和行为进行适当的调整而不是被动地接收外界环境变化的刺激。智能体所具有的分布式特性表示智能体能够与其他智能体或人类协同作业以解决问题。智能体所拥有的进化性表示智能体具有学习能力,能够不断积累经验和学习知识以优化自身行为来适应不断变化的外部环境。构成多智能体系统的两大要素,即群体的整体目标及群体行为、局部的相互作用方式及个体的行为模式。

　　总结目前各领域学者们针对多智能体系统的研究,主要集中在系统分析、系统建模以及系统控制三个方面。在针对多智能体系统分析的研究中,学者们主要研究的是多智能体系统中智能体间的通信拓扑对整个系统运动状态,以及完成任务如何产生影响、产生什么样的影响[8]。这些影响主要包括:智能体间通信的影响,如在实际应用中通信信道存在的噪声、丢包、异步、时滞等现象对系统性能的影响;拓扑结构的影响,在这部分中学者们主要研究拓扑结构实现协调控制时通信拓扑结构必须满足的条件;外部作用的影响,主要分析多智能体系统的终态受到外部信号的何种干扰,在这个问题中多智能体系统通常与含有外部作用的模型对应。而在系统建模的研究上,学者们通常根据所研究多智能体系统不同的性质对智能体之间的通信拓扑以及单个智能体动力学模型进行建模,以进行深入的分析和研究。在建模分析中,智能体之间构成的通信拓扑可以分为单向的和双向的、切换的和定常的、有时滞的和无时滞的;而依据建模的多智能体系统中包含的智能体的动力学特点,可以将系统划分为连续时间系统和离散时间系统、非线性系统和线性系统。

　　在目前针对多智能体系统的建模中大体可以分为[9]:排斥－吸引相互作用模型[7]、粒子群模型(Particle Swarm Model)[10]、Boid 模型[11]、网络化系统与图论描述含外部作用的模型[12]。关于多智能体系统的协同控制问题,专家和学者们已经发表了诸多研究成果,总结来看相关的研究可以划分为以下几类。

　　第一类,蜂拥问题(Flocking Problem)[13]。蜂拥问题是因克雷格·雷诺兹(Craig Reynolds)提出的著名的 Boid 模型而产生的。在 Boid 模型中,每个个体在飞行中均遵循三条基本规则:碰撞规避(Collision Avoidance)、速度匹配

(Velocity Matching)和相互靠拢(Flock Centering)。这三条规则又被简单地称为分离(Separation)、调整(Alignment)和聚集(Cohesion),它比较精练地总结了自然界大多数群体运动的基本特征。它所要达到的目的是使所有的智能体的速度值趋于一致,智能体之间的距离达到稳定的期望值,并且智能体之间不能碰撞。基于这三条基本规则,研究人员设计了满足不同要求和条件的蜂拥控制算法[14]。

第二类,集群控制问题(Swarming Problem)。集群控制要求群体中所有的个体能够收敛并保持在一个以群体的加权中心为中心的有界范围内。在自然界中,集群行为无处不在,例如,南非成群洄游的沙丁鱼遇到鲨鱼掠食时,为了保护自己不受袭击,自发地汇聚在一起形成巨大的"诱饵球"。研究多智能体系统的集群行为是理解生物复杂性的一个途径,有可能以此来解释集群智能产生的原因。此外,我们可以借鉴生物这种集群行为的智慧,将基于邻居信息的分布式策略应用在多智能体系统的协调控制中。集群问题要求多智能体系统中的每个个体都能够收敛到一个以多智能体集群加权中心为中心的有界范围内并保持稳定。

第三类,包围控制问题(Containment Control Problem)[15]。包围控制问题指的是依据一定的控制律控制多个智能体运动,一部分智能体形成一定的凸包队形,其余的智能体能够进入并保持在凸包内。例如,在自然界中,雌性桑蚕会间歇性地发出激素来吸引雄性桑蚕,雄性桑蚕最终进入由雌性桑蚕张成的凸包内。一组智能体由一个地方迁移到另一个目的地,其中一部分智能体具有较强的探测、接收、处理并反馈信息的能力,另一部分智能体在这方面就比较弱。为了抵御外敌的入侵,由具有良好装备的智能体在外围形成一个凸包,所有装备比较弱的智能体处于由装备精良的智能体张成的安全区域内。

第四类,一致性问题(Consensus Problem)[16]。一致性问题研究的是如何设计控制律让多智能体系统中的智能体的某些状态变量收敛到一个相同的值并达到一致,其要求系统中的智能体能够对其所处环境的变换表现出相应的行为调整。为了达到一致性,需要每个智能体都遵循一定的规则,即要为每个智能体设计一个"一致性算法"(或一致性协议)。如果所设计的一致性算法有效,一组智能体就会在这个一致性算法的要求下,对环境的变化做出反应,在"发生了什么变化"这一问题上达成共识。例如,水中的鱼群向同一个方向游动,这里的游动方向就是鱼群所共享的信息。如果游在前面的鱼发现了某种潜在的危险或新的食物源而改变了自身的方向,后面的鱼会根据自己邻居的方向来调整自己的方向,整个鱼群则在游动方向上达到新的一致。

　　第五类,编队控制问题(Formation Control Problem)。编队控制问题是指所有智能体通过邻居间的信息交互,在无参考信号或虚拟领导者的情形下形成某种几何图形,或者在有参考信号或虚拟领导者的情形下形成期望的几何图形并跟踪参考信号或虚拟领导者。我们称多智能体系统在无参考信号或虚拟领导者的情形下的编队控制为"编队生成"(Formation Producing),多智能体系统在有参考信号或虚拟领导者的情形下的编队控制为"编队跟踪"(Formation Tracking)。例如,文献[17-19]中研究编队生成问题;文献[20]中研究编队跟踪问题。

　　多智能体系统作为人工智能领域里一个非常重要的分支,随着人工智能、控制理论研究的快速发展以及科研人员对现代科学的不懈探索和发展,多智能体系统已经逐步成为不同学科领域研究的热点问题。

　　这里需要特别指出的是,一般来说,集群控制问题指的是个体聚在一起,蜂拥问题则不仅要求个体呈现密集且稳定的队形,还要求个体之间保持同样的速度大小和方向。本书中所说的集群控制与蜂拥控制的目标一致。

## 3.2　多智能体的分布式协同

　　多智能体系统的分析和研究主要集中在研究系统内智能体动力学特性以及智能体间构成的通信拓扑对整个系统最终运动状态的影响。多智能体系统通常采用分布式体系架构,依托信息交互网络,以最终形成协同的整体行为为目标。因此,集群系统或者狭义的多智能体系统也可称为分布式协同控制系统。多智能体系统是侧重于从被控对象的角度定义复杂系统,分布式协同控制系统则是侧重于从控制方式的角度定义复杂系统,而集群系统是侧重于从任务的角度定义复杂系统。本书中,我们将以多智能体系统为研究对象,以系统内智能体的动力学特性为约束条件,以集群现象(策略)为设计灵感,重点阐述多智能体系统的分布式协同控制问题。

　　分布式协同控制系统具有很大的灵活性、鲁棒性和抗干扰能力。对分布式协同控制系统的研究不仅能够帮助我们更好地理解自然规律,还能够为多智能体系统在工程实践中的应用打下坚实的理论基础。目前,分布式协同控制系统已经在多车辆/机器人系统、通信网络、自治公路系统、人造卫星簇等方面得到广泛的应用。

从具体实施的角度看,利用多智能体(如无人机)平台自主形成集群需要高度一致的协同能力,可以说协同控制是多智能体集群技术的基础,协同行为所涌现出来的集体智慧是多智能体集群技术的核心[21]。然而针对大规模多智能体系统的协同控制任务,传统的集中式协同控制方法无法很好地解决因系统规模所导致的巨量信息实时处理等问题。与此形成鲜明对比的是,大自然中上百万数量规模的欧椋鸟却可以轻松完成优美的空中动态集群表演,数十亿数量规模的沙丁鱼在迁徙中也可以呈现出完美的集群运动。因此,受大自然启发所衍生出的分布式协同控制技术,被认为是解决大规模多智能体系统集群协同的有效方案[22-23]。

以近年异常火爆的无人机灯光秀为例,无论是2015年最早由Intel缔造的百架无人机灯光秀,还是目前吉尼斯世界纪录的保持者——亿航于2018年5月在西安举行的1374架无人机灯光秀,采用的都是集中式协同控制技术,也就是说,基于GPS导航定位、预先为每架无人机设计好固定的运动轨迹,无人机之间并没有通信和交互。亿航1374架无人机组成的灯光秀,虽然创造了吉尼斯世界纪录,但在隔日的正式表演中却意外失败,充分暴露出集中式协同控制方法在系统达到一定规模后的控制效果并不尽如人意。此外,北京航空航天大学、泊松科技、罗兰大学等国内外多家团队在室内和室外实现了基于分布式架构的无人机集群实验,但目前实验规模尚在百架之内,这也预示着针对大规模复杂系统的分布式集群协同技术仍不成熟,尚无法稳定应用于实际项目中。虽然大规模群居动物的集群现象在自然界中普遍存在,但是针对大规模多智能体系统的集群协同问题仍面临极大挑战。深入了解集群行为背后的协同机制,为各种集群行为的涌现给出合理的解释,是推动分布式协同控制技术发展和进步的关键。

## 3.3 常用理论工具

本节简要介绍后续章节中所涉及的一些基本概念、定义及引理,以提供必要的准备。

### 3.3.1 图论

图论的起源是哥尼斯堡城的"七桥问题"。该问题指的是,是否存在从任意地方出发,可以在不重复的情况下走遍当地七座桥的可能?后来,欧拉将该问题等效为是否能够一笔画出一幅图,直接从起点到终点的思考,并最终得出不存在这样一条不重复且能够通过七座桥的路线的结论(图3-1)。该问题的研究为拓扑学的发展奠定了基础。19世纪中期与图论相关的问题开始大量出现,如著名的四色定理、哈密顿圈问题等[24]。

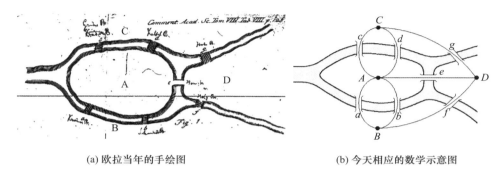

(a) 欧拉当年的手绘图　　　　(b) 今天相应的数学示意图

图3-1　七桥问题的数学图表示

图论(Graph Theory)的研究对象为图。图论中的图是由若干给定的点及连接两点的线所构成的图形。这种图形通常用来描述某些事物之间的某种特定关系。在实际应用中,各点代表了被研究对象,两点间的线表示相应两个对象之间的关系[25]。采用分布式架构的多智能体系统的交互拓扑关系一般呈网状,可以用图清晰地显示出来[26]。因此,代数图论成为研究多智能体系统的分布式协同控制问题的必要分析和建模工具。

下面介绍一些图论中常用的概念,供读者参考。

1. 图的定义

记$G = (\nu, \varepsilon)$代表一个图。图是由一个顶点集合$\nu$和代表顶点间关系的边集合$\varepsilon$组成的。$\nu$代表顶点的有限非空集合,$\varepsilon$代表顶点间关系的有限集合(边集)。

2. 无向图和有向图

有向图可以用$(\nu, \varepsilon)$来表示,其中$\nu = \{1, 2, \cdots, N\}$代表有限的非空的点集,$\varepsilon \in \nu \times \nu$是顶点的有序对的集合,称为边。边$(i, j)$代表个体$j$可以获得个体$i$的信息,但是反之不然。特别地,$(i, i)$称为自环。如果$(i, j)$是有向图的一条边,那么$i$定义为这条边的父顶点,$j$为这条边的子顶点。与有向图不同,在无向图中代表边的顶点对是无序的,边$(i, j)$代表个体$i$和$j$可以相互获得对方的信息。无向图可以看作一种特殊的有向图,无向图中的边$j$对应有向图中的边$(i, j)$和$(j, i)$。

3. 路径与连通

有向图的一条路径是指一个有限的顶点序列 $i_1, i_2, \cdots, i_k$，满足 $(i_s, i_{s+1}) \in \varepsilon$，$s = 1, 2, \cdots, k-1$。如果 $i_1 = i_k$，那么称此路径为环。如果对于任意两个不同顶点 $i, j$，都存在路径，起始于 $i$ 终止于 $j$，则称有向图是强连通的。有向图的一条弱路径也是一个有限的顶点序列 $i_1, i_2, \cdots, i_k$，满足对于任意 $s = 1, 2, \cdots, k-1$，有 $(i_s, i_{s+1}) \in \varepsilon$ 或者 $(i_{s+1}, i_s) \in \varepsilon$，$s = 1, 2, \cdots, k-1$。如果对于任意两个不同顶点 $i, j$，都存在弱路径，起始于 $i$ 终止于 $j$，则称有向图是弱连通的。

加权有向图是由一个有向图 $G$ 和一个非负矩阵 $\boldsymbol{C} = [c_{ij}] \in \mathbf{R}^{N \times N}$ 组成的，满足 $(i, j) \in G \Leftrightarrow c_{ij} > 0$。那么矩阵 $\boldsymbol{C}$ 称为权矩阵，$c_{ij}$ 称为边 $(j, i)$ 的权重。

如果 $(i, j) \in \varepsilon$ 蕴含着 $(j, i) \in \varepsilon$，则我们称 $G$ 是无向图。如果 $\boldsymbol{C}^{\mathrm{T}} = \boldsymbol{C}$，则称 $G(\boldsymbol{C})$ 是加权无向的。无向图可以看作一类特殊的有向图，如果无向图是强连通的，则称其为连通的。

4. 顶点的度

在无向图中，顶点 $\nu$ 的度是指与顶点 $\nu$ 相连的边的数目 $D(\nu)$。

在有向图中，有入度和出度之分。入度是指以该顶点为终点的边的数目。出度是指以该顶点为起点的边的数目。有向图的度等于该顶点的入度与出度之和。

5. 平衡图

对于有向图 $G$ 的所有节点，如果都满足入度等于出度，那么就称图 $G$ 为平衡图。所有的无向图都是平衡图。

6. 邻接矩阵

图 $G = (\nu, \varepsilon)$ 的邻接矩阵由非负矩阵 $\boldsymbol{A} = [a_{ij}]_{N \times N}$ 表示，其中

$$a_{ij} = \begin{cases} 1, (i, j) \in \varepsilon, & i, j \in \nu \\ 0, & \text{其他} \end{cases} \tag{3-1}$$

7. 度矩阵

邻接矩阵每一行元素加起来得到 $N$ 个数，然后把它们放在对角线上（其他元素为零），组成一个 $N \times N$ 的对角矩阵，记为度矩阵 $\boldsymbol{D} = [d_{ij}]_{N \times N}$，并且

$$d_{ij} = \begin{cases} \deg(i), & i = j \\ 0, & \text{其他} \end{cases} \tag{3-2}$$

其中，$\deg(i) = \sum_j a_{ij}$。

8. 拉普拉斯矩阵

图 $G$ 的拉普拉斯矩阵，也称作基尔霍夫矩阵或者导纳矩阵，常用 $\boldsymbol{L}$ 表示。

拉普拉斯矩阵定义为:$L = D - A$,其中,$D$ 为图 $G$ 的度矩阵,$A$ 为图 $G$ 的邻接矩阵。

## 3.3.2　一致性

令 $x_i(t)$ 代表个体 $i$ 在时刻 $t$ 的状态信息。一致性意味着所有个体具有一致的状态信息[28],例如,当 $t \to \infty$ 时,有 $|x_i(t) - x_j(t)| \to 0$,$i,j = 1,2,\cdots,N$,$i \neq j$。

针对一阶连续系统,其一致性算法如下:

$$\dot{x}_i(t) = -\sum_{j=1}^{N} a_{ij}(t)(x_i(t) - x_j(t)) \tag{3-3}$$

## 3.3.3　人工势场法——吸引排斥函数

人工势场法的基本原理是将智能体所处的环境看作虚拟的力场,其中我们设定的目标点对智能体提供吸引力,而周围的障碍物对其产生排斥力,利用引力势场函数和斥力势场函数来求解相对应的吸引力和排斥力。

在鱼群中,吸引力通常被认为是一种基于视觉的长距离作用力,排斥力则是一种基于鱼体侧线感知的短距离作用力(但一般强于吸引力)。故考虑如下势函数:

$$f(\boldsymbol{p}_{ij}) = -\boldsymbol{p}_{ij}[f_a(\|\boldsymbol{p}_{ij}\|) - f_r(\|\boldsymbol{p}_{ij}\|)] \tag{3-4}$$

其中,$f_a$ 代表长距离作用的吸引项的大小,而 $f_r$ 代表短距离作用的排斥项的大小。这里,$\boldsymbol{p}_{ij} = \boldsymbol{p}_i - \boldsymbol{p}_j$ 代表从个体 $j$ 到个体 $i$ 的相对位置向量,$\| \cdot \|$ 是欧几里得范数。当个体间距为 $\delta$ 时,吸引力和排斥力达到平衡,如 $f_a(\delta) = f_r(\delta)$。此外,当 $\|\boldsymbol{p}_{ij}\| > \delta$ 时,我们有 $f_a(\|\boldsymbol{p}_{ij}\|) > f_r(\|\boldsymbol{p}_{ij}\|)$;当 $\|\boldsymbol{p}_{ij}\| < \delta$ 时,可以得到 $f_a(\|\boldsymbol{p}_{ij}\|) < f_r(\|\boldsymbol{p}_{ij}\|)$。注意函数 $f(\cdot)$ 是奇函数,如 $f(-\boldsymbol{p}_{ij}) = -f(\boldsymbol{p}_{ij})$。

存在对应的势函数 $J_a$ 和 $J_r$ 满足

$$\nabla_{\boldsymbol{p}_{ij}} J_a(\|\boldsymbol{p}_{ij}\|) = \boldsymbol{p}_{ij} f_a(\|\boldsymbol{p}_{ij}\|) \tag{3-5}$$

和

$$\nabla_{\boldsymbol{p}_{ij}} J_r(\|\boldsymbol{p}_{ij}\|) = \boldsymbol{p}_{ij} f_r(\|\boldsymbol{p}_{ij}\|) \tag{3-6}$$

其中,$J_a(\|\boldsymbol{p}_{ij}\|)$ 和 $J_r(\|\boldsymbol{p}_{ij}\|)$ 可以分别被看作吸引势和排斥势。个体 $i$ 和 $j$ 之间的势能可以表示为

$$V(\|\boldsymbol{p}_{ij}\|) = J_a(\|\boldsymbol{p}_{ij}\|) - J_r(\|\boldsymbol{p}_{ij}\|) \tag{3-7}$$

个体 $i$ 的势能为

$$V_i = \sum_{j=1}^{N} V(\parallel \boldsymbol{p}_{ij} \parallel) \qquad (3-8)$$

其梯度为

$$\nabla V_i = \sum_{j=1}^{N} \nabla_{\boldsymbol{p}_{ij}} V(\parallel \boldsymbol{p}_{ij} \parallel) \qquad (3-9)$$

### 3.3.4 李雅普诺夫稳定性定理

系统的稳定性是系统工作时一个很重要的特性。在工业生产中,不稳定的系统具有很大的不确定性和危险性,不稳定的炼钢生产系统在受到氧气含量等环境参数变化的扰动后,可能发生严重的爆炸;不稳定的人脸识别智能系统在遭遇突发攻击后可能造成系统瘫痪、错误识别、信息泄露等问题,导致使用者人身安全、财产安全、信息安全等多方面受到威胁;不稳定的温度调节系统可能造成水温骤高骤低现象,影响日常使用,造成皮肤烫伤等问题[29]。可见,系统的稳定性是系统能够正常运行的基础,完成控制算法的设计后,进行系统的稳定性分析是一项很重要的工作。

1892 年由俄罗斯著名数学家李雅普诺夫提出的稳定性判据是自动控制领域常用的判定稳定的方法,用李雅普诺夫稳定性来形容动力系统在任何初始条件下在平衡态附近的轨迹都能维持在平衡态附近的状态。李雅普诺夫稳定性理论同时适用于线性系统、非线性系统、定常系统和时变系统的稳定性分析。其中李雅普诺夫第一方法又叫间接法,通过进行系统状态方程的线性化,得到线性系统特征值的分布,以此来判断系统的稳定性;李雅普诺夫第二方法不需要求解状态方程,可以解决一些较为复杂的非线性系统判断稳定性的问题,但一般情况下李雅普诺夫函数 $V(x)$ 的选定需要技巧和经验。接下来将详细介绍李雅普诺夫稳定性判据。

1. 平衡点和平衡态

李雅普诺夫稳定性概念中一个很重要的概念是平衡点和平衡状态,首先对于一个控制系统,稳定性的理解是基于平衡点的。一般系统的状态方程可以表示为 $\dot{x}(t) = f(x(t))$,平衡点就是系统状态不发生变化的点,在数学上就是导数为 0 的点,状态方程左边是导数,则设方程右边 $f(x(t)) = 0$ 求得的 $x$ 即为系统的平衡点,可能不止一个,也可能受到轻微扰动后就会不稳定。此时,系统在平衡点的状态就是平衡态[30]。

通过分析系统在平衡态受到扰动之后的状态,可以将平衡点分为稳定、渐近稳定、大范围渐近稳定、不稳定几类。当平衡状态$x_e$受到扰动之后，系统能够保持在$x_e$附近，则称$x_e$在李雅普诺夫意义下稳定；若最终收敛到$x_e$，则称该平衡态是李雅普诺夫意义下渐近稳定的；大范围渐近稳定的不同在于要求在任何扰动下，系统最终都能够收敛到$x_e$；不稳定则是平衡状态$x_e$受到某种扰动后，系统状态开始偏离$x_e$且无法恢复。具体如图3-2所示。

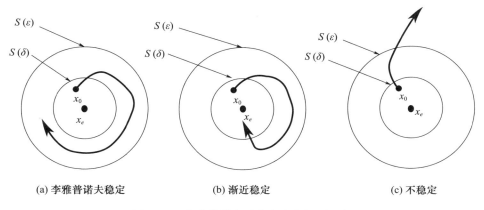

(a) 李雅普诺夫稳定　　　　(b) 渐近稳定　　　　　(c) 不稳定

图3-2　李雅普诺夫平衡点稳定问题示意

结合示意图，李雅普诺夫意义下的稳定性用严谨的数学表达为对于任意的$\epsilon > 0$，存在$\delta > 0$，使得如果$\| x(0) - x_e \| < \delta$，则对于所有的$t > 0$，都有$\| x(t) - x_e \| < \epsilon$。其中$\| x(t) - x_e \|$表示$t$时刻系统状态与平衡状态之间的偏差，由两者之间的空间距离度量，$x(0)$表示系统的初始状态。

2. 李雅普诺夫稳定性判据

对于线性时不变系统，系统的状态方程可以写为$\dot{x}(t) = Ax(t)$，状态方程的解是矩阵$A$特征值$\lambda$对应模态之和，系统稳定的前提为特征值$\lambda$全部分布于复平面的左半部分，即所有$\lambda$的实部是负数。线性系统相对比较好计算，所以只要将非线性系统在平衡态附近进行线性化，就可以利用特征值的分布进行原非线性系统的稳定性分析。这就是李雅普诺夫第一方法，通过判断特征根的分布判断稳定性，与根轨迹、奈奎斯特稳定性判据、劳斯判据等有相似的思想。面对复杂的飞机非线性系统，对其进行恰当的线性化之后再进行整个系统的稳定性分析是工程实践中常用的方法[31]。

李雅普诺夫第二方法是基于一个类似物理系统的想法。若系统能量随时间单调递减，则此系统最后一定会静止于某个特定的状态。李雅普诺夫第二定理不需要求解状态方程，也不需要将系统线性化，被称为直接法。具体描述如下。

**定理 3.1** 如果存在标量函数 $V(x)$ 满足当且仅当 $x=0$ 时 $V(x)=0$，$x \neq 0$ 时 $V(x)>0$，且 $x \neq 0$ 时 $\dot{V}(x) = \dfrac{\mathrm{d}}{\mathrm{d}t}V(x) = \sum_{i=1}^{n} \dfrac{\partial V}{\partial x_i} f_i(x) \leqslant 0$，则称系统在李雅普诺夫意义下是稳定的，特别是 $x \neq 0$ 时，有 $\dot{V}(x)<0$，则系统是渐近稳定的。

通过上述定理，在适合的李雅普诺夫函数 $V(x)$ 下，能够很容易地判断系统的稳定性，通过李雅普诺夫稳定性判据可以判断多智能体系统的稳定性。

## 3.4 共性关键技术

受集群行为启发，针对多智能体系统提出了多智能体分布式协同控制系统的概念。多智能体分布式协同控制系统是指依靠大量低成本、适应能力强、易于携带和投射的无人装备形成规模优势，依靠局部通信和简单规则，完成指定协同任务的复杂系统。与单架无人装备相比，多智能体分布式协同控制系统提供了一种更安全、更高效、更低成本、更高灵活性的解决方案。因而，在工程领域具有广泛的应用前景。

无人装备的行业应用已经开展了多年，但均是以单机运行为主。无人装备集群协作完成任务将是未来无人装备领域行业应用的必然发展方向，它可以真正满足行业用户实时、高效、精准采集空间信息的要求，但是现阶段民用领域对集群技术的关注主要存在于学术层面。无人装备集群协作的实现具有很高的技术壁垒，其中主要有五个关键技术，一是集群控制算法，它保障了无人装备之间能有效地协同作业。二是通信技术，在无人装备集群协同作业期间，每个无人装备都作为一个通信网络节点进行信息交互（如位置信息），通信网络需要根据任务对通信资源进行分配，同时保证高通信质量。三是将上述所说的控制算法和通信技术耦合起来，也就是在当前的通信服务质量约束下，控制算法会给出合理的无人装备集群控制方法，使得无人装备集群可以同时满足任务通信和协同作业的要求。四是任务分配技术，也就是无人装备自主对比较复杂的任务进行分解，并且根据自身情况予以响应。五是避障与路径规划，使用到的算法需要保障无人装备遇到突发情况时可以实时、高效地重新规划路径，并且根据威胁信息不断进行路径修正。

可以看出，集群协同控制技术是无人装备能够形成规模优势的核心，通信、感知、图像识别等技术是依托于集群协同控制体系架构的需求而发展起来的。因此，本书重点从集群协同控制技术的角度提出多智能体分布式协同控制系统的解决方案。此外,这里之所以要特别强调集群策略和集群思想,不仅仅是因为集群是典型的分布式系统,更重要的是只有依靠集群策略,才能够实现多智能体系统协同控制理论从小规模到大规模的直接扩展,为未来的工程应用打下良好的理论基础。

## 3.5 小结

本章从多智能体系统出发,引出集群系统的定义和集群智能的内涵。并进一步详细阐述了多智能体分布式协同控制问题以及解决该问题所涉及的基本理论工具。最后,梳理了其中所涉及的共性关键技术,并指出分布式协同控制技术是其中的关键。

## 3.6 参考文献

[1] COUZIN L D, KRAUSE J, FRANKS N R, et al. Effective leadership and decision – making in animal groups on the move[J]. Nature,2005,433(7025):513 – 516.

[2] CUCKER F, SMALE S. Emergent behavior in flocks[J]. IEEE Transactions on Automatic Control,2007,52(5):852 – 862.

[3] CZIROK A, JACOB E B, COHEN I, VICSEK T. Formation of complex bacterial colonies via self – generated vortices[J]. Physics Review E,1996,54(2):1791 – 1801.

[4] BONABEAU E, DORIGO M, THERAULAZ G. Swarm Intelligence:From Natural to Artifificial Systems[M]. New York:Oxford University Press,1999.

[5] MINSKY M. The Society of Mind[M]. New York:Simon & Schuster,Inc. ,1986.

[6] HANNEBAUER, M. Autonomous Dynamic Reconfiguration in Multiagent Systems:Improving the Quality and Efficiency of Collaborative Problem Solving[M]. New York:Springer – Verlag, 2002.

[7] WEISS G. Multiagent Systems:A Modern Approach to Distributed Artificial Intelligence[M]. Cambridge,MA:MIT Press,1999.

[8] GAZI V, PASSINO K M. Stability analysis of swarms[J]. IEEE Transactions on Automatic Control,2003,48(4):692 – 697.

[9] 楚天广,陈志福,王龙,等. 群体动力学与协调控制[J]. 中国控制会议,2007,1:611 – 614.

[10] VICSEK T, CZIRÓK A, BENJACOB E, et al. Novel type of phase transition in a system of self – driven particles[J]. Physical Review Letters,1995,75(6):1226.

［11］Reynolds C W. Flocks, herds, and schools：a distributed behavioral model［R］. St. Louis：ACM,1987.

［12］SHI H, WANG L, CHU T. Virtual leader approach to coordinated control of multiple mobile agents with asymmetric interactions［J］. Physica D,2006,213(1):51－65.

［13］LEONARD N E, FIORELLI E. Virtual leaders, artificial potentials and coordinated control of groups［J］. Proceedings of the IEEE Conference on Decision and Control,2001:2968－2973.

［14］LEE D, SPONG M W. Stable flocking of multiple inertial agents on balanced graphs［J］. IEEE Transactions on Automatic Control,2007,52(8):1469－1475.

［15］DIMAROGONAS D V, EGERSTEDT M, KYRIAKOPOULOS K J. A leader－based containment control strategy for multiple unicycles［J］. IEEE Conference on Decision and Control,2006,37(2):1035－1042.

［16］BORKAR V, VARAIYA P P. Asymptotic agreement in distributed estimation［J］. IEEE Transactions on Automatic Control,1982,27(3):650－655.

［17］DIMAROGONAS D V, KYRIAKOPOULOS K J. A connection between formation infeasibility and velocity alignment in kinematic multi－agent systems［J］. Automatica,2008,44(10):2648－2654.

［18］REN W. Collective motion from consensus with Cartesian coordinate coupling［J］. IEEE Transactions on Automatic Control,2009,54(6):1330－1335.

［19］SMITH R S, HADAEGH F Y. Closed－loop dynamics of cooperative vehicle formations with parallel estimators and communication［J］. IEEE Transactions on Automatic Control,2007,52(8):1404－1414.

［20］PORFIFIRI M, ROBERSON D G, STILWELL D J. Tracking and formation control of multiple autonomous agents：a two－level consensus approach［J］. Automatica,2007,43:1318－1328.

［21］韩亮,任章,董希旺,李清东. 多无人机协同控制方法及应用研究［J］. 导航定位与授时,2018,5(4):1－7.

［22］贾永楠,李擎. 多机器人编队控制研究进展［J］. 系统工程学报,8:893－900,2018.

［23］JIA Y N, LI Q, ZHANG W C A distributed cooperative approach for unmanned aerial vehicle flocking［J］. Chaos,2019,29(4):043118.

［24］叶建川,王江,梁熠,等. 四旋翼无人机前飞模态特性分析及建模［J/OL］. 兵工学报:1－15［2022－02－24］.

［25］秦文静,林勇,戚国庆. 基于一致性的无人机编队形成与防碰撞研究［J］. 电子设计工程,2018,26(09):83－90.

［26］王树禾. 图论［M］. 北京:科学出版社,2009.

［27］方保镕,周继东,李医民. 矩阵论［M］. 北京:清华大学出版社,2013.

［28］刘祖均,何明,马子玉,等. 基于分布式一致性的无人机编队控制方法［J］. 计算机工程与

应用,2020,56(23):146 - 152.

[29] 卫强强,刘蓉,张衡.四旋翼无人机高阶一致性编队控制方法[J].电光与控制,2019,26(8):1 - 5.

[30] 宗群,王丹丹,邵士凯,等.多无人机协同编队飞行控制研究现状及发展[J].哈尔滨工业大学学报,2017,49(03):1 - 14.

[31] 易文,雷斌.基于一致性的无人机编队飞行几何构型控制[J].武汉科技大学学报,2019,42(02):150 - 154.

# 第4章 个体平等的分布式协同控制系统应用场景及对策

## 4.1 典型应用场景

### 4.1.1 搭建通信网络

当自然灾害发生时,首要任务就是建立临时通信网、查看灾情,然后再出动直升机运输物资和人员。除了昂贵的卫星通信手段,无人机协同是解决救灾通信问题的最佳选择。

洛桑联邦理工学院智能系统实验室在微型蜂群飞行器网络项目中开发了一套可在灾区快速搭建通信网络的微型无人机群(图 4－1),可克服地形困扰,快速地布置到灾区,以自身为节点,在最短的时间内恢复灾区的通信网络,为应急救援的通信保障提供了一种灵活的解决方案。

### 4.1.2 水质监测与搜索

为了研究微小型水下无人机集群,欧盟于 2011 年设立了 CoCoRo 项目。Co-CoRo 的全称为 Collective Cognitive Robotics,即集体认知机器人,项目资助经费为 290 万欧元。在该项目资助下,奥地利格拉茨大学人工生命实验室研究人员于 2015 年 9 月发布了由 41 个水下机器人微小个体组成的当时世界上数量最多的水下机器人集群,其主要目的是用于水下监测和搜索。该集群系统在其行为潜力方面具有可扩展性、可靠性和灵活性。研究人员通过受到行为学和心理学启发的实验来了解机器人网络是否能够展示群体认知,将该系统形成的集群智能与自然界中的生物集群进行比较研究。

CoCoRo 机器人个体的平面尺度约 120 mm,安装有 3 个执行驱动装置以分别控制水平方向上的 2 个自由度(平移或绕行)和垂直方向上的 1 个自由度(沉

图 4 - 1　洛桑联邦理工学院微型蜂群飞行器网络项目

浮)。个体之间采用 LED 光信号方式进行短距离通信,同时辅助有 RF 通信和声呐以实现长距离通信与定位,个体还搭载有光学传感器、惯性传感器、压力传感器等。

### 4.1.3　搜索和应急救援

拉夫堡大学的研究人员也开发了一个集群无人机系统帮助进行山地搜索和救援。该系统由 10 个小型手动发射无人机组成,配备有热成像仪,能够轻松定位失踪的登山者。无人机之间的相互通信,能够确保覆盖到整个搜索区域。

代尔夫特理工大学的微型飞行器实验室正在开发集群的"口袋无人机",每个无人机仅有手掌大小。它们能够飞入室内,在建筑物遭到严重破坏的情况下帮助救援人员搜索幸存者。

### 4.1.4　智慧交通

亿航智能成立于 2014 年,是一家集研发、生产、销售、服务于一体的智能飞行器高科技创新企业,被国际权威媒体评选为"全球最佳创新公司",以及全球无人机企业前三强。该公司提供飞行器产品和解决方案,包括自动驾驶飞行器、智慧城市指挥调度中心、行业应用网联无人机、无人机自动化集群编队、无人机物流配送等。2019 年 4 月,亿航智能与奥地利最大的航空飞机制造商 FACC 共同发布"城市空中交通计划"(简称 UAM),致力于通过协同海、陆、空多主体交通工具,把 2D 交通转换为 3D 交通,解决城市交通拥堵问题。

## 4.2　对策研究

本章所涉及的解决方案主要面向具有如下特征的多智能体系统:每个智能体都具有同等通信能力、同等定位能力、一致的行为决策机制。这样的系统亦可简称为蜂群系统。

本章所提供的解决方案,主要目标是实现该多智能体系统的群体协同任务,即所有个体都以同样的速度、朝着同样的方向、以紧致的队形运动下去。整个过程中,每个智能体之间能够实现彼此的避碰,整个队形具有鲁棒性,即使队形短暂地因外界干扰而被破坏,也能迅速地自动调整回紧致的队形,并保持下去。

本章以机器鱼为研究对象,给出具体解决方案。

### 4.2.1　引言

蜂拥(flocking)是多智能体分布式协同控制的重要研究方向之一。蜂拥现象也广泛存在于自然界中,如鸟群、鱼群、企鹅群、蚁群、蜂群以及人群等。在群体中,每个个体依靠局部的感知和简单的规则来调整各自的行为,在整体上却可以达到行为一致且队形聚合的效果。经典的蜂拥模型是由 Reynolds 于 1987 年提出的[11],包含三个准则:①分离,个体间避免碰撞;②对准,朝着邻居个体的平均方向运动;③聚合,朝着邻居个体的平均位置运动。学者们基于 Reynolds 模型或其三种属性的变体提出了很多相关的控制算法[12-19]。

近年来,一部分学者逐渐转向调研蜂拥算法在现代设备中的应用。例如,Savkin 等人针对具有速度约束的多个独轮车模型,设计了一个分布式的算法以实现全局的蜂拥编队任务,但他们只考虑了在具有固定前进速度的前提下的个体运动方向的控制[20]。Gu 等人研究了具有时变速度的独轮车系统的具有领导者-跟随者结构的蜂拥任务,并且成功地将该控制算法应用于轮式移动机器人"wifibots"的编队控制中[21]。Regmi 等人在轮式移动机器人上实现了蜂拥任务,但是他们并未考虑有限通信的问题[22]。Su 等人提出了利用势函数的约束条件来处理有限通信问题的方法[23]。采用势函数来构建队形很容易使得系统陷入局部稳态[24],Sabattini 等人通过设计合适的势函数使系统在指定的几何队形上具有唯一解[24]。Falconi 等人假设系统的通信拓扑为一个完全图,针对具有完整动力学属性的个体,利用吸引/排斥函数设计了一个基于一致性的编队控制策略[24]。此外,根据 Weihs 关于鱼群的动力学分析,在水平面内的蜂拥控制中,聚合的队形结构是一种可以最大化地节约能耗的优化配置[26]。本章主要研究在有限通信的约束下,多机器鱼系统的蜂拥控制问题。

## 4.2.2 问题描述

尽管机器鱼的三维运动能力已经被广泛研究[28],但是受水下通信及定位技术所限,水下设备的协调算法的执行依然被限定在水面或是有线通信的方式[29]。因此,依靠柔软的身体和尾鳍来产生推进力的机器鱼通常被建模为在水面游动的一阶独轮车模型[30-31]。考虑到机器鱼的推进力主要来自身体的后半部,我们采用一种几何中心和质心并不重合的二阶独轮车模型来进一步刻画机器鱼的运动。令$\mathbb{N}^*$代表正整数集,$\mathbb{R}$代表实数集。考虑由 $N$ 个水面游动的多关节仿生机器鱼构成多机器鱼系统(图 4 - 2)。

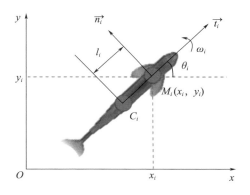

图 4 - 2　机器鱼的简化模型

如图 4 - 2 所示,机器鱼 $i(i = 1, \cdots, N)$ 的运动学特性可以用如下扩展的二阶独轮车模型来描述:

$$\dot{x}_i(t) = v_i(t)\cos\theta_i(t) - \omega_i(t)l_i\sin\theta_i(t)$$

$$\dot{y}_i(t) = v_i(t)\sin\theta_i(t) + \omega_i(t)l_i\cos\theta_i(t)$$

$$\dot{\theta}_i(t) = \omega_i(t)$$

$$\dot{v}_i(t) = a_i(t) + \delta_i^1(t)$$

$$\dot{\omega}_i(t) = b_i(t)/l_i + \delta_i^2(t)/l_i$$

$$(4-1)$$

其中，$\boldsymbol{p}_i(t) = [x_i(t), y_i(t)]^T \in \mathbb{R}^2$ 是机器鱼 $i$ 在时刻 $t$ 的位置向量，$\theta_i(t) \in \mathbb{R}$ 是机器鱼 $i$ 在时刻 $t$ 的方向角，$v_i(t) \in \mathbb{R}$ 是机器鱼 $i$ 在时刻 $t$ 的前进速率，$\omega_i(t) \in \mathbb{R}$ 是机器鱼 $i$ 在时刻 $t$ 的旋转速率，$l_i > 0$ 是机器鱼 $i$ 的几何中心 $C_i$ 和质心 $M_i(x_i, y_i)$ 之间的距离，$\vartheta_i(t) = \omega_i(t)l_i \in \mathbb{R}$ 是机器鱼 $i$ 在时刻 $t$ 的切向速度，$a_i(t) \in \mathbb{R}$ 是机器鱼 $i$ 在时刻 $t$ 的前进加速度，$b_i(t) \in \mathbb{R}$ 是机器鱼 $i$ 在时刻 $t$ 的旋转加速度。$\delta_i^1(t) \in \mathbb{R}$ 是机器鱼 $i$ 在其推进力方向上的不确定项，$\delta_i^2(t) \in \mathbb{R}$ 是机器鱼 $i$ 在其向心力方向上的不确定项，$\delta_i(t) = [\delta_i^1(t), \delta_i^2(t)]^T \in \mathbb{R}^2$ 是机器鱼 $i$ 在时刻 $t$ 的外部扰动（如水波扰动）以及内部固有的、不确定的运动学属性。$\overrightarrow{t_i}(t) = \begin{bmatrix} \cos\theta_i(t) \\ \sin\theta_i(t) \end{bmatrix}$ 和 $\overrightarrow{n_i}(t) = \begin{bmatrix} -\sin\theta_i(t) \\ \cos\theta_i(t) \end{bmatrix}$ 是两个正交的单位向量，$\overrightarrow{t_i}(t)$ 的方向与机器鱼 $i$ 的前进方向一致。那么，$a_i(t)$ 实际上就是机器鱼 $i$ 的加速度在 $\overrightarrow{t_i}(t)$ 方向的分量，$b_i(t)$ 实际上就是机器鱼 $i$ 的加速度在 $\overrightarrow{n_i}(t)$ 方向的分量。同样地，$\delta_i^1(t)$ 是 $\delta_i(t)$ 在 $\overrightarrow{t_i}(t)$ 方向的分量，$\delta_i^2(t)$ 是 $\delta_i(t)$ 在 $\overrightarrow{n_i}(t)$ 方向的分量。$\theta_i(t) \in [0, 2\pi)$，逆时针为正。不考虑个体差异，因此有 $I_i = I_d$，$i = 1, 2, \cdots, N$。$I_d$ 为常数。

令 $\boldsymbol{q}_i(t) = [v_i(t), \vartheta_i(t)]^T$。运动学方程（4.1）可以用如下矩阵表示：

$$\begin{aligned} \dot{\boldsymbol{p}}_i(t) &= \boldsymbol{H}_i^T(t)\boldsymbol{q}_i(t) \\ \dot{\boldsymbol{q}}_i(t) &= \boldsymbol{u}_i(t) \end{aligned} \qquad (4-2)$$

其中，$\boldsymbol{H}_i(t) = [\overrightarrow{t_i}(t), \overrightarrow{n_i}(t)]^T = \begin{bmatrix} \cos\theta_i(t) & \sin\theta_i(t) \\ -\sin\theta_i(t) & \cos\theta_i(t) \end{bmatrix}$，$\boldsymbol{u}_i(t) = [a_i(t), b_i(t)]^T$。此外，$\boldsymbol{u}_i(t)$ 是机器鱼 $i$ 的控制输入。

每条机器鱼的通信能力都是有限的，它只能与其邻居交互。定义机器鱼 $i$ 在时刻 $t$ 的邻居集合为 $N_i(t)$。机器鱼 $i$ 在初始时刻 $t_0 = 0$ 时的邻居集合定义为

$$N_i(0) = \{j | \|\boldsymbol{p}_i(0) - \boldsymbol{p}_j(0)\| < D, j = 1, 2, \cdots, N, j \neq i\} \qquad (4-3)$$

其中，$\|\cdot\|$ 是欧几里得范数，$D > 0$ 是交互半径。每条机器鱼可以通过交互网络获得其邻居的状态信息。机器鱼系统的这种邻居关系可以用由顶点集 $v = \{1, 2, \cdots, N\}$ 和边集 $\varepsilon(t) \in v \times v$ 组成的无向图 $G(t)$ 来表示，其中 $\nu$ 是一个有限的且非空的顶点集。对于任何 $i, j \in v$，如果个体 $i$ 和个体 $j$ 在时刻 $t$ 是邻居，那么有 $(i, j) \in \varepsilon(t)$。一条无向路径由一系列无序的边组成 $(i_1, i_2), (i_2, i_3), \cdots, i_k \in v$。如果任何两个顶点之间都有一条无向路径，那么这个无向图是连通的。

为了更清楚地描述机器鱼之间的这种邻居关系，我们引入 $G(t)$ 的邻接矩阵

$\boldsymbol{A}(t)$ 和拉普拉斯矩阵 $\boldsymbol{L}(t)$。$\boldsymbol{A}(t) = \left[ \omega_{ij}(t) \right]_{N \times N}$ 的定义为

$$\omega_{ij}(t) = \begin{cases} 1, (j,i) \in \varepsilon(t) \\ 0, 其他 \end{cases} \tag{4-4}$$

而 $\boldsymbol{L}(t) = \left[ \omega_{ij} \right]_{N \times N}$ 的定义为

$$L_{ij}(t) = \begin{cases} -\omega_{ij}(t), & i \neq j \\ \sum\limits_{k=1, k \neq i}^{N} \omega_{ik}(t), & i = j \end{cases} \tag{4-5}$$

对于无向图来说,其拉普拉斯矩阵是对称半正定的。

　　假设初始交互网络 $G(0)$ 是一个无向连通图。为了保持交互网络 $G(t)$ 的连通性,我们引入如下磁滞(hysteresis)[29],满足

　　(1)如果 $(i,j) \in \varepsilon(t^-)$ 且 $\| p_i(t) - p_j(t) \| < D$,那么 $(i,j) \in \varepsilon(t)$ 对于所有 $t > 0$ 成立;

　　(2)如果 $(i,j) \notin \varepsilon(t^-)$ 且 $\| p_i(t) - p_j(t) \| < D - \zeta$,其中 $0 < \zeta < D$,那么 $(i,j) \in \varepsilon(t)$ 对于所有 $t > 0$ 成立。

　　假设交互网络 $G(t)$ 在时刻 $t_r$ 发生切换,$r = 1, 2, \cdots$。$G(t)$ 在每一个非空、有界、连续的时间段 $[t_{r-1}, t_r)$ 上是固定的。

　　水环境中不确定扰动的特性很难刻画。为了简化问题,很多关于多机器鱼协调控制的理论分析中并未涉及水环境的具体特性[28,30,31]。但是,在大多数情况下,水波和其他不确定项对水下设备运动的影响并不能忽略。本章中,我们假设不确定项 $\delta_i(t)$ 满足如下约束条件:

$$\delta_i^1(t) = k_1 \sum_{j \in N_i(t)} (1 - 2r_1(t))(v_i(t) - v_j(t)) + k_2 r_2(t) l_d \omega_i(t)$$

$$\tag{4-6}$$

$$\delta_i^2(t) = k_1 \sum_{j \in N_i(t)} (1 - 2r_1(t)) l_d (\omega_i(t) - \omega_j(t)) - k_2 r_2(t) v_i(t)$$

其中,$k_1 \in [0,1)$ 和 $k_2 \in [0,1)$ 是常数,$r_1(t), r_2(t)$ 分别代表在时刻 $t$ 所产生的一个 $[0,1)$ 范围内的随机数。

　　本章中所涉及的蜂拥控制问题主要是针对多机器鱼系统(4-1)来讨论。每条机器鱼根据其邻居的状态信息可以独立地决定其行为。系统的总势能如下:

$$V(t) = \sum_{i=1}^{N} V_i(t) = \sum_{i=1}^{N} \sum_{j \in N_i(t)} V(\| \boldsymbol{p}_{ij}(t) \|) \tag{4-7}$$

其中,$V_i(t)$ 代表机器鱼 $i$ 在时刻 $t$ 的势能,而 $V(\| \boldsymbol{p}_{ij}(t) \|)$ 的定义如下:

　　**定义 4.1(势函数):** 势函数 $V(\| \boldsymbol{p}_{ij}(t) \|)$ 是一个关于个体 $i$ 和个体 $j$ 之间距

离 $\|\boldsymbol{p}_{ij}(t)\|$ 的可微、非负、径向无界的函数,满足如下三个规则:

(1) $V(\|\boldsymbol{p}_{ij}(t)\|) \to \infty$,如果 $\|\boldsymbol{p}_{ij}(t)\| \to 0$;

(2) $V(\|\boldsymbol{p}_{ij}(t)\|) \to \infty$,如果 $\|\boldsymbol{p}_{ij}(t)\| \to D$;

(3) 当个体 $i$ 和 $j$ 间距达到期望值时,$V(\|\boldsymbol{p}_{ij}(t)\|)$ 达到它的唯一最小值。于是,我们可以给出多机器鱼蜂拥控制问题形式化的描述。

**定义 4.2(蜂拥控制)**:考虑多机器鱼系统(4-1),交互网络为 $G(t)$。设计一个控制算法 $\boldsymbol{u}_i(t) = [a_i(t), b_i(t)]^{\mathrm{T}}, i = 1, 2, \cdots, N$,使得系统的解逐渐汇聚到这样的平衡态,满足:

(1) 冲突避碰:个体之间避免冲突,即 $p_i(t) \neq p_j(t), i, j \in \nu, i \neq j, t > 0$。

(2) 速度匹配:所有个体都具有同样的前进速率、旋转速率和方向角,即 $\lim\limits_{t \to \infty} v_i(t) - v_j(t) = 0, \lim\limits_{t \to \infty} \theta_i(t) - \theta_j(t) = 0, \lim\limits_{t \to \infty} \omega_i(t) - \omega_j(t) = 0$,其中 $i, j \in \nu, i \neq j$。

(3) 队形构建:所有个体都尽量靠近它们的邻居,使得系统总势能 $V$ 达到极值,即 $\mathrm{d}V/\mathrm{d}t = 0$。

## 4.2.3 分布式协同控制策略设计及系统稳定性分析

自然界中的鱼群往往呈现出一种分布式的协调模式。群体中通常没有领导者,并且每个个体独立决定自己的速率和方向。生物学家发现,鱼群的集群行为与个体间的吸引/排斥力密切相关[32]。鱼之间的吸引力基于视觉的长距离作用力,然而排斥力基于鱼体侧线感知的短距离作用力。群体中鱼的行为由吸引力和排斥力共同作用决定。生物学上通常将吸引力和排斥力相等时对应的这个唯一的距离称为"平衡距离"。

依靠其广角视觉和敏感的侧线机制,鱼群中个体的速率和方向都具有高度的同步性,即个体根据邻居的行为来调整它们的速率和方向。因此,我们需要基于个体与邻居之间的差异来构建一个反馈机制,如一致性算法。一致性算法已经被广泛应用于解决多智能体协调控制中的对准问题[33-34]。因此,本小节我们将结合一致性算法和人工势场法来设计一种分布式的控制协议以解决多机器鱼系统(4-1)的蜂拥控制问题。

1. 算法设计

根据上面的描述,机器鱼 $i$ 的控制协议由以下两部分组成:

$$\boldsymbol{u}_i(t) = \begin{bmatrix} a_i(t) \\ b_i(t) \end{bmatrix} = \alpha_i(t) + \beta_i(t) \qquad (4-8)$$

其中,$\alpha_i(t)$ 代表一致项,$\beta_i(t)$ 代表梯度项。第一部分 $\alpha_i(t)$ 主要是利用一致性算法使得所有机器鱼以同样的速度运动。第二部分 $\beta_i(t)$ 则是通过吸引/排斥函数的负梯度来影响群体中个体间的相对位置,以达到冲突避碰、连通性保持以及期望的队形控制的目的。

令 $\boldsymbol{p}_{ij}(t)=\boldsymbol{p}_i(t)-\boldsymbol{p}_j(t)$。不考虑时延,个体 $i(i=1,2,\cdots,N)$ 的控制协议设计如下:

$$a_i(t) = -\sum_{j\in N_i(t)}(v_i(t)-v_j(t)) - \sum_{j\in N_i(t)}\dot{\boldsymbol{p}}_{ij}(t)^{\mathrm{T}}\boldsymbol{t}_i(t) -$$
$$\sum_{j\in N_i(t)}\nabla_{\boldsymbol{p}_{ij}(t)}V(\|\boldsymbol{p}_{ij}(t)\|)^{\mathrm{T}}\boldsymbol{t}_i(t)$$
$$b_i(t) = -l_d\sum_{j\in N_i(t)}(\theta_i(t)-\theta_j(t)) - l_d\sum_{j\in N_i(t)}(\omega_i(t)-\omega_j(t)) - \quad (4-9)$$
$$\sum_{j\in N_i(t)}\dot{\boldsymbol{p}}_{ij}(t)^{\mathrm{T}}\boldsymbol{n}_i(t) - \sum_{j\in N_i(t)}\nabla_{\boldsymbol{p}_{ij}(t)}V(\|\boldsymbol{p}_{ij}(t)\|)^{\mathrm{T}}\boldsymbol{n}_i(t)$$

2. 稳定性分析

针对多机器鱼系统(4-1)的蜂拥问题,可以得到如下定理。

**定理 4.1(蜂拥控制)**:假设系统(4-1)的初始交互网络 $G(0)$ 是一个无向连通图。在协议(4-9)下,可以得到如下结论:

(1)个体间不会发生冲突;

(2)交互网络 $G(t)$ 的连通性可以保持下去;

(3)个体间前进速率的差距、旋转速率的差距以及方向角的差距逐渐趋于零;

(4)系统最后达到一个聚合队形,满足系统总势能最小。

证明:令 $\boldsymbol{q}_i^*(t)=[0,l_d\theta_i(t)]^{\mathrm{T}}$,$\boldsymbol{q}^*(t)=[\boldsymbol{q}_1^*(t)^{\mathrm{T}},\cdots,\boldsymbol{q}_N^*(t)^{\mathrm{T}}]^{\mathrm{T}}$,以及 $\boldsymbol{q}(t)=[\boldsymbol{q}_1(t)^{\mathrm{T}},\cdots,\boldsymbol{q}_N(t)^{\mathrm{T}}]^{\mathrm{T}}$。根据式(4-1)和式(4-9),可以得到

$$\dot{\boldsymbol{q}}(t) = -(\boldsymbol{L}(t)\otimes\boldsymbol{I}_2)\boldsymbol{q}^*(t) - (\boldsymbol{L}(t)\otimes\boldsymbol{I}_2)\boldsymbol{q}(t) - \sum_{i=1}^N\boldsymbol{H}_i(t)\sum_{j\in N_i(t)}(\dot{\boldsymbol{p}}_i(t)-$$
$$\dot{\boldsymbol{p}}_j(t)) - \sum_{i=1}^N\boldsymbol{H}_i(t)\sum_{j\in N_i(t)}\nabla_{\boldsymbol{p}_{ij}(t)}V(\|\boldsymbol{p}_{ij}(t)\|) + \boldsymbol{\delta}(t) \quad (4-10)$$

其中,$\boldsymbol{I}_2$ 代表 $2\times2$ 单位矩阵,$\boldsymbol{L}(t)$ 是交互网络的拉普拉斯矩阵,并且 $\boldsymbol{\delta}(t)=[\boldsymbol{\delta}_1(t)^{\mathrm{T}},\cdots,\boldsymbol{\delta}_N(t)^{\mathrm{T}}]^{\mathrm{T}}$。

令 $\tilde{\boldsymbol{p}}(t)=[\boldsymbol{p}_{11}(t)^{\mathrm{T}},\cdots,\boldsymbol{p}_{1N}(t)^{\mathrm{T}},\cdots,\boldsymbol{p}_{N1}(t)^{\mathrm{T}},\cdots,\boldsymbol{p}_{NN}(t)^{\mathrm{T}}]^{\mathrm{T}}$,$\boldsymbol{\theta}(t)=[\theta_1(t),\cdots,\theta_N(t)]^{\mathrm{T}}$。考虑如下半正定的能量函数:

$$E(\tilde{p}, q, \theta) = \frac{1}{2}V(t) + \frac{1}{2}\boldsymbol{q}(t)^{\mathrm{T}}\boldsymbol{q}(t) + \frac{1}{2}l_d^2\boldsymbol{\theta}(t)^{\mathrm{T}}\boldsymbol{L}(t)\boldsymbol{\theta}(t) \qquad (4-11)$$

考虑控制输入为(4.9)的系统(4.1)。在每个时间段$[t_{r-1}, t_r)$上，系统的交互网络都是固定的。那么$E(\tilde{p}, q, \theta)$相对于时间$t \in [t_{r-1}, t_r)$的导数为

$$\begin{aligned}
\frac{\mathrm{d}E}{\mathrm{d}t} &= \frac{1}{2}\sum_{i=1}^{N}\sum_{j \in N_i}\dot{\boldsymbol{p}}_{ij}(t)^{\mathrm{T}}\nabla_{\boldsymbol{p}_{ij}(t)}V(\|\boldsymbol{p}_{ij}(t)\|) + \boldsymbol{q}(t)^{\mathrm{T}}\dot{\boldsymbol{q}}(t) + l_d^2\dot{\boldsymbol{\theta}}(t)^{\mathrm{T}}\boldsymbol{L}(t)\boldsymbol{\theta}(t) \\
&= \sum_{i=1}^{N}\dot{\boldsymbol{p}}_i(t)^{\mathrm{T}}\sum_{j \in N_i}\nabla_{\boldsymbol{p}_{ij}(t)}V(\|\boldsymbol{p}_{ij}(t)\|) + \boldsymbol{q}(t)^{\mathrm{T}}(-(\boldsymbol{L}(t)\otimes\boldsymbol{I}_2)q^*(t) - \\
&\quad (\boldsymbol{L}(t)\otimes\boldsymbol{I}_2)q(t) - \sum_{i=1}^{N}\boldsymbol{H}_i(t)\sum_{j \in N_i}(\dot{\boldsymbol{p}}_i(t) - \dot{\boldsymbol{p}}_j(t)) - \\
&\quad \sum_{i=1}^{N}\boldsymbol{H}_i(t)\sum_{j \in N_i}\nabla_{\boldsymbol{p}_{ij}(t)}V(\|\boldsymbol{p}_{ij}(t)\|) + \boldsymbol{\delta}(t)) + l_d^2\dot{\boldsymbol{\theta}}(t)^{\mathrm{T}}\boldsymbol{L}(t)\boldsymbol{\theta}(t) \\
&= \sum_{i=1}^{N}\boldsymbol{q}_i(t)^{\mathrm{T}}\boldsymbol{H}_i(t)\sum_{j \in N_i}\nabla_{\boldsymbol{p}_{ij}(t)}V(\|\boldsymbol{p}_{ij}(t)\|) - l_d^2\boldsymbol{\omega}(t)^{\mathrm{T}}\boldsymbol{L}(t)\boldsymbol{\theta}(t) - \\
&\quad \boldsymbol{q}(t)^{\mathrm{T}}(\boldsymbol{L}(t)\otimes\boldsymbol{I}_2)q(t) - \sum_{i=1}^{N}\boldsymbol{q}_i(t)^{\mathrm{T}}\boldsymbol{H}_i(t)\sum_{j \in N_i}(\dot{\boldsymbol{p}}_i(t) - \dot{\boldsymbol{p}}_j(t)) - \\
&\quad \sum_{i=1}^{N}\boldsymbol{q}_i(t)^{\mathrm{T}}\boldsymbol{H}_i(t)\sum_{j \in N_i}\nabla_{\boldsymbol{p}_{ij}(t)}V(\|\boldsymbol{p}_{ij}\|) + \sum_{i=1}^{N}\boldsymbol{q}_i(t)^{\mathrm{T}}\boldsymbol{\delta}_i(t) + l_d^2\omega(t)^{\mathrm{T}}\boldsymbol{L}(t)\boldsymbol{\theta}(t) \\
&= -\boldsymbol{q}(t)^{\mathrm{T}}(\boldsymbol{L}(t)\otimes\boldsymbol{I}_2)q(t) - \sum_{i=1}^{N}\sum_{j \in N_i}\dot{\boldsymbol{p}}_i(t)^{\mathrm{T}}(\dot{\boldsymbol{p}}_i(t) - \dot{\boldsymbol{p}}_j(t)) + k_1(1 - r_1(t)) \\
&\quad \sum_{i=1}^{N}\sum_{j \in N_i}\boldsymbol{q}_i^{\mathrm{T}}(q_i - q_j) + k_2 r_2(t)\sum_{i=1}^{N}\sum_{j \in N_i}(v_i(t)l_d\omega_i(t) - l_d\omega_i(t)v_i(t)) \\
&= -(1 - k_1(1 - 2r_1(t)))\boldsymbol{q}(t)^{\mathrm{T}}(\boldsymbol{L}(t)\otimes\boldsymbol{I}_2)q(t) - \\
&\quad \dot{\boldsymbol{p}}(t)^{\mathrm{T}}(\boldsymbol{L}(t)\otimes\boldsymbol{I}_2)\dot{\boldsymbol{p}}(t) \leq 0
\end{aligned} \qquad (4.12)$$

其中，$\boldsymbol{p}(t) = [\boldsymbol{p}_1(t)^{\mathrm{T}}, \cdots, \boldsymbol{p}_N(t)^{\mathrm{T}}]^{\mathrm{T}}$，$k_1(1 - 2r_1(t)) \in (-1, 1)$。

系统总势能的初始值是有限的，并且系统中所有个体的初始速率和方向角的值都是有限的。因此，系统的初始能量$E(\tilde{p}(0), q(0), \theta(0))$是有限的，并且系统能量$E$的上界值显然就是它的初始值$E(\tilde{p}(0), q(0), \theta(0))$。那么系统的总势能$V$是有限的，因此个体$i$和$j$之间的势能$V(\|\boldsymbol{p}_{ij}(t)\|)$也是有限的。

基于最近邻居交互规则，冲突只能发生在邻居之间。假设存在一个时刻$t^*$使得个体$i$和$j$发生碰撞，也就是说如果$t \to t^*$，那么$\|\boldsymbol{p}_{ij}(t)\| \to 0$。根据定义

4.1 的规则（1），我们可以得到如果 $t \to t^*$，那么 $V(\|\boldsymbol{p}_{ij}(t)\|) \to \infty$。但是，$V(\|\boldsymbol{p}_{ij}(t)\|) \to \infty$ 和 $V(\|\boldsymbol{p}_{ij}(t)\|)$ 有限的结论相矛盾。因此，$t^*$ 是不存在的，即整个过程中个体之间不会发生碰撞。定理 4.1 的结论（1）得证。

根据定义 4.1 的规则（2），如果对于某些 $(i,j) \in \varepsilon$，有 $\|\boldsymbol{p}_{ij}(t)\| \to D$，那么 $V(\|\boldsymbol{p}_{ij}(t)\|) \to \infty$，这与 $V(\|\boldsymbol{p}_{ij}(t)\|)$ 有限的结论矛盾。于是我们知道 $\|\boldsymbol{p}_{ij}(t)\| < D$ 对于所有 $(i,j) \in \varepsilon$ 以及 $t \in [t_r, t_{r+1})$ 成立。因此，如果两个个体之间有通信，那么这种通信关系在时间段 $[t_r, t_{r+1})$ 内不会消失，即 $\varepsilon(t_r) \subseteq \varepsilon(t_{r+1})$。而如果边 $(i,j) \notin \varepsilon(t^-)$ 在 $t$ 时刻加入边集 $\varepsilon(t)$，可以得到 $\|p_i(t) - p_j(t)\| < D - \zeta$，这可以确保关联的势函数 $V(\|\boldsymbol{p}_{ij}(t)\|)$ 是有界的。因此，通信网络的连通性可以一直保持下去。定理 4.1 的结论（2）得证。

假设在切换时刻 $t_r(r = 1,2,\cdots)$ 有 $m_r \in \mathbb{N}$ 条新边被添加到交互网络 $G(t)$ 中。我们已经假设了系统的初始交互网络 $G(0)$ 是一个无向连通图，上述控制协议可以确保在时间段 $[t_r, t_{r+1})$ 上的切换拓扑序列 $G(t_r)$ 都是连通的，即 $G(t_r) \in G_c$，其中 $G_c$ 代表顶点集上所有连通图的集合。顶点的数目是有限的，因此 $G_c$ 是一个有限集。假设最多有 $M \in \mathbb{N}$ 条新边可以加入初始交互网络 $G(0)$。显然有 $0 < m_r \leqslant M$ 且 $r \leqslant M$。因此，系统切换的次数是有限的，并且交互网络 $G(t)$ 最终固定下来。假设最后的切换时刻是 $t_f$，下面的讨论都是限定在时间段 $[t_f, \infty)$ 上的。

注意到邻居间的距离不超过 $D$。因此，集合

$$B = \{(\tilde{p}, q, \theta) \mid E(\tilde{p}, q, \theta) \leqslant E(\tilde{p}(0), q(0), \theta(0))\} \quad (4-13)$$

是正不变的，其中 $\tilde{p} \in D_p$，$D_p = \{\tilde{p} \mid \|\boldsymbol{p}_{ij}\| \in (0,D), \forall (i,j) \in \varepsilon\}$。因为 $G(t)$ 是连通的，对所有 $t \geqslant 0$ 成立，我们可以得到 $\|\boldsymbol{p}_{ij}\| < (N-1)D$ 对所有 $i$ 和 $j$ 成立。因为 $E(\tilde{p}(t), q(t), \theta(t)) \leqslant E(\tilde{p}(0), q(0), \theta(0))$，可以得到 $\boldsymbol{q}^T \boldsymbol{q} \leqslant 2E(\tilde{p}(0), q(0), \theta(0))$，即 $\|q\| \leqslant \sqrt{2E(\tilde{p}(0), q(0), \theta(0))}$。此外，$\theta_i \in [0, 2\pi]$，$i = 1,2,\cdots,N$。因此，集合 $B$ 是封闭有界的，也就是紧致的。注意具有控制输入（4-9）的系统（4-1）在我们关心的时间段 $[t_f, \infty)$ 上是一个自治系统。那么，根据拉塞尔不变集原理[35]，所有个体的轨迹将收敛到不变集 $S = \{(\tilde{p}, q, \theta) \mid \mathrm{d}E/\mathrm{d}t = 0\}$。显然，当且仅当 $\boldsymbol{q}_i = \boldsymbol{q}_j$ 且 $\dot{\boldsymbol{p}}_i = \dot{\boldsymbol{p}}_j$ 时，$\mathrm{d}E/\mathrm{d}t = 0$ 成立。因此，可以得到 $\lim\limits_{t \to \infty} |v_i(t) - v_j(t)| = 0$，$\lim\limits_{t \to \infty} |\omega_i(t) - \omega_j(t)| = 0$，$\lim\limits_{t \to \infty} |\dot{\boldsymbol{p}}_i(t) - \dot{\boldsymbol{p}}_j(t)| = 0$。

根据式（4-1），$\dot{\boldsymbol{p}}_i(t) = \dot{\boldsymbol{p}}_j(t)$ 等价于

$$\begin{cases} v_i(t)\cos\theta_i(t) - \omega_i(t)l_d\sin\theta_i(t) = v_j(t)\cos\theta_j(t) - \omega_j(t)l_d\sin\theta_j(t) \\ v_i(t)\sin\theta_i(t) + \omega_i(t)l_d\cos\theta_i(t) = v_j(t)\sin\theta_j(t) + \omega_j(t)l_d\cos\theta_j(t) \end{cases} \quad (4-14)$$

在稳态,有 $\boldsymbol{q}_i(t) = \boldsymbol{q}_j(t)$,即 $v_i(t) = v_j(t)$ 和 $\omega_i(t) = \omega_j(t)$。不失一般性,令稳态时有 $v_i(t) = v_d$ 和 $\omega_i(t) = \omega_d$,那么式(4-14)可以重写为

$$\begin{cases} (v_d^2 + l_d^2\omega_d^2)\sin\theta_i(t) = (v_d^2 + l_d^2\omega_d^2)\sin\theta_j(t) \\ (v_d^2 + l_d^2\omega_d^2)\cos\theta_i(t) = (v_d^2 + l_d^2\omega_d^2)\cos\theta_j(t) \end{cases} \quad (4-15)$$

由于水中不确定扰动的影响,机器鱼很难保持静止($v_d \neq 0$)。因此,在稳态我们有 $\theta_i(t) = \theta_j(t) \in [0, 2\pi)$。也就是说,$\lim\limits_{n\to\infty}(\theta_i(t) - \theta_j(t)) = 0$。类似地,令稳态时 $\theta_i(t) = \theta_d$,那么可以得到:$\boldsymbol{H}_d = \begin{bmatrix} \cos\theta_d & \sin\theta_d \\ -\sin\theta_d & \cos\theta_d \end{bmatrix}$。定理 4.1 的结论(3)得证。

因为 $\nabla_{\boldsymbol{p}_{ij}(t)}V(\|\boldsymbol{p}_{ij}(t)\|)$ 是奇函数,可以得到 $\sum\limits_{i=1}^{N}\sum\limits_{j\in N_i}\nabla_{\boldsymbol{p}_{ij}(t)}V(\|\boldsymbol{p}_{ij}(t)\|) = 0$。在稳态有 $\boldsymbol{q}_i^*(t) = \boldsymbol{q}_j^*(t)$,$\boldsymbol{q}_i(t) = \boldsymbol{q}_j(t)$,并且 $\dot{\boldsymbol{p}}_i(t) = \dot{\boldsymbol{p}}_j(t)$。那么,由控制协议(4.9)可以得到

$$\begin{aligned} \dot{\bar{\boldsymbol{q}}}(t) &= \frac{1}{N}\sum_{i=1}^{N}\dot{\boldsymbol{q}}_i(t) \\ &= \frac{1}{N}\Big(-\sum_{i=1}^{N}\sum_{j\in N_i}(\boldsymbol{q}_i^*(t) - \boldsymbol{q}_j^*(t)) - \sum_{i=1}^{N}\sum_{j\in N_i}(\boldsymbol{q}_i(t) - \boldsymbol{q}_j(t))\Big) - \\ &\quad \sum_{i=1}^{N}\boldsymbol{H}_i(t)\sum_{j\in N_i}(\dot{\boldsymbol{p}}_i(t) - \dot{\boldsymbol{p}}_j(t)) - \sum_{i=1}^{N}\boldsymbol{H}_i(t)\sum_{j\in N_i}\nabla_{\boldsymbol{p}_{ij}(t)}V(\|\boldsymbol{p}_{ij}(t)\|) \\ &= \frac{1}{N}\Big(-\sum_{i=1}^{N}\boldsymbol{H}_d\sum_{j\in N_i}\nabla_{\boldsymbol{p}_{ij}(t)}V(\|\boldsymbol{p}_{ij}(t)\|)\Big) \\ &= \frac{1}{N}\boldsymbol{H}_d\Big(-\sum_{i=1}^{N}\sum_{j\in N_i}\nabla_{\boldsymbol{p}_{ij}(t)}V(\|\boldsymbol{p}_{ij}(t)\|)\Big) \\ &= 0 \end{aligned} \quad (4-16)$$

这意味着所有个体的前进速率和旋转速率的质心是不变的。因为 $\boldsymbol{q}_1 = \boldsymbol{q}_2 = \cdots = \boldsymbol{q}_N = \bar{\boldsymbol{q}}$,那么可以得到 $\dot{\boldsymbol{q}}_i = \dot{\bar{\boldsymbol{q}}} = 0$,即 $\dot{v}_i = 0$ 且 $\dot{\omega}_i = 0$,也就是说 $v_d$ 和 $\omega_d$ 是常数。因此,由式(4-9)可以得到

$$\begin{cases} -\sum\limits_{j\in N_i}\nabla_{\boldsymbol{p}_{ij}(t)}V(\|\boldsymbol{p}_{ij}(t)\|)^\mathrm{T}\boldsymbol{t}_i(t) = 0 \\ -\sum\limits_{j\in N_i}\nabla_{\boldsymbol{p}_{ij}(t)}V(\|\boldsymbol{p}_{ij}(t)\|)^\mathrm{T}\boldsymbol{n}_i(t) = 0 \end{cases} \quad (4-17)$$

因为 $\boldsymbol{t}_i(t) = \begin{bmatrix} \cos\theta_i(t) \\ \sin\theta_i(t) \end{bmatrix}$ 和 $\boldsymbol{n}_i(t) = \begin{bmatrix} -\sin\theta_i(t) \\ \cos\theta_i(t) \end{bmatrix}$ 是正交的单位向量,并且 $I_d \neq 0$,那么式(4-17)等价于 $\sum_{j \in N_i} \nabla_{\boldsymbol{p}_{ij}(t)} V(\|\boldsymbol{p}_{ij}(t)\|) = 0$。也就是说总势能达到最小值,即

$$
\begin{aligned}
\frac{\mathrm{d}V}{\mathrm{d}t} &= \sum_{i=1}^{N} \dot{\boldsymbol{p}}_{ij}(t)^{\mathrm{T}} \sum_{j \in N_i} \nabla_{\boldsymbol{p}_{ij}(t)} V(\|\boldsymbol{p}_{ij}(t)\|) \\
&= 2\sum_{i=1}^{N} \dot{\boldsymbol{p}}_i(t)^{\mathrm{T}} \sum_{j \in N_i} \nabla_{\boldsymbol{p}_{ij}(t)} V(\|\boldsymbol{p}_{ij}(t)\|) = 0
\end{aligned}
\tag{4-18}
$$

定理4.1的结论(4)得证。

3. 仿真结果

我们用10个个体在 MATLAB 平台验证上述理论结果。10个个体的初始交互网络是一个连通图。交互半径 $D = 30$ m。绿色星点代表每个个体的初始位置,彩球的中心代表每个个体在 $t = 60$ s 时刻的位置。仿真结果如图4-3所示。图4-3(a)表明所有个体渐近地汇聚为一个期望的聚合队形。图4-3(b)(c)和(d)分别给出了所有个体逐渐以一致的方向角、一致的前进速率和一致的旋转速率运动。如前所述,方向角被限定在 $[0, 2\pi]$ 范围内。因此,方向角 $\theta_i$ 所显示的值实际上是其真实值除以 $2\pi$ 所得到的余数。图4-3(e)给出了所有个体间距随时间的变化情况。可以看出所有个体的间距逐渐趋于稳定,并且任何两个个体之间的间距都不为零。因此,在整个演化过程中个体间的冲突可以完全避免。图4-3(f)提供了10个个体的总势能在时间段 $[t_f, \infty)$ 上随时间变化的情况,其中 $t_f = 0.67$ s。显然,总势能逐渐减小最后趋于一个稳定值。此外,系统的初始交互网络是

$$
\boldsymbol{A}(0) = \begin{bmatrix}
0 & 0 & 1 & 1 & 0 & 1 & 1 & 1 & 1 & 1 \\
0 & 0 & 0 & 0 & 0 & 1 & 0 & 0 & 1 & 1 \\
1 & 0 & 0 & 1 & 0 & 1 & 1 & 1 & 1 & 1 \\
1 & 0 & 1 & 0 & 1 & 1 & 1 & 1 & 1 & 1 \\
0 & 0 & 0 & 1 & 0 & 0 & 0 & 0 & 0 & 0 \\
1 & 1 & 1 & 1 & 0 & 0 & 1 & 1 & 1 & 1 \\
1 & 0 & 1 & 1 & 0 & 1 & 0 & 1 & 0 & 0 \\
1 & 0 & 1 & 1 & 0 & 1 & 1 & 0 & 1 & 1 \\
1 & 1 & 1 & 1 & 0 & 1 & 0 & 1 & 0 & 1 \\
1 & 1 & 1 & 1 & 0 & 1 & 0 & 1 & 1 & 0
\end{bmatrix}
\tag{4-19}
$$

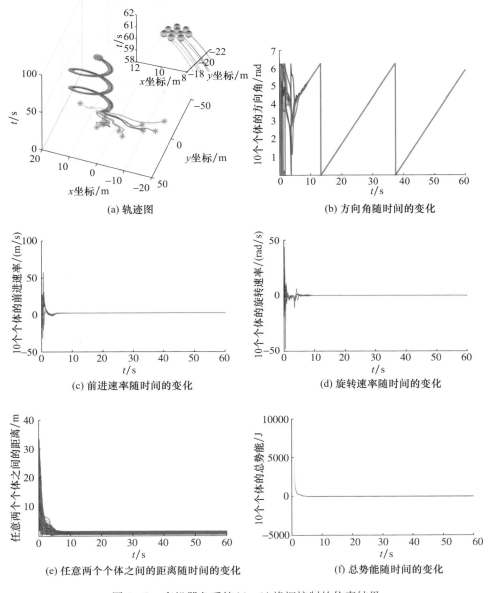

图 4-3　多机器鱼系统(4-1)蜂拥控制的仿真结果

这代表交互网络是一个连通图但并不是一个完全图。系统的连通性保持问题可以通过实时输出系统的邻接矩阵来推断。最后系统的交互网络是固定的,可以用如下邻接矩阵来表示:

$$A(60) = \begin{bmatrix} 0 & 1 & 1 & 1 & 1 & 1 & 1 & 1 & 1 & 1 \\ 1 & 0 & 1 & 1 & 1 & 1 & 1 & 1 & 1 & 1 \\ 1 & 1 & 0 & 1 & 1 & 1 & 1 & 1 & 1 & 1 \\ 1 & 1 & 1 & 0 & 1 & 1 & 1 & 1 & 1 & 1 \\ 1 & 1 & 1 & 1 & 0 & 1 & 1 & 1 & 1 & 1 \\ 1 & 1 & 1 & 1 & 1 & 0 & 1 & 1 & 1 & 1 \\ 1 & 1 & 1 & 1 & 1 & 1 & 0 & 1 & 1 & 1 \\ 1 & 1 & 1 & 1 & 1 & 1 & 1 & 0 & 1 & 1 \\ 1 & 1 & 1 & 1 & 1 & 1 & 1 & 1 & 0 & 1 \\ 1 & 1 & 1 & 1 & 1 & 1 & 1 & 1 & 1 & 0 \end{bmatrix} \qquad (4-20)$$

特别是,在仿真和实验过程中,假设误差不超过1%,我们就认为蜂拥任务已经实现。因此,根据数值仿真结果,期望的蜂拥现象首先出现于时刻10s。此外,10 个个体从10s 到60s 一直保持蜂拥行为。

## 4.2.4 实验验证和讨论

### 1. 实验载体

我们选用的实验载体如图4-4 所示。机器鱼的尺寸是0.45 m×0.05 m× 0.12 m(长×宽×高)。机器鱼体内搭载了一个通信模块、一个控制模块和一个能量供应模块。为了模拟真实鱼的波动运动,机器鱼的身体采用多关节串联的形式来构建。

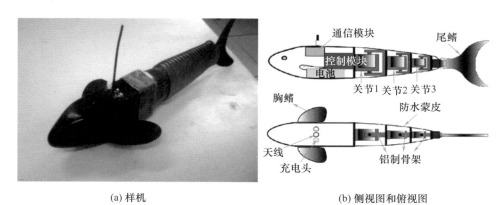

(a) 样机　　　　　　　　　　　(b) 侧视图和俯视图

图4-4　多关节仿生机器鱼

按照鲹科鱼类的运动模态[36],每条机器鱼都依靠波动的身体和尾鳍来推动自身前进。其波动运动采用如下行波的运动方式来描述[37]：

$$y_{\text{body}}(x,t) = A(x)\sin(kx + \omega t) \tag{4-21}$$

其中，$y_{\text{body}}$代表鱼体的横向位移，$x$代表沿着主轴的位移，$t$代表时间，$A(x) = c_1 x + c_2 x^2$是波幅，$c_1$和$c_2$是可调参数，$k = 2\pi/\lambda$代表体波数，$\lambda$是体波的波长，$\omega = 2\pi/M$代表震荡的角频率，$M$代表振荡频率。

我们通过控制机器鱼的关节$\psi_i^j(t)(j = 1,2,3)$来实现上述行波，有

$$\psi_i^j(t) = \Phi_i^j(t) + A_i^j(t)\sin(2\pi f_i^j(t)t + \varphi_i^j) \tag{4-22}$$

其中，上角标$j$代表关节号，$\psi_i^j(t)$代表机器鱼$i$的第$j$个关节在时刻$t$的角位置，$\Phi_i^j(t)$代表机器鱼$i$的第$j$个关节在时刻$t$的角度偏移量，$A_i^j(t)$代表机器鱼$i$的第$j$个关节在时刻$t$的幅值，$f_i^j(t)$代表机器鱼$i$的第$j$个关节在时刻$t$的振荡频率，$\varphi_i^j$代表机器鱼$i$的第$j$个关节在时刻$t$的滞后角。特别地，机器鱼$i$的滞后角满足如下约束条件：$\varphi_i^2 - \varphi_i^1 = 40°，\varphi_i^3 - \varphi_i^1 = 169.3°$，对$i = 1,2,\cdots,N$成立。

机器鱼$i$在$t$时刻的运动可以用控制命令$f_i^j(t)$、$A_i^j(t)$和$\Phi_i^j(t)(j = 1,2,3)$来描述。前进速率$v_i(t)$与振荡频率$f_i^j(t)$和振荡幅值$A_i^j(t)$有关$(j = 1,2,3)$。旋转速率$\omega_i(t)$则主要由角度偏移量$\Phi_i^j(t)(j = 1,2,3)$来决定。此外，如图4-5所示，我们在机器鱼的控制底层嵌入了一个模糊控制器，用于描述控制命令$A_i^j$、$f_i^j$、$\Phi_i^j$和速率$\omega_i$、$v_i$之间的对应关系。

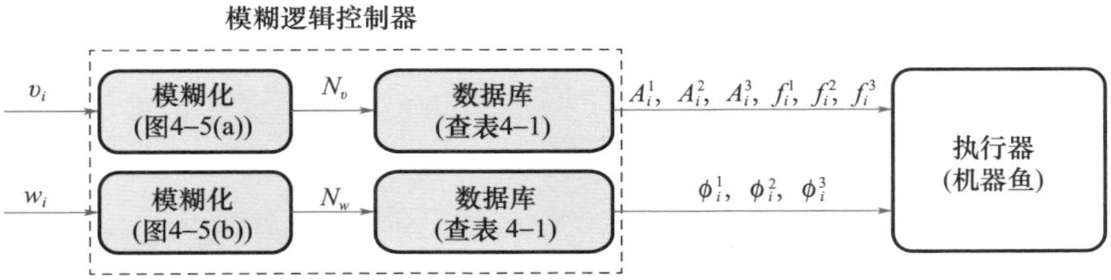

图 4 - 5　模糊控制器示意

2. 实验环境

图4-6给出了实验环境的示意图，由一个全局摄像头、一个上位机、一个射频通信系统和一个尺寸为3 m×2 m×0.05 m(长×宽×深)的水池组成。将机器鱼看作执行器，因为机器鱼并没有搭载任何传感器并且只具有有限的计算/通信能力。摄像头用于定位机器鱼，主机用于计算其位置和方向角。此外，每条机器鱼之间以主机作为基站来构成通信网络。蜂拥算法嵌入基站中，并且转化成离散的控制命令让机器鱼去执行。

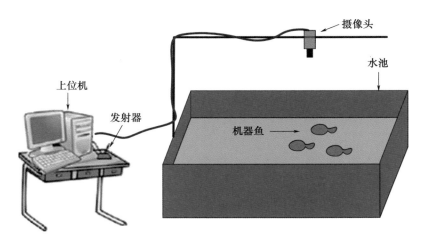

图4-6　实验环境示意

3. 执行步骤

机器鱼的初始状态可以随机选择。令 $h$ 为系统的采样周期。那么,采样时刻可以表示为 $t = hk, k = 0, 1, 2, \cdots$。多机器鱼执行上述算法的实现过程如下:第一步,利用式(4-9)计算出当前采样时刻 $t = hk$ 下机器鱼 $i$ 的前进加速度 $a_i(t)$ 和旋转加速度 $b_i(t)$。第二步,分别计算机器鱼 $i$ 在下一采样时刻 $hk + h$ 的前进速率 $v_i(t)$ 和旋转速率 $\omega_i(t)$:

$$v_i(hk + h) = v_i(hk) + a_i(hk) \times h$$
$$\omega_i(hk + h) = \omega_i(hk) + b_i(hk) \times h$$

$$(4-23)$$

第三步,根据图4-7所示的隶属度函数,找出对应的前进速率档位 $N_v$ 和旋转速率档位 $N_\omega$。第四步,查表4-1得到机器鱼 $i$ 在下一采样时刻每个关节的控制命令 $A_i^j \ f_i^j \ \Phi_i^j$。重复上述过程直到仿真结束。

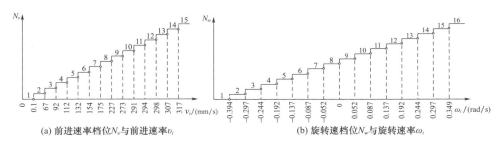

图4-7　隶属度函数

表 4 – 1 机器鱼 $i$ 的速率档位 $N_v$、$N_\omega$ 与对应的控制命令 $A_i^j$、$f_i^j$、$\Phi_i^j(j=1,2,3)$

| $N_v$ | $A_i^1(°)$ | $A_i^2(°)$ | $A_i^3(°)$ | $f_i^1=f_i^2=f_i^3/\text{Hz}$ | $N_\omega$ | $\phi_i^1(°)$ | $\phi_i^2(°)$ | $\phi_i^3(°)$ |
|---|---|---|---|---|---|---|---|---|
| 0 | 0 | 0 | 0 | 0 | 1 | −54 | −59 | −64 |
| 1 | 2 | 12 | 15 | 0.15 | 2 | −48 | −53 | −58 |
| 2 | 3 | 13 | 18 | 0.25 | 3 | −42 | −47 | −52 |
| 3 | 4 | 14 | 19 | 0.266 | 4 | −30 | −35 | −40 |
| 4 | 5 | 15 | 20 | 0.286 | 5 | −18 | −23 | −28 |
| 5 | 6 | 16 | 21 | 0.308 | 6 | −12 | −17 | −22 |
| 6 | 7 | 17 | 22 | 0.354 | 7 | −6 | −11 | −16 |
| 7 | 8 | 18 | 23 | 0.364 | 8 | 0 | 0 | 0 |
| 8 | 9 | 19 | 24 | 0.4 | 9 | 0 | 0 | 0 |
| 9 | 10 | 20 | 25 | 0.44 | 10 | 6 | 11 | 16 |
| 10 | 11 | 21 | 26 | 0.5 | 11 | 12 | 17 | 22 |
| 11 | 12 | 22 | 27 | 0.572 | 12 | 18 | 23 | 28 |
| 12 | 13 | 23 | 28 | 0.666 | 13 | 30 | 35 | 40 |
| 13 | 14 | 24 | 29 | 0.8 | 14 | 42 | 47 | 52 |
| 14 | 15 | 25 | 30 | 1 | 15 | 48 | 53 | 58 |
| 15 | 16 | 26 | 31 | 1.34 | 16 | 54 | 59 | 64 |

4. 平台仿真结果

作为水下设备协作研究的一个辅助工具,机器鱼仿真平台旨在推动水下设备及其相关技术的发展。这个平台已经被用作中国机器人大赛水中机器人二维仿真组的标准平台,该平台是基于微软的机器人开发平台(Microsoft Robotics Developer Studio,MRDS)以及机器鱼的运动学特性和控制机制构建的。此外,为了模拟真实环境,平台还考虑了外部扰动和场地边界的影响。

我们依然采用 10 条机器鱼在仿真平台上执行上述算法。仿真周期为 $h = 0.11\ \text{s}$。Ren 等人给出了具体的边界冲突的模型[38]。图 4 – 8 给出了蜂拥任务的仿真结果。显然,10 条机器鱼很快地互相靠近,同时调整它们的速率和方向。最后,它们保持一个聚合的队形,并且以同样的方向角、同样的前进速率和同样的旋转速率运动。10 条机器鱼构成一个整体,共同做一致的曲线运动。

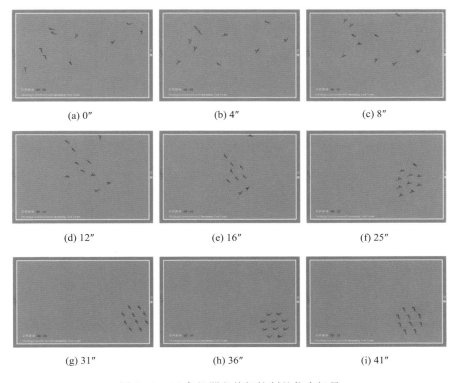

(a) 0″　　　　　　　　(b) 4″　　　　　　　　(c) 8″

(d) 12″　　　　　　　(e) 16″　　　　　　　(f) 25″

(g) 31″　　　　　　　(h) 36″　　　　　　　(i) 41″

图 4 - 8　10 条机器鱼蜂拥控制的仿真场景

5. 实验结果

实验的目标是验证控制协议(4 - 9)对于在水面游动的多机器鱼系统的可行性。图 4 - 9 给出了具有一般初始状态的三条机器鱼执行上述算法的演化过程。三条机器鱼在 14 s 呈现出期望的聚合蜂拥行为。之后,3 号机器鱼与水池边界发生冲突,三角形的稳定编队被破坏。但是,在控制算法的作用下,三条机器鱼很快恢复到期望的编队。显然,在存在边界冲突的前提下,三条机器鱼的持续的蜂拥行为依然可以观察到。

图 4 - 10(a)给出了三条机器鱼的轨迹图。绿色圆圈代表机器鱼的初始位置,而红色方块代表机器鱼在 $t = 25$ s 时刻的位置。三条机器鱼逐渐汇聚,最终形成一个聚合的编队。令 $\boldsymbol{L} = \begin{bmatrix} 0 & 1 & 1 \\ 1 & 0 & 1 \\ 1 & 1 & 0 \end{bmatrix}$ 以及 $\boldsymbol{\theta} = [\theta_1, \theta_2, \theta_3]^{\mathrm{T}}$。定义 $\Theta = \dfrac{1}{2}$

$\boldsymbol{\theta}(t)^{\mathrm{T}} \boldsymbol{L}(t) \boldsymbol{\theta}(t)$ 为方向角的能量函数。$\Theta$ 用来评价三条机器鱼方向角的差异。

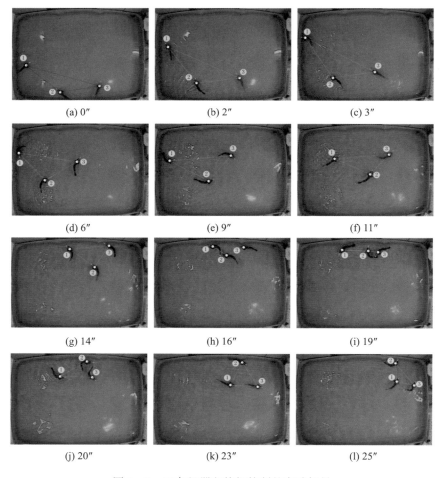

图4-9　三条机器鱼蜂拥控制的实验场景

图4-10(b)给出了$\Theta$随时间变化的趋势。从16 s到20 s,$\Theta$的剧变代表边界冲突的发生。$\Theta$逐渐达到零,表明三条机器鱼的方向角达到一致。相似地,总势能的时间响应情况如图4-10(c)所示。总势能整体上呈现出一种下降的趋势,除了一些出现在4 s和9 s附近的小的波动。我们认为这些小波动是由外部不确定扰动(如水波扰动等)引起的。最后,总势能逐渐趋于一个稳定值。

6. 讨论

分布式控制协议(4-9)只涉及邻居间的相对位置和相对速率。因此,只要当前个体状态与其期望状态之间存在差异,上述控制协议会一直发挥作用,无论

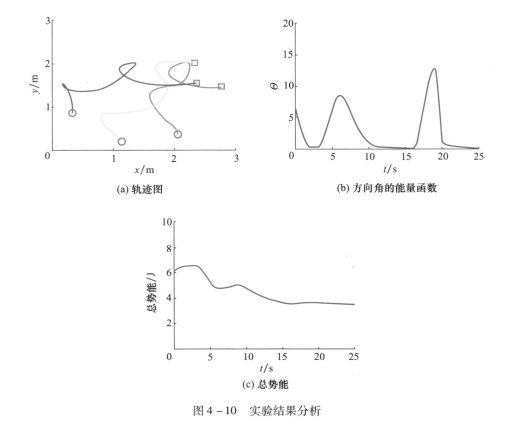

(a) 轨迹图　　　　　　　　　　(b) 方向角的能量函数

(c) 总势能

图 4 - 10　实验结果分析

这个差异是由机器鱼自身的运动引起的还是外界不确定干扰引起的。此外,对于一个多智能体系统来说,分布式的算法对计算量和通信能力的要求比集中式算法更低。这些特性使得上述蜂拥算法成为一个适用于多机器鱼编队控制的有效且实用的方法。

但是,由于水波扰动和边界冲突,三条机器鱼一直保持蜂拥行为并不容易。因此,一旦它们靠近甚至和边界发生碰撞,队形瞬间就会被破坏。同时,实验平台的跟踪系统也非常容易丢失目标,这会导致实验过程的中断。由于外界环境导致的这些困难都没有阻碍上述控制算法的可行性,这在一定程度上证明了此算法的抗干扰能力。

此外,机器鱼必须具有足够的能力来参与蜂拥任务并且保持集群行为。例如,它必须能够跟得上群里的其他机器鱼,否则,它会落后并且被捕食者吃掉。除了运动能力,交互能力也非常重要,它保证机器鱼可以快速对其邻居的行为做出响应。

## 4.3　小结

　　蜂拥现象常见于鸟群或是鱼群迁徙、捕食或是躲避敌害的时候。近年来,蜂拥行为因其在工程中潜在的应用前景而被广泛地研究。尽管关于蜂拥行为的交互机制和演化过程已经有了很多研究结果,但是多水下机器人的蜂拥问题仍然缺乏充足的讨论。本章提出了一个分布式的控制算法来解决多机器鱼的蜂拥问题。由于水下通信/定位技术所限,每条机器鱼被限定在水面游动。利用最近邻居交互规则,机器鱼之间依靠切换拓扑来传递无方向的信息流。机器鱼具有非完整的运动学特性,其结构简单,低智能,被简化成一种扩展的二阶独轮车模型。假定系统的初始交互拓扑是一个无向连通图。系统的稳定性可以通过拉塞尔不变集原理来分析和证明。仿真结果证明了上述算法的有效性。最后,实验结果进一步验证了即使存在场地限制和不确定干扰,上述蜂拥算法对于多机器鱼系统依然是有效的。

## 4.4　参考文献

［1］刘晓阳,杨润贤,高宁.水下机器人发展现状与发展趋势探究［J］.科技创新,2018.

［2］程之年,周明贵,高萌.国外海军无人自主系 统反潜战创新运用研究［J］.数字海洋与水下攻防,4(06):506 – 512,2021.

［3］章诚.征服未知海底的利器——详解智能水下机器人［J］.机器人产业,2016.

［4］刘大庆,赵云飞,吴超,王骥.美军水下无人作战力量发展趋势及启示［J］.数字海洋与水下攻防,4(04):257 – 263,2021.

［5］郑秀敏.浆液搅拌机器人结构分析与优化［D］.北京:北京信息科技大学,2007.

［6］阚如文.无人水下航行器姿态控制策略研究［D］.长春:吉林大学,2017.

［7］平伟,马厦飞,张金华,等.“海马”号无人遥控潜水器［J］.舰船科学技术,15,2017.

［8］程健.水下机器人水动力性能及其运动控制研究［D］.大连:,大连理工大学,2018.

［9］封锡盛,李一平,徐会希,李智刚.深海自主水下机器人发展及其在资源调查中的应用［J］.中国有色金属学报,pages 1 – 15,2021.

［10］郭志军.水下机器人运动控制器的设计［D］.哈尔滨:哈尔滨工程大学,2013.

［11］REYNOLDS C W. Flocks, herds, and schools:a distributed behavioral model［J］. Comput Graph,1987,21:25 – 34.

［12］LEONARD N E,FIORELLI E. Virtual leaders,artificial potentials and coordinated control of

groups［C］. Proceedings of the 40th IEEE Conference on Decision Control,2001,vol. 3:
2968 − 2973.

［13］OLFATI − SABER R. Flocking for multi − agent dynamic systems:algorithms and theory［J］.
IEEE Trans Autom Control,2006,51:401 − 420.

［14］TANNER H G ,JADBABAIE A ,PAPPAS G J. Flocking in fixed and switching networks［J］.
IEEE Trans Autom Control,2007,52:863 − 868.

［15］LUO X,LIU D,GUAN X ,LI S. Flocking in target pursuit for multi − agent systems with parti-
cial informed agents［J］. IET Control Theory Appl,2012,6:560 − 569.

［16］JADBABAIE A ,LIN J,MORSE A S. Coordination of groups of mobile autonomous agents
using nearest neighbor rules［J］. IEEE Trans Autom Control,2003,48:988 − 1001.

［17］DIMAROGONAS D V,LOIZOU S G,KYRIAKOPOULOS K J,ZAVLANOS M M. A feedback
stabilization and collision avoidance scheme for multiple independent non − point agents［J］.
Automatica,2006,42:229 − 243.

［18］SU H,CHEN G,WANG X,LIN Z. Adaptive flocking with a virtual leader of multiple agents
governed by nonlinear dynamics［C］. 29th Chinese Control Conference,2010,5827 − 5832.

［19］SABATTINI L,SECCHI C,FANTUZZI C. Arbitrarily shaped formations of mobile robots:artifi-
cial potential fields and coordinate transformation［J］. Auton Robot,2011,30:385 − 397.

［20］SAVKIN A V,TEIMOORI H. Decentralized formation flocking and stabilization for networks of
unicycles［C］. Proceedings of the 48th IEEE Conference on Decision Control and the 28th
Chinese Control Conference,2009,984 − 989.

［21］GU D,WANG Z. Leader − follower flocking:algorithms and experiments［J］. IEEE Trans Con-
trol Syst Technology,2009,17:1211 − 1219.

［22］REGMI A,SANDOVAL R,BYRNE R,TANNER H,Abdallah C T. Experimental implementa-
tion of flocking algorithms in wheeled mobile robots［C］. Proceedings of the 2005 American
Control Conference,2005,vol. 7,4917 − 4922.

［23］SU H,WANG X,CHEN G. Rendezvous of multiple mobile agents with preserved network con-
nectivity［J］. Syst Control Lett,2010,59:313 − 322.

［24］FALCONI R,SABATTINI L,SECCHI C,FANTUZZI C,MELCHIORRI C. A graphbased colli-
sion − free distributed formation control strategy［C］. 18th International Federation of Automat-
ic Control World Congress,2011.

［25］KLEIN D J,BETTALE P K,TRIPLETT B I,MORGANSEN K A. Autonomous underwater mul-
tivehicle control with limited communication:theory and experiment［C］. International Federa-
tion of Automatic Control Workshop on Navigation,Guidance and Control of Underwater Vehi-
cles,2008.

［26］WEIHS D. Hydromechanics of fish schooling［J］. Nature,1973,241:290 − 291.

[27] LOW K H. Locomotion and depth control of robotic fish with modular undulating fins[J]. Int J Automation and Computing,2006,4:348 – 357.

[28] ZHANG D,WANG L,YU J,TAN M. Coordinated transport by multiple biomimetic robotic fish in underwater environment[J]. IEEE Trans Control Syst Technology,2007,15:658 – 671.

[29] ZAVLANOS M M,JADBABAIE A,PAPPAS G J. Flocking while preserving network connectivity[C]. 46th IEEE Conference on Decision Control,2007,2919 – 2924.

[30] YU J,WANG L,SHAO J,TAN M. Control and coordination of multiple biomimetic robotic fish [J]. IEEE Trans Control Syst Technology,2007,15:176 – 183.

[31] SHAO J,WANG L,YU J. Developemnt of an artificial fish – like robot and its application in cooperative transportation[J]. Control Eng Pract,2008:569 – 584.

[32] WARBURTON K,LAZARUS J. Tendency distance models of social cohesion in animal groups [J]. Journal of Theoretical Biology,1991,150:473 – 488.

[33] REN W. Distributed attitude alignment in spacecraft formation flying[J]. International Journal of Adaptive Control and Signal Processing,2007,21:95 – 113.

[34] MANFREDI S. Design of a multi – hop dynamic consensus algorithm over wireless sensor networks[J]. Control Eng Pract,2013,21:381 – 394.

[35] Khalil H K. Nonlinear Systems[M]. Upper Saddle River:Prentice Hall,2002.

[36] SFAKIOTAKIS M,LANE D M,DAVIES J B C. Review of fish swiming modes for aquatic locomotion[J]. IEEE J Ocean Eng,1999,24:237 – 252.

[37] BARRETT D,TRIANTAFYLLOU M,YUE D K P,GROSENBAUGH M A,WOLFGANG M J. Drag reduction in fish – like locomotion[J]. J Fluid Mechanics,1999,392:183 – 212.

[38] REN J. Collision simulation on robotic fish two – dimensional platform[D]. Beijing:Peking University,2012.

# 第5章　领导者速度恒定的分布式协同控制系统应用场景及对策

## 5.1　典型应用场景

### 5.1.1　检修机器人

想象一下,在郁郁葱葱的森林中,巡检工人携带无人机翻山越岭地巡检输电线塔。由于塔与塔之间相隔甚远,大量的时间便消耗在丛林穿越中。即便使用无人机巡检,每人每天至多只能巡检 2~3 个山头,约 20 座塔。

但如果巡检工人能携带 4 架无人机一起协作,只需 40 min 便能巡检完 1 个山头,20 座塔只需 3 h 即可全部巡检完毕。

可见,多机协同的作业效率一定会优于单个无人机。多个无人机执行协同任务意味着可以在更短时间内覆盖更大面积的土地。这意味着多架无人机作业时,必须遵循一套易于规模扩展且能实现机间避障的算法来运行,有效提升巡检效率。这种情况下,集群策略是首选。

### 5.1.2　水下搜救

SwarmDiver 是一种微型潜水无人水面艇(USV),主要是面向水下搜救任务。

每艘 SwarmDiver 的体长为 750 mm、重 1.7 kg,装备有用于防御、研究和监视用途的传感器。借助两个无刷直流电机来带动螺旋桨,极速可达 2.2 m/s,电池续航时间为 2.5 h。SwarmDiver 航程 7 km,专为海浪环境而设计,能够测量温度和压力,GPS 追踪精度可达 1 m。在水面上运动时,彼此间可通过无线电控制器通信。

支持由单人操控集群,算法也被设计得易于使用,支持多种编队形式,还可以一键回收。SwarmDiver 最大潜水深度达 50 m,不过操作员需要等到它重新浮出水面,才能接收到它们采集的数据。

### 5.1.3 遥感与对地观测

无人机对几乎所有存在地理信息需求的行业都有着成本、技术和便利性方面的优势。在单无人机作业的情况下,大范围的对地观测往往需要消耗很长时间。通过引入分布式协同控制技术,尤其对于存在诸多不确定性的地面目标跟踪之类的时变任务,可达到使用少量的人员便能够控制大量无人机进行并行作业的效果,解决时间与效率难题。

以往,植保测绘都需要人工跑地打点,劳动强度高,且耗时长。农田边界的获取都是依靠人工一步一步去打点、丈量,非常耗时费力,尤其是遇上分散、狭小、形状不规则的地块时,测量和计算的难度都较大,测量结果往往也不是很精确。极侠农业遥感无人机可以快速帮助用户获取农田高清三维数字地图,为果树、茶园、大田、水田等无人机植保作业快速提供高精度的三维航线,彻底解决植保测绘打点慢,人工圈地难,果树高度、大小预估不精准的难题,保障飞行作业安全,降低测绘成本和农业无人机使用成本,提高植保效率。

在进行大规模统防统治作业时,利用大量遥感农业无人机的协同可以进一步提高农业无人机植保作业效率。农业遥感无人机的技术升级,不仅可以减少用户对人工测绘的依赖,降低测绘成本,提高植保作业效率,还能快速获取农田信息,为农业生产提供科学、精准的决策依据。

## 5.2 对策研究

本章所涉及的解决方案主要面向具有如下特征的多智能体系统:系统内智能体分为两类,一类是领导者,知道群体要执行的飞行轨迹及目的地位置,领导者按照期望的轨迹以恒定的速度大小飞往目的地;另一类是跟随者,不需要知道整体的目标,每个跟随者都具有同等通信能力、同等定位能力、一致的行为决策机制。

本章所提的解决方案,主要目标是实现该多智能体系统按照指定轨迹运动的群体协同任务,即所有个体都以与领导者同样的速率、朝着同样的方向、围绕在领导者周围以紧致的队形运动下去。整个过程中,每个智能体之间能够实现彼此的避碰,整个队形具有鲁棒性,即使队形短暂地因外界干扰而被破坏,也能迅速自动调整回紧致的队形并保持下去。此外,有时需要智能体按照指定的几何队形执行协同任务,本章亦给出基于集群策略的编队控制解决方案。

本章以机器鱼为研究对象,给出具体解决方案。

## 5.2.1　引言

动物的集群行为是动物群体迁移、捕食或是躲避敌害时所采用的一种风险规避的模式[1]。蜂拥是一种常见于鸟群和鱼群的集群现象,群体通常利用邻居间的通信和局部感知来保持一种汇聚的或是几何的队形[2-3]。近年来,因其在移动传感网、多智能体系统中的广泛应用,蜂拥已经成为控制领域中最重要的研究方向之一[4-9]。

迁移蜂拥,又称为领导者–跟随者蜂拥,是一种特殊的蜂拥现象。群体的蜂拥行为由一个或多个有经验的领导者来引导。在自然界中,群体中通常只有一个或一些个体知道全局信息,如食物来源的定位或迁移路线,其他个体只是根据从它们的邻居那里得到的局部信息来调整它们的行为。显然,领导者在群体行为的指导方面扮演着重要角色。

领导者–跟随者机制已经在多机器人系统的编队控制研究中被广泛采用[10-19]。例如,Yang 等人利用反步法来协调跟随者们的运动,使其相对于领导者的位置和方向达到期望的状态[15]。Mariottini 等人解决了搭载有全景摄像头的独轮车的领导者–跟随者编队控制中的基于视觉的定位问题[17]。Ailon 等人提出了一种基于平滑属性和虚拟个体的领导者–跟随者控制策略,使得一群移动机器人可以沿着一个基于时间参数的路径保持一个期望的队形[19]。除了这些控制方法,随着感知和通信技术的迅速发展,成熟的多智能体系统的 flocking 算法已经具有了实现多机器人系统协调控制的能力。

虚拟领导者的存在是现有蜂拥控制文献中一个常见的假设[20-27]。不同于这些虚拟领导者,自然界中或是工程应用中领导者[15,17,19]常常为群体里面的真实个体,需要参与系统中能量的分布和队形的构建,因此给蜂拥控制的研究带来了新的挑战。

例如,Yang 等人提出了一个多个领导者跟随策略来解决双积分器模型的蜂拥问题,但是他们并没有考虑现代设备的物理约束[28]。假设领导者和跟随者之间的交互是双向的,Gu 等人研究了带有多个领导者的领导者–跟随者蜂拥问题,并且测试了这种控制算法在轮式移动机器人系统中的可行性[29]。他们利用一致性算法来估计群体的蜂拥中心的位置以保持系统的连通性[29]。此外,人工势场法是另一种解决网络连通性保持问题的有效方法[30]。此外,有学者已经给出了聚合蜂拥行为到编队蜂拥行为之间的具体联系,但他们的研究中不涉及任何领导者[31-32]。

本章中,在考虑了机器鱼本身具体的运动学约束、通信能力和控制机制的前提下,针对具有领导者-跟随者结构的多机器鱼系统提出了一种分布式的控制算法来实现聚合蜂拥行为或编队蜂拥行为。特别是,领导者的运动与跟随者无关,领导者和跟随者之间的交互是单向的[33]。此外,只有当领导者的外部控制输入为零时,稳定的编队才可以保持下去。因此,我们这里只研究领导者前进速率和旋转速率固定的情况。

机器鱼的蜂拥行为具有三个基本属性:冲突避碰、速度对准和聚合编队[34]。结合了一致性和势函数,我们提出了一个分布式的蜂拥算法来完成聚合蜂拥任务。系统的稳定性可以利用拉塞尔不变集原理进行分析。为了扩展算法的应用领域,我们进一步修正蜂拥算法使之可以实现编队蜂拥任务。3条机器鱼在水面上分别执行了聚合蜂拥任务和人字形编队蜂拥任务。最后,为了进一步说明该算法对较大规模的多智能体系统依然有效,我们给出了针对10个个体执行蜂拥任务的仿真结果。

## 5.2.2 系统建模

为了简化问题,由本章开始,机器鱼模型不涉及外部扰动项。机器鱼 $i(i = 1,2,\cdots,N)$ 的运动学特性可以用如下模型来描述:

$$\dot{x}_i(t) = v_i(t)\cos\theta_i(t) - \omega_i(t)l_i\sin\theta_i(t)$$
$$\dot{y}_i(t) = v_i(t)\sin\theta_i(t) + \omega_i(t)l_i\cos\theta_i(t)$$
$$\dot{\theta}_i(t) = \omega_i(t) \qquad\qquad (5-1)$$
$$\dot{v}_i(t) = a_i(t)$$
$$\dot{\omega}_i(t) = b_i(t)/l_i$$

其中,$\boldsymbol{p}_i(t) = [x_i(t), y_i(t)]^{\mathrm{T}} \in \mathbb{R}^2$ 代表机器鱼 $i$ 在时刻 $t$ 的位置向量,$\theta_i(t) \in [0, 2\pi)$ 代表机器鱼 $i$ 的方向角(从 $x$ 轴出发逆时针旋转为正),$\boldsymbol{q}_i(t) = [v_i(t), l_i\omega_i(t)]^{\mathrm{T}} = [v_i(t), \vartheta_i(t)]^{\mathrm{T}}$ 代表机器鱼 $i$ 的速度向量,$v_i(t) \in \mathbb{R}$ 代表机器鱼 $i$ 的前进速率,$\vartheta_i(t) = l_i\omega_i(t) \in \mathbb{R}$ 代表机器鱼 $i$ 的切向速率,$\omega_i(t) \in \mathbb{R}$ 代表机器鱼 $i$ 的旋转速率,$l_i \in \mathbb{R}^+$ 代表机器鱼 $i$ 的几何中心 $C_i$ 和质心 $M_i$ 之间的距离,$a_i(t) \in \mathbb{R}$ 是机器鱼 $i$ 的前进加速度,$b_i(t) \in \mathbb{R}$ 是机器鱼 $i$ 的旋转加速度。这里不

考虑个体差异,因此假设 $l_i = l_d$, $i = 1, 2, \cdots, N$。其中,$l_d$ 为一个正的常数。注意,本章中除非特别说明,所有变量都是时变的。

图 5-1 给出了机器鱼模型。其中,$\boldsymbol{t}_i = [\cos\theta_i, \sin\theta_i]^T$ 和 $\boldsymbol{n}_i = [-\sin\theta_i, \cos\theta_i]^T$ 是互相正交的单位向量。因为 $\boldsymbol{p}_i(t) = [x_i(t), y_i(t)]^T$, $\boldsymbol{q}_i(t) = [v_i(t), l_i\omega_i(t)]^T$,模型 (5-1) 可以用如下矩阵来表示:

$$\dot{\boldsymbol{p}}_i = \boldsymbol{H}_i^T \boldsymbol{q}_i$$
$$\dot{\boldsymbol{q}}_i = \boldsymbol{u}_i \tag{5-2}$$

其中,$\boldsymbol{H}_i = [\boldsymbol{t}_i, \boldsymbol{n}_i]^T = \begin{bmatrix} \cos\theta_i & \sin\theta_i \\ -\sin\theta_i & \cos\theta_i \end{bmatrix}$,$\boldsymbol{u}_i = [a_i, b_i]^T$。此外,$\boldsymbol{u}_i$ 是机器鱼 $i$ 的控制输入。

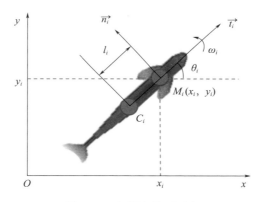

图 5-1　机器鱼模型示意

我们这里考虑的机器鱼系统由 $N$ 个在二维欧几里得空间运动的个体组成。机器鱼系统由一个领导者和 $N-1$ 个跟随者组成。不失一般性,令领导者的集合为 $\mathbb{L} = \{1\}$,跟随者的集合为 $\mathbb{F} = \{2, \cdots, N\}$。如果个体具有外部的控制输入,那么称为领导者;否则,称为跟随者。假设跟随者同领导者之间的通信是单向的,跟随者之间的通信是双向的[33]。令 $N_i(t)$ 代表跟随者 $i \in \mathbb{F}$ 在时刻 $t$ 的邻居集合。跟随者 $i$ 的初始邻居集合定义为

$$N_i(0) = \{j \mid \|\boldsymbol{p}_i(0) - \boldsymbol{p}_j(0)\| < D, j = 1, 2, \cdots, N, j \neq i\} \tag{5-3}$$

其中,$D > 0$ 为常数,$\|\cdot\|$ 为欧几里得范数。

交互网络 $G(t)$ 是一个动态有向图,顶点集为 $\nu = \{1, 2, \cdots, N\}$,边集为 $\varepsilon(t) = \{(i, j) \mid (i, j) \in \mathbb{F} \times \nu, j \in N_i(t)\}$。其中,跟随者的交互网络 $\hat{G}(t)$ 是一个无向图,顶点集为 $F$,边集为 $\hat{\varepsilon}(t) = \{(i, j) \mid (i, j) \in \mathbb{F} \times \mathbb{F}, j \in N_i(t)\}$。为了更清晰

地阐述其邻居关系,我们引入有向图 $G(t)$ 的邻接矩阵 $\boldsymbol{A}_N(t)$ 以及无向图 $\hat{G}(t)$ 的拉普拉斯矩阵 $\boldsymbol{L}_{N-1}(t)$。$\boldsymbol{A}_N(t) = [\omega_{ij}(t)]_{N \times N}$ 定义如下:

$$\omega_{ij}(t) = \begin{cases} 1, i = 1, & j = 1 \\ 1, i \in \mathbb{F}, & j \in N_i(t) \\ 0, & \text{其他} \end{cases} \tag{5-4}$$

以及 $\boldsymbol{L}_{N-1}(t) = [l_{ij}(t)]_{(N-1) \times (N-1)}$ 的定义为

$$l_{ij}(t) = \begin{cases} -\omega_{ij}, & i \neq j \\ \sum_{k=2, k \neq i}^{N} \omega_{ik}, & i = j \end{cases} \tag{5-5}$$

因为 $\hat{G}(t)$ 是一个无向图,其拉普拉斯矩阵 $\boldsymbol{L}_{N-1}(t)$ 是对称半正定的。

假设领导者的外部输入为零,本章所研究的蜂拥问题是指为跟随者设计这样一个分布式控制协议,使之可以跟随领导者的速度并且邻居之间逐渐达到稳定的间距,同时过程中要尽量避免跟随者之间的碰撞。机器鱼的尺寸为 $0.45 \text{ m} \times 0.05 \text{ m} \times 0.12 \text{ m}$(长×宽×高),而它的最小转弯半径为 $R_{\min} = 200 \text{ mm}$。假设初始时刻任何两条机器鱼之间的间距都不小于 $2R_{\min}$,那么我们这里只给出一个较为宽松的保证机器鱼之间冲突避碰的条件,即当 $\|\boldsymbol{p}_{ij}\| \to 2R_{\min}^+$ 时,根据控制协议计算得到的加速度 $[a_i, b_i]$ 使得机器鱼以其最小转弯半径运动。

假设 $G(0)$ 是一个领导者 – 跟随者连通图,即领导者到任何一个跟随者之间都存在一条路径。为了保持交互网络 $G(t)$ 的连通性,我们引入如下磁滞[30,35],满足:

(1)如果 $(i,j) \in \varepsilon(t^-)$ 且 $\|\hat{\boldsymbol{p}}_i(t) - \hat{\boldsymbol{p}}_j(t)\| < 2D$,其中 $\hat{\boldsymbol{p}}_i(t) = \boldsymbol{p}_i(t) - \boldsymbol{p}_i^*(t)$ 且 $\boldsymbol{p}_i^*(t) = \int_0^t \omega_{i1}(t) \boldsymbol{H}_i^T(t) \boldsymbol{q}_1 \mathrm{d}\tau \ (i = 1, 2, \cdots, N)$,那么 $(i,j) \in \varepsilon(t), t > 0$;

(2)如果 $(i,j) \notin \varepsilon(t^-)$ 且 $\|\boldsymbol{p}_i(t) - \boldsymbol{p}_j(t)\| < D$,那么 $(i,j) \in \varepsilon(t), t > 0$。

定义交互网络 $G(t)$ 在时刻 $t_r$ 发生切换,$r = 1, 2, \cdots$。那么,$G(t)$ 在每个非空、有界、连续的时间段 $[t_{r-1}, t_r]$ 上是固定的。

## 5.2.3 分布式协同控制策略设计及系统稳定性分析

1. 聚合蜂拥

(1)算法设计

不考虑时延,领导者的控制协议实际上就是它的外部控制输入,即

$$\boldsymbol{u}_i(t) = \begin{bmatrix} a_i(t) \\ b_i(t) \end{bmatrix} = 0 \qquad (5-6)$$

领导者以固定的前进速率$v_i$和固定的旋转速率$\omega_i(\omega_i \neq 0)$做曲线运动。注意$\boldsymbol{q}_1 = [v_i, l_d\omega_1]$是一个常数向量。跟随者$i(i=2,3,\cdots,N)$的控制协议由两部分组成。

$$\boldsymbol{u}_i(t) = \begin{bmatrix} a_i(t) \\ b_i(t) \end{bmatrix} = \boldsymbol{\alpha}_i(t) + \boldsymbol{\beta}_i(t) \qquad (5-7)$$

其中,$\boldsymbol{\alpha}_i(t)$代表一致项,$\boldsymbol{\beta}_i(t)$代表梯度项。第一部分$\boldsymbol{\alpha}_i(t)$目标在于利用一致性算法使得所有的机器鱼都以同样的速度运动。第二部分$\boldsymbol{\beta}_i(t)$则主要通过吸引/排斥函数的负梯度来影响鱼群中个体间的相对姿态[20]。

令$\hat{v}_i = v_i - \omega_{i1}v_1, \hat{\theta}_i = \theta_i - \omega_{i1}\theta_1, \hat{\omega}_i = \omega_i - \omega_{i1}\omega_1, \hat{\boldsymbol{q}}_i = \boldsymbol{q}_i - \omega_{i1}\boldsymbol{q}_1(i=1,2,\cdots,N)$。结合式$(5-2)$,可以得到

$$\dot{\hat{\boldsymbol{p}}}_i = \dot{\boldsymbol{p}}_i - \dot{\boldsymbol{p}}_i^* = \boldsymbol{H}_i^{\mathrm{T}}\boldsymbol{q}_i - \omega_{i1}\boldsymbol{H}_i^{\mathrm{T}}\boldsymbol{q}_1 = \boldsymbol{H}_i^{\mathrm{T}}\hat{\boldsymbol{q}}_i, i=1,2,\cdots,N \qquad (5-8)$$

跟随者$i(i=2,3,\cdots,N)$的控制协议设计如下:

$$a_i(t) = -\sum_{j \in N_i(t)}(\hat{v}_i - \hat{v}_j) - \sum_{j \in N_i(t)}(\dot{\hat{\boldsymbol{p}}}_i^{\mathrm{T}} - \dot{\hat{\boldsymbol{p}}}_j^{\mathrm{T}})\boldsymbol{t}_i - \sum_{j \in N_i(t)}\nabla_{\hat{p}_{ij}}V(\|\hat{\boldsymbol{p}}_{ij}\|)^{\mathrm{T}}\boldsymbol{t}_i$$

$$b_i(t) = -l_d\sum_{j \in N_i(t)}(\hat{\theta}_i - \hat{\theta}_j) - l_d\sum_{j \in N_i(t)}(\hat{\omega}_i - \hat{\omega}_j) - \sum_{j \in N_i(t)}(\dot{\hat{\boldsymbol{p}}}_i^{\mathrm{T}} - \dot{\hat{\boldsymbol{p}}}_j^{\mathrm{T}})\boldsymbol{n}_i -$$
$$\sum_{j \in N_i(t)}\nabla_{\hat{p}_{ij}}V(\|\hat{\boldsymbol{p}}_{ij}\|)\boldsymbol{n}_i \qquad (5-9)$$

其中,$\hat{\boldsymbol{p}}_{ij} = \hat{\boldsymbol{p}}_i - \hat{\boldsymbol{p}}_j, \nabla_{\hat{p}_{ij}}V(\|\hat{\boldsymbol{p}}_{ij}\|)$是人工势场法$V(\|\hat{\boldsymbol{p}}_{ij}\|)$的梯度,势函数$V(\|\hat{\boldsymbol{p}}_{ij}\|)$定义如下:

**定义5.1(势函数)**:势$V(\|\hat{\boldsymbol{p}}_{ij}\|)$是一个关于欧几里得范数$\|\hat{\boldsymbol{p}}_{ij}\|$的可微的、非负的、径向无界的函数,满足:

(1)当$\|\hat{\boldsymbol{p}}_{ij}\| \to 0$时,$V(\|\hat{\boldsymbol{p}}_{ij}\|) \to \infty$;

(2)当$\|\hat{\boldsymbol{p}}_{ij}\| \to 2D$时,$V(\|\hat{\boldsymbol{p}}_{ij}\|) \to \infty$;

(3)当$\|\hat{\boldsymbol{p}}_{ij}\|$达到期望值时,$V(\|\hat{\boldsymbol{p}}_{ij}\|)$达到它的唯一最小值。系统的总势能$V$为

$$V = \sum_{i \in \mathbb{F}}\sum_{j \in N_i}V(\|\hat{\boldsymbol{p}}_{ij}\|) + \sum_{j \in N_l}V(\|\hat{\boldsymbol{p}}_{1j}\|) \qquad (5-10)$$

假设$\boldsymbol{q}_i^* = [0, l_d\theta_i]^{\mathrm{T}}, \hat{\boldsymbol{q}}_i^* = \boldsymbol{q}_i^* - \omega_{i1}\boldsymbol{q}_1^* = [0, l_d\hat{\theta}_i]^{\mathrm{T}}, i=1,2,\cdots,N$。由公式$(5-2)$可以得到$\dot{\boldsymbol{q}}_i = \boldsymbol{u}_i = [a_i, b_i]^{\mathrm{T}}$。那么,控制协议$(5-9)$可以重写为

$$\dot{\boldsymbol{q}}_i = -\sum_{j \in N_i(t)} (\hat{\boldsymbol{q}}_i^* - \hat{\boldsymbol{q}}_j^*) - \sum_{j \in N_i(t)} (\hat{\boldsymbol{q}}_i - \hat{\boldsymbol{q}}_j) - \boldsymbol{H}_i \sum_{j \in N_i(t)} (\dot{\hat{\boldsymbol{p}}}_i - \dot{\hat{\boldsymbol{p}}}_j) -$$

$$\boldsymbol{H}_i \sum_{j \in N_i(t)} \nabla_{\hat{\boldsymbol{p}}_{ij}} V(\|\hat{\boldsymbol{p}}_{ij}\|) \qquad (5-11)$$

（2）约束条件

如图 5-2 所示，具体的势函数为

$$V(\|\hat{\boldsymbol{p}}_{ij}\|) = \frac{b}{\|\hat{\boldsymbol{p}}_{ij}\|^2} - a\ln(4D^2 - \|\hat{\boldsymbol{p}}_{ij}\|^2) + c \qquad (5-12)$$

其中，$a > 0, b > 0, c$ 都是常数。第一项 $\dfrac{b}{\|\hat{\boldsymbol{p}}_{ij}\|^2}$ 是排斥项，第二项 $- a\ln(4D^2 -$ $\|\hat{\boldsymbol{p}}_{ij}\|^2)$ 是吸引势，第三项 $c$ 只是用于保证势能恒正。

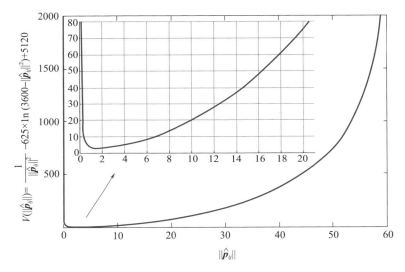

图 5-2 势函数（$a = 625, b = 1, c = 5120, D = 30$）

势函数的梯度为

$$\nabla_{\hat{\boldsymbol{p}}_{ij}} V(\|\hat{\boldsymbol{p}}_{ij}\|) = 2\hat{\boldsymbol{p}}_{ij} \left( \frac{b}{\|\hat{\boldsymbol{p}}_{ij}\|^2} - \frac{a}{4D^2 - \|\hat{\boldsymbol{p}}_{ij}\|^2} \right) \qquad (5-13)$$

其中，$\dfrac{b}{\|\hat{\boldsymbol{p}}_{ij}\|^2}$ 代表长距离作用的吸引项的大小，$\dfrac{a}{4D^2 - \|\hat{\boldsymbol{p}}_{ij}\|^2}$ 代表作用距离很短的排斥项的大小。吸引项和排斥项方向相反。这里存在唯一的一个距离 $\|\hat{\boldsymbol{p}}_{ij}\| =$ $\sqrt{\dfrac{\sqrt{b^2 + 16abD^2} - b}{2a}}$ 使得吸引力和排斥力平衡[36]。例如，$\dfrac{b}{\|\hat{\boldsymbol{p}}_{ij}\|^2} = \dfrac{a}{4D^2 - \|\hat{\boldsymbol{p}}_{ij}\|^2}$，

$a = 625, b = 1, D = 30$ 时,可以得到 $\sqrt{\dfrac{\sqrt{b^2 + 16abD^2} - b}{2a}} = 1.5489$。

特别地,需要注意参数 $a$ 和 $b$ 至少要满足如下约束条件:

$$4R_{\min}^2 < \frac{\sqrt{b^2 + 16abD^2} - b}{2a} < D^2 \qquad (5-14)$$

此外,为了确保两条机器鱼之间的冲突避碰,排斥力需要足够大以保证当 $\|\hat{\boldsymbol{p}}_{ij}\| = 2R_{\min} + \|\boldsymbol{p}_{ij}^*\|_{\max}$ 时,由控制协议(5-9)所产生的加速度 $[a_i, b_i]$ 可以使机器鱼以最大的转弯能力转弯以避免碰撞。这可以确保当 $\|\boldsymbol{p}_{ij}\| \to 2R_{\min}^+$ 时,机器鱼以最小转弯半径运动。这里,$\|\boldsymbol{p}_{ij}^*\|_{\max}$ 为 $\|\boldsymbol{p}_{ij}^*\|$ 的上确界。

(3)稳定性分析

在这一小节,我们证明在势函数参数及领导者速度满足约束条件的前提下,机器鱼系统(5-1)采用控制协议(5-9)可以渐近稳定到期望的状态。为了实现这个目标,我们利用拉塞尔不变集原理及图论的知识来进行分析。接下来,我们就给出关于领导者-跟随者聚合蜂拥问题的主要结果。

**定理 5.1(领导者-跟随者聚合蜂拥):**假设系统(5-1)的初始交互网络 $G(0)$ 是一个领导者-跟随者连通图。在针对领导者的控制协议(5-6)和针对跟随者的控制协议(5-9)下,可以得到如下结论(图5-3):

1)个体间的避碰问题可以通过降低领导者的速率或提高势函数中排斥项的权重来实现;

2)交互网络 $G(t)$ 的连通性可以一直保持下去;

3)跟随者与领导者之间的前进速率的差距、旋转速率的差距以及方向角的差距逐渐趋于零;

4)系统最后渐近汇聚到一个聚合的队形,满足系统总势能最小。

**证明:**系统(5-1)在时间段 $[t_r, t_{r+1}]$ 上的交互网络是固定的。由于 $\hat{\boldsymbol{q}}_i = \boldsymbol{q}_i - w_{i1}\boldsymbol{q}_1$,其中 $w_{i1}$ 是常数且 $\boldsymbol{q}_1 = [v_1, l_d\omega_1]^\mathrm{T}$ 是常数向量,因此我们有 $\dot{\hat{\boldsymbol{q}}}_i = \dot{\boldsymbol{q}}_i$。根据公式(5-11),很容易可以得到

$$\dot{\hat{\boldsymbol{q}}}_i = -\sum_{j \in N_i}(\hat{\boldsymbol{q}}_i^* - \hat{\boldsymbol{q}}_j^*) - \sum_{j \in N_i}(\hat{\boldsymbol{q}}_i - \hat{\boldsymbol{q}}_j) - H_i \sum_{j \in N_i}(\dot{\hat{\boldsymbol{p}}}_i - \dot{\hat{\boldsymbol{p}}}_j) -$$

$$H_i \sum_{j \in N_i} \nabla_{\hat{\boldsymbol{p}}_{ij}} V(\|\hat{\boldsymbol{p}}_{ij}\|) \qquad (5-15)$$

令 $\tilde{\boldsymbol{p}} = [\hat{\boldsymbol{p}}_{11}^\mathrm{T}, \cdots, \hat{\boldsymbol{p}}_{1N}^\mathrm{T}, \cdots, \hat{\boldsymbol{p}}_{N1}^\mathrm{T}, \cdots, \hat{\boldsymbol{p}}_{NN}^\mathrm{T}]^\mathrm{T}$,$\hat{\boldsymbol{q}} = [\hat{\boldsymbol{q}}_2^\mathrm{T}, \cdots, \hat{\boldsymbol{q}}_N^\mathrm{T}]^\mathrm{T}$,$\hat{\boldsymbol{\theta}} = [\hat{\theta}_2, \cdots, \hat{\theta}_N]^\mathrm{T}$。那么,以领导者为邻居的跟随者的集合为

$$N_l = \{ i \mid w_{i1} = 1, i \in \mathbb{F} \} \qquad (5-16)$$

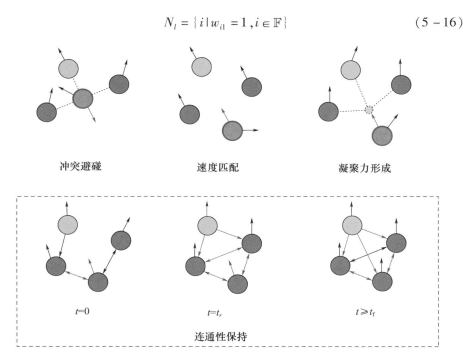

冲突避碰　　　　　　速度匹配　　　　　　凝聚力形成

连通性保持

图 5 – 3　定理 5.1 结论的示意

考虑如下的能量函数作为公共的李雅谱诺夫函数:

$$E(\tilde{p}, \hat{q}, \hat{\theta}) = \frac{1}{2} V + \frac{1}{2} \sum_{i \in \mathbb{F}} \hat{\boldsymbol{q}}_i^{\mathrm{T}} \hat{\boldsymbol{q}}_i + \frac{1}{2} \Theta \qquad (5-17)$$

其中, $\Theta = l_d^2 \sum_{i \in \mathbb{F}} \sum_{j \in N_i} \hat{\boldsymbol{\theta}}_i (\hat{\boldsymbol{\theta}}_i - \hat{\boldsymbol{\theta}}_j)$。因为 $\hat{\theta}_1 = 0$,所以可以得到 $\dot{\Theta} = 2 l_d^2 \sum_{i \in \mathbb{F}} \sum_{j \in N_i} \dot{\hat{\theta}}_i (\hat{\theta}_i - \hat{\theta}_j)$。那么, $E(\tilde{\boldsymbol{p}}, \hat{\boldsymbol{q}}, \hat{\boldsymbol{\theta}})$ 相对于时间 $t \in [t_r, t_{r+1}]$ 的导数为

$$\frac{\mathrm{d} E}{\mathrm{d} t} = \frac{1}{2} \sum_{i \in \mathbb{F}} \sum_{j \in N_i} \dot{\hat{\boldsymbol{p}}}_{ij}^{\mathrm{T}} \nabla_{\hat{p}_{ij}} V(\|\hat{\boldsymbol{p}}_{ij}\|) + \frac{1}{2} \sum_{j \in N_l} \dot{\hat{\boldsymbol{p}}}_{1j}^{\mathrm{T}} \nabla_{\hat{p}_{1j}} V(\|\hat{\boldsymbol{p}}_{1j}\|) +$$

$$\sum_{i \in \mathbb{F}} \hat{\boldsymbol{q}}_i^{\mathrm{T}} \dot{\hat{\boldsymbol{q}}}_i + l_d^2 \sum_{i \in \mathbb{F}} \sum_{j \in N_i} \dot{\hat{\theta}}_i (\hat{\theta}_i - \hat{\theta}_j)$$

$$= \sum_{i \in \mathbb{F}} \dot{\hat{\boldsymbol{p}}}_i^{\mathrm{T}} \sum_{j \in N_i \setminus \{1\}} \nabla_{\hat{p}_{1j}} V(\|\hat{\boldsymbol{p}}_{ij}\|) + \frac{1}{2} \sum_{j \in N_l} \dot{\hat{\boldsymbol{p}}}_{i1}^{\mathrm{T}} \nabla_{\hat{p}_{i1}} V(\|\hat{\boldsymbol{p}}_{i1}\|) +$$

$$\frac{1}{2} \sum_{j \in N_l} \dot{\hat{\boldsymbol{p}}}_{1j}^{\mathrm{T}} \nabla_{\hat{p}_{1j}} V(\|\hat{\boldsymbol{p}}_{1j}\|) + \sum_{i \in \mathbb{F}} \hat{\boldsymbol{q}}_i^{\mathrm{T}} \dot{\hat{\boldsymbol{q}}}_i + l_d^2 \sum_{i \in \mathbb{F}} \sum_{j \in N_i} \dot{\hat{\theta}}_i (\hat{\theta}_i - \hat{\theta}_j) \qquad (5-18)$$

由于 $\dot{\hat{\boldsymbol{p}}}_{ij}^{\mathrm{T}} = -\dot{\hat{\boldsymbol{p}}}_{ij}^{\mathrm{T}}$ 且 $V(\|\hat{\boldsymbol{p}}_{ij}\|)$ 的对称性,可以得到

$$\frac{1}{2} \sum_{j \in N_l} \dot{\hat{\boldsymbol{p}}}_{1j}^{\mathrm{T}} \nabla_{\hat{\boldsymbol{p}}_{1j}} V(\|\hat{\boldsymbol{p}}_{1j}\|) = \frac{1}{2} \sum_{j \in N_l} \dot{\hat{\boldsymbol{p}}}_{j1}^{\mathrm{T}} \nabla_{\hat{\boldsymbol{p}}_{j1}} V(\|\hat{\boldsymbol{p}}_{j1}\|)$$

$$= \frac{1}{2} \sum_{j \in N_l} \dot{\hat{\boldsymbol{p}}}_{i1}^{\mathrm{T}} \nabla_{\hat{\boldsymbol{p}}_{i1}} V(\|\hat{\boldsymbol{p}}_{i1}\|) \qquad (5-19)$$

因此有

$$\frac{\mathrm{d}E}{\mathrm{d}t} = \sum_{i \in \mathbb{F}} \dot{\hat{\boldsymbol{p}}}_{i}^{\mathrm{T}} \sum_{j \in N_i/\{1\}} \nabla_{\hat{\boldsymbol{p}}_{ij}} V(\|\hat{\boldsymbol{p}}_{ij}\|) + \sum_{j \in N_l} \dot{\hat{\boldsymbol{p}}}_{i1}^{\mathrm{T}} \nabla_{\hat{\boldsymbol{p}}_{i1}} V(\|\hat{\boldsymbol{p}}_{i1}\|) +$$

$$\sum_{i \in \mathbb{F}} \hat{\boldsymbol{q}}_i^{\mathrm{T}} \dot{\hat{\boldsymbol{q}}}_i + l_d^2 \sum_{i \in \mathbb{F}} \sum_{j \in N_i} \dot{\hat{\theta}}_i (\hat{\theta}_i - \hat{\theta}_j) \qquad (5-20)$$

我们已经定义 $w_{11} = 1$。根据式（5-8），可以得到 $\dot{\hat{\boldsymbol{p}}}_1 = \boldsymbol{H}_1^{\mathrm{T}} \hat{\boldsymbol{q}}_1 = \boldsymbol{H}_1^{\mathrm{T}} (\boldsymbol{q}_1 - w_{11}$
$\boldsymbol{q}_1) = 0$。由 $\dot{\hat{\boldsymbol{p}}}_{i1}^{\mathrm{T}} = \dot{\hat{\boldsymbol{p}}}_i^{\mathrm{T}} - \dot{\hat{\boldsymbol{p}}}_1^{\mathrm{T}} = \dot{\hat{\boldsymbol{p}}}_i^{\mathrm{T}}$，有

$$\frac{\mathrm{d}E}{\mathrm{d}t} = \sum_{i \in \mathbb{F}} \dot{\hat{\boldsymbol{p}}}_{i}^{\mathrm{T}} \sum_{j \in N_i/\{1\}} \nabla_{\hat{\boldsymbol{p}}_{ij}} V(\|\hat{\boldsymbol{p}}_{ij}\|) + \sum_{i \in N_l} \dot{\hat{\boldsymbol{p}}}_{i}^{\mathrm{T}} \nabla_{\hat{\boldsymbol{p}}_{i1}} V(\|\hat{\boldsymbol{p}}_{i1}\|) +$$

$$\sum_{i \in \mathbb{F}} \hat{\boldsymbol{q}}_i^{\mathrm{T}} \dot{\hat{\boldsymbol{q}}}_i + l_d^2 \sum_{i \in \mathbb{F}} \sum_{j \in N_i} \dot{\hat{\theta}}_i (\hat{\theta}_i - \hat{\theta}_j)$$

$$= \sum_{i \in \mathbb{F}} \dot{\hat{\boldsymbol{p}}}_{i}^{\mathrm{T}} \sum_{j \in N_i} \nabla_{\hat{\boldsymbol{p}}_{ij}} V(\|\hat{\boldsymbol{p}}_{ij}\|) + \sum_{i \in \mathbb{F}} \hat{\boldsymbol{q}}_i^{\mathrm{T}} \dot{\hat{\boldsymbol{q}}}_i + l_d^2 \sum_{i \in \mathbb{F}} \sum_{j \in N_i} \dot{\hat{\theta}}_i (\hat{\theta}_i - \hat{\theta}_j) \qquad (5-21)$$

根据式（5-8）以及式（5-15），$\mathrm{d}E/\mathrm{d}t$ 可以进一步表达为

$$\frac{\mathrm{d}E}{\mathrm{d}t} = \sum_{i \in \mathbb{F}} \hat{\boldsymbol{q}}_i^{\mathrm{T}} \boldsymbol{H}_i \sum_{j \in N_i} \nabla_{\hat{\boldsymbol{p}}_{ij}} V(\|\hat{\boldsymbol{p}}_{ij}\|) + l_d^2 \sum_{i \in \mathbb{F}} \sum_{j \in N_i} \dot{\hat{\theta}}_i (\hat{\theta}_i - \hat{\theta}_j) +$$

$$\sum_{i \in \mathbb{F}} \hat{\boldsymbol{q}}_i^{T} \Big[ - \sum_{j \in N_i} (\hat{\boldsymbol{q}}_i^* - \hat{\boldsymbol{q}}_j^*) - \sum_{j \in N_i} (\hat{\boldsymbol{q}}_i - \hat{\boldsymbol{q}}_j) -$$

$$\boldsymbol{H}_i \sum_{j \in N_i} (\dot{\hat{\boldsymbol{p}}}_i - \dot{\hat{\boldsymbol{p}}}_j) - \boldsymbol{H}_i \sum_{j \in N_i} \nabla_{\hat{\boldsymbol{p}}_{ij}} V(\|\hat{\boldsymbol{p}}_{ij}\|) \Big]$$

$$= l_d^2 \sum_{i \in \mathbb{F}} \sum_{j \in N_i} \dot{\hat{\theta}}_i (\hat{\theta}_i - \hat{\theta}_j) - \sum_{i \in \mathbb{F}} \hat{\boldsymbol{q}}_i^{\mathrm{T}} \sum_{j \in N_i} (\hat{\boldsymbol{q}}_i^* - \hat{\boldsymbol{q}}_j^*) - \sum_{i \in \mathbb{F}} \hat{\boldsymbol{q}}_i^{\mathrm{T}} \sum_{j \in N_i} (\hat{\boldsymbol{q}}_i - \hat{\boldsymbol{q}}_j) -$$

$$\sum_{i \in \mathbb{F}} \hat{\boldsymbol{q}}_i^{\mathrm{T}} \boldsymbol{H}_i \sum_{j \in N_i} (\dot{\hat{\boldsymbol{p}}}_i - \dot{\hat{\boldsymbol{p}}}_j)$$

$$= l_d^2 \sum_{i \in \mathbb{F}} \sum_{j \in N_i} \dot{\hat{\theta}}_i (\hat{\theta}_i - \hat{\theta}_j) - \sum_{i \in \mathbb{F}} \sum_{j \in N_i} \hat{\boldsymbol{q}}_i^{\mathrm{T}} (\hat{\boldsymbol{q}}_i^* - \hat{\boldsymbol{q}}_j^*) - \sum_{i \in \mathbb{F}} \hat{\boldsymbol{q}}_i^{\mathrm{T}} \sum_{j \in N_i} (\hat{\boldsymbol{q}}_i - \hat{\boldsymbol{q}}_j) -$$

$$\sum_{i \in \mathbb{F}} \dot{\hat{\boldsymbol{p}}}_i^{\mathrm{T}} \sum_{j \in N_i} (\dot{\hat{\boldsymbol{p}}}_i - \dot{\hat{\boldsymbol{p}}}_j) \qquad (5-22)$$

由 $\hat{\boldsymbol{q}}_i^{\mathrm{T}} (\hat{\boldsymbol{q}}_i^* - \hat{\boldsymbol{q}}_j^*) = l_d^2 \hat{\omega}_i (\hat{\theta}_i - \hat{\theta}_j)$ 和 $\dot{\hat{\theta}}_i (\hat{\theta}_i - \hat{\theta}_j) = \hat{\omega}_i (\hat{\theta}_i - \hat{\theta}_j)$ 可以很容易得到
$l_d^2 \sum_{i \in \mathbb{F}} \sum_{j \in N_i} \dot{\hat{\theta}}_i (\hat{\theta}_i - \hat{\theta}_j) = \sum_{i \in \mathbb{F}} \sum_{j \in N_i} \hat{\boldsymbol{q}}_i^{\mathrm{T}} (\hat{\boldsymbol{q}}_i^* - \hat{\boldsymbol{q}}_j^*)$。$\dfrac{\mathrm{d}E}{\mathrm{d}t}$ 可以简化为

$$\frac{\mathrm{d}E}{\mathrm{d}t} = -\sum_{i \in \mathbb{F}} \hat{\boldsymbol{q}}_i^{\mathrm{T}} \sum_{j \in N_i} (\hat{\boldsymbol{q}}_i - \hat{\boldsymbol{q}}_j) - \sum_{i \in \mathbb{F}} \dot{\hat{\boldsymbol{p}}}_i^{\mathrm{T}} \sum_{j \in N_i} (\dot{\hat{\boldsymbol{p}}}_i - \dot{\hat{\boldsymbol{p}}}_j) \qquad (5-23)$$

根据 $\hat{\boldsymbol{q}}_1 = 0$，可以得到

$$-\sum_{i \in \mathbb{F}} \hat{\boldsymbol{q}}_i^{\mathrm{T}} \sum_{j \in N_i} (\hat{\boldsymbol{q}}_i - \hat{\boldsymbol{q}}_j) = -\hat{\boldsymbol{q}}^{\mathrm{T}} (\boldsymbol{L}_{N-1} \otimes \boldsymbol{I}_2) \hat{\boldsymbol{q}} - \sum_{i \in N_l} \hat{\boldsymbol{q}}_i^{\mathrm{T}} \hat{\boldsymbol{q}}_i \leqslant 0 \qquad (5-24)$$

其中，$\boldsymbol{I}_2$ 代表 $2 \times 2$ 单位矩阵，$\boldsymbol{L}_{N-1}$ 为对称半正定的矩阵。相似地，由于 $\dot{\hat{\boldsymbol{p}}}_1 = 0$，我们可以知道

$$-\sum_{i \in \mathbb{F}} \dot{\hat{\boldsymbol{p}}}_i^{\mathrm{T}} \sum_{j \in N_i} (\dot{\hat{\boldsymbol{p}}}_i - \dot{\hat{\boldsymbol{p}}}_j) = -\dot{\hat{\boldsymbol{p}}} (\boldsymbol{L}_{N-1} \otimes \boldsymbol{I}_2) \dot{\hat{\boldsymbol{p}}}^{\mathrm{T}} - \sum_{i \in \mathbb{F}} \dot{\hat{\boldsymbol{p}}}_i^{\mathrm{T}} \dot{\hat{\boldsymbol{p}}}_i \leqslant 0 \qquad (5-25)$$

其中，$\hat{\boldsymbol{p}} = [\hat{\boldsymbol{p}}_2^{\mathrm{T}}, \cdots, \hat{\boldsymbol{p}}_N^{\mathrm{T}}]^{\mathrm{T}}$。因此，

$$\frac{\mathrm{d}E}{\mathrm{d}t} = -\hat{\boldsymbol{q}}^{\mathrm{T}} (\boldsymbol{L}_{N-1} \otimes \boldsymbol{I}_2) \hat{\boldsymbol{q}} - \sum_{i \in N_l} \hat{\boldsymbol{q}}_i^{\mathrm{T}} \hat{\boldsymbol{q}}_i - \dot{\hat{\boldsymbol{p}}}^{\mathrm{T}} (\boldsymbol{L}_{N-1} \otimes \boldsymbol{I}_2) \dot{\hat{\boldsymbol{p}}} - \sum_{i \in \mathbb{F}} \dot{\hat{\boldsymbol{p}}}_i^{\mathrm{T}} \dot{\hat{\boldsymbol{p}}}_i \leqslant 0$$

$$(5-26)$$

系统总势能的初始值是有限的，所有个体的初始速率和初始方向角都是有限的。因此，系统的初始能量 $E(\tilde{\boldsymbol{p}}(0), \hat{\boldsymbol{q}}(0), \hat{\boldsymbol{\theta}}(0))$ 是有限的。因为 $\mathrm{d}E/\mathrm{d}t \leqslant 0$ 对每一个时间段 $[t_r, t_{r+1}]$ $(r = 0, 1, \cdots)$ 都成立，那么，系统的势能 $V(t)$ 是有限的，并且个体 $i$ 和 $j$ 之间的势能 $V(\|\hat{\boldsymbol{p}}_{ij}(t)\|)$ 也是有限的。

1）冲突避碰

根据定义 5.1 的规则（1），如果 $\|\hat{\boldsymbol{p}}_{ij}\| \to 0$，那么 $V(\|\hat{\boldsymbol{p}}_{ij}\|) \to \infty$。但是，$V(\|\hat{\boldsymbol{p}}_{ij}\|) \to \infty$ 违背了 $V(\|\hat{\boldsymbol{p}}_{ij}(t)\|)$ 保持有限的结论。因此，$\|\hat{\boldsymbol{p}}_{ij}\| > 0$。考虑 $\|(w_{i1}\boldsymbol{H}_i^{\mathrm{T}} - w_{j1}\boldsymbol{H}_j^{\mathrm{T}})\boldsymbol{q}_1\| = \|\boldsymbol{q}_1\|$，可以得到

$$\begin{aligned} \|\boldsymbol{p}_{ij}^*\| &= \left\| \int_{t_r}^{t_{r+1}} (w_{i1}(t)\boldsymbol{H}_i^{\mathrm{T}}(t) - w_{j1}(t)\boldsymbol{H}_j^{\mathrm{T}}(t))\boldsymbol{q}_1 \mathrm{d}\tau \right\| \\ &\leqslant \|(w_{i1}\boldsymbol{H}_i^{\mathrm{T}} - w_{j1}\boldsymbol{H}_j^{\mathrm{T}})\boldsymbol{q}_1\| (t_{r+1} - t_r) \\ &= \|\boldsymbol{q}_1\| (t_{r+1} - t_r) \end{aligned} \qquad (5-27)$$

因此，$\|\boldsymbol{p}_{ij}^*\|$ 在有界时间段 $[t_r, t_{r+1})$ 上是有界的，并且它的上界 $\|\boldsymbol{p}_{ij}^*\|_{\max}$ 由 $\|\boldsymbol{q}_1\|$ 决定。只要当 $\|\hat{\boldsymbol{p}}_{ij}\| = 2R_{\min} + \|\boldsymbol{p}_{ij}^*\|_{\max}$ 时，由控制协议（5-9）所产生的加速度 $[a_i, b_i]$ 使得机器鱼以最小转弯半径运动，那么就可以保证机器鱼之间的冲突避碰。定理 5.1 的结论（1）得证。

2）连通保持

如果对于某边 $(i, j) \in \varepsilon$，有 $\|\hat{\boldsymbol{p}}_{ij}\| \to 2D$。根据定义 5.1 的规则（2），可以得到 $V(\|\hat{\boldsymbol{p}}_{ij}\|) \to \infty$，这与 $V(\|\hat{\boldsymbol{p}}_{ij}\|)$ 有限的结论相违背。因此，可以得到 $\|\hat{\boldsymbol{p}}_{ij}\| < 2D$ 对

所有的 $(i,j) \in \varepsilon$ 和 $t \in [t_r, t_{r+1})$ 都成立。因此，在每个时间段 $[t_r, t_{r+1})$ 上，一旦两个个体之间建立起连接，那么它们之间的连接永不会丢失。当 $\|\hat{\boldsymbol{p}}_{ij}(t)\| < 2D$ 时，可以得到 $\|p_{ij}\| < R = 2D + \|p_{ij}^*\|$。显然 $R > D$，这可以确保如果边 $(i,j) \notin \varepsilon$ 加入 $\varepsilon$，那么所带来的势 $V(\|\hat{\boldsymbol{p}}_{ij}\|)$ 是有界的，因此新的总势能 $V$ 也是有限的。系统的连通性可以一直保持下去。定理 5.1 的结论（2）得证。

3）速度匹配

假设在切换时刻 $t_r(r = 1, 2, \cdots)$ 有 $m_r \in N$ 条新边添加到交互网络 $G(t)$ 中。我们假设初始交互网络是领导者－跟随者连通图。令 $G(0)$ 代表系统的初始交互网络，$G_c$ 代表在顶点集 $\nu$ 上的所有满足领导者－跟随者连通的有向图的集合。上述控制协议可以保证在时间段 $[t_r, t_{r+1})$ 上的切换拓扑序列 $G(t_r)$ 由满足 $G(t_r) \in G_c$ 的有向图组成。顶点数是有限的，因此 $G_c$ 是一个有限集。假设最多可以添加 $M \in N$ 条新边到初始交互网络 $G(0)$。显然有 $0 < m_r \leqslant M$ 和 $r \leqslant M$。因此，系统的切换次数是有限的，并且交互拓扑 $G(t)$ 最终固定下来。假设最后一个切换时刻是 $t_f$，下面的讨论均是限定在时间段 $[t_f, \infty)$ 上。

注意到邻居之间的距离不会超过 $D$。因此，集合

$$B = \{(\tilde{\boldsymbol{p}}, \hat{\boldsymbol{q}}, \hat{\boldsymbol{\theta}}) \mid E(\tilde{\boldsymbol{p}}, \hat{\boldsymbol{q}}, \hat{\boldsymbol{\theta}}) \leqslant E(\tilde{\boldsymbol{p}}(0), \hat{\boldsymbol{q}}(0), \hat{\boldsymbol{\theta}}(0))\} \qquad (5-28)$$

是正不变的，其中 $\tilde{\boldsymbol{p}} \in D_p$，$D_p = \{\hat{\boldsymbol{p}} \mid \|\hat{\boldsymbol{p}}_{ij}\| \in (0, 2D), \forall (i,j) \in \varepsilon\}$。因为 $G(t)$ 对所有 $t \geqslant 0$ 都是连通的，可以得到 $\|\hat{\boldsymbol{p}}_{ij}\| < 2(N-1)D$ 对所有个体 $i$ 和 $j$ 都成立。因为 $E(\tilde{\boldsymbol{p}}(t), \hat{\boldsymbol{q}}(t), \hat{\boldsymbol{\theta}}(t)) \leqslant E(\tilde{\boldsymbol{p}}(0), \hat{\boldsymbol{q}}(0), \hat{\boldsymbol{\theta}}(0))$，我们有 $\hat{\boldsymbol{q}}^{\mathrm{T}}(t)\hat{\boldsymbol{q}}(t) \leqslant 2E(\tilde{\boldsymbol{p}}(0), \hat{\boldsymbol{q}}(0), \hat{\boldsymbol{\theta}}(0))$，即 $\|\hat{\boldsymbol{q}}\| \leqslant \sqrt{2E(\tilde{\boldsymbol{p}}(0), \hat{\boldsymbol{q}}(0), \hat{\boldsymbol{\theta}}(0))}$。此外，$\hat{\theta}_i \in (-2\pi, 2\pi)$，$i = 1, 2, \cdots, N$。因此，集合 $B$ 是封闭且有界的，即紧致的。注意到具有控制输入 $(5-6)$ 和 $(5-9)$ 的系统 $(5-1)$ 在我们关注的时间段 $[t_f, \infty)$ 上是一个自治的系统。

那么，根据拉塞尔不变集原理[37]，跟随者的轨迹将渐近地收敛到不变集 $S = \{(\tilde{\boldsymbol{p}}, \hat{\boldsymbol{q}}, \hat{\boldsymbol{\theta}}) \mid \mathrm{d}E/\mathrm{d}t = 0\}$。显然对所有的 $i \in \mathbb{F}$ 和 $j \in N_i$，当且仅当 $\hat{\boldsymbol{q}}_i = \hat{\boldsymbol{q}}_j$ 且 $\dot{\hat{\boldsymbol{p}}}_i = \dot{\hat{\boldsymbol{p}}}_j$ 时，$\mathrm{d}E/\mathrm{d}t = 0$ 成立。那么，可以得到 $\hat{\boldsymbol{q}}_i = \hat{\boldsymbol{q}}_j = \hat{\boldsymbol{q}}_1$，$i \in N_l$，$j \in N_i$。由于 $\hat{\boldsymbol{q}}_1(t) = 0$，因此有 $\boldsymbol{q}_i = \boldsymbol{q}_1$ 和 $\boldsymbol{q}_j - \omega_1 q_1 = 0$。如果 $i \notin N_l$，那么可以得到 $\boldsymbol{q}_j = 0$，这意味着个体 $j$ 停止运动。个体 $j$ 不能保持静止，因为它的邻居 $i$ 总是跟随运动的领导者，并且个体 $i$ 和 $j$ 之间的距离的改变将会导致协议 $(5-9)$ 持续工作。因此，只有 $j \in N_l$。综上所述，跟随者渐近地达到每个跟随者都有一个领导者邻居，即 $N_l = \mathbb{F}$。关于 $\dot{\hat{\boldsymbol{p}}}_i =$

$\dot{\boldsymbol{p}}_j$ 的讨论也是类似的。简而言之,$\mathrm{d}E/\mathrm{d}t = 0$ 意味着 $\boldsymbol{q}_i = \boldsymbol{q}_1$ 和 $\dot{\boldsymbol{p}}_i = \dot{\boldsymbol{p}}_1$,对所有 $i = 2$,$3,\cdots,N$ 成立。

根据式(5 – 1),$\dot{\boldsymbol{p}}_i = \dot{\boldsymbol{p}}_1$ 等价于

$$\begin{cases} v_i\cos\theta_i - \omega_i l_d\sin\theta_i = v_1\cos\theta_1 - \omega_1 l_d\sin\theta_1 \\ v_i\sin\theta_i + \omega_i l_d\cos\theta_i = v_1\sin\theta_1 + \omega_1 l_d\cos\theta_1 \end{cases} \quad (5-29)$$

因为 $\boldsymbol{q}_i = \boldsymbol{q}_1$ 并且 $l_d > 0$,公式(5 – 29)可以明确表示如下:

$$\begin{cases} (v_1^2 + l_d^2\omega_1^2)\sin\theta_i = (v_1^2 + l_d^2\omega_1^2)\sin\theta_1 \\ (v_1^2 + l_d^2\omega_1^2)\cos\theta_i = (v_1^2 + l_d^2\omega_1^2)\cos\theta_1 \end{cases} \quad (5-30)$$

由于 $\omega_1 \neq 0$,因此有 $\theta_i = \theta_1 \in [0,2\pi)$。如上所述,每个跟随者渐近地具有与领导者相同的前进速率、旋转速率和方向角,即 $\lim\limits_{t\to\infty}|v_i(t) - v_1(t)| = 0$,$\lim\limits_{t\to\infty}|\omega_i(t) - \omega_1(t)| = 0$,$\lim\limits_{t\to\infty}|\theta_i(t) - \theta_1(t)| = 0$,$i \in \mathbb{F}$。定理 5.1 的结论(3)得证。

4)聚合队形

由于 $\dot{\boldsymbol{q}}_1 = \boldsymbol{0}$ 和 $\boldsymbol{q}_i = \boldsymbol{q}_1$,可以得到 $\dot{\boldsymbol{q}}_1 = \boldsymbol{0}$,$i \in \mathbb{F}$。这里,$\boldsymbol{0}$ 代表零向量。因为 $\hat{\theta}_i = \hat{\theta}_j$,$\hat{\boldsymbol{q}}_i = \hat{\boldsymbol{q}}_j$ 和 $\dot{\hat{\boldsymbol{p}}}_i = \dot{\hat{\boldsymbol{p}}}_j$,所以 $\dot{\boldsymbol{q}}_1 = \boldsymbol{0}$ 可以简化为

$$\begin{cases} -\sum\limits_{j\in N_i} \nabla_{\hat{\boldsymbol{p}}_{ij}}V(\|\hat{\boldsymbol{p}}_{ij}\|)\overrightarrow{t_i} = 0 \\ -\sum\limits_{j\in N_i} \nabla_{\hat{\boldsymbol{p}}_{ij}}V(\|\hat{\boldsymbol{p}}_{ij}\|)\overrightarrow{n_i} = 0 \end{cases} \quad (5-31)$$

因为 $\overrightarrow{t_i}$ 和 $\overrightarrow{n_i}$ 是相互正交的单位向量,再加上 $l_d \neq 0$,式(5 – 31)等价于

$$\sum\limits_{j\in N_i} \nabla_{\hat{\boldsymbol{p}}_{ij}}V(\|\hat{\boldsymbol{p}}_{ij}\|) = 0, i \in \mathbb{F} \quad (5-32)$$

其中,$N_i = \mathbb{L} \cup \mathbb{F}/\{i\}$。进而可以得到

$$\sum\limits_{i\in\mathbb{F}}\sum\limits_{i\in\mathbb{F}} \nabla_{\hat{\boldsymbol{p}}_{ij}}V(\|\hat{\boldsymbol{p}}_{ij}\|) = 0 \quad (5-33)$$

$\sum\limits_{i\in\mathbb{F}}\sum\limits_{j\in N_i/\{1\}} \nabla_{\hat{\boldsymbol{p}}_{ij}}V(\|\hat{\boldsymbol{p}}_{ij}\|) + \sum\limits_{j\in N_i} \nabla_{\hat{\boldsymbol{p}}_{i1}}V(\|\hat{\boldsymbol{p}}_{i1}\|) = 0$。由于 $\sum\limits_{i\in\mathbb{F}}\sum\limits_{j\in N_i/\{1\}} \nabla_{\hat{\boldsymbol{p}}_{ij}}V(\|\hat{\boldsymbol{p}}_{ij}\|) = 0$,可以得到 $\sum\limits_{j\in N_i} \nabla_{\hat{\boldsymbol{p}}_{i1}}V(\|\hat{\boldsymbol{p}}_{i1}\|) = 0$,即

$$\sum\limits_{j\in N_l} \nabla_{\hat{\boldsymbol{p}}_{ij}}V(\|\hat{\boldsymbol{p}}_{i1}\|) = 0 \quad (5-34)$$

其中,$N_l = \mathbb{F}$。式(5 – 32)和式(5 – 34)意味着所有个体势能最小。也就是说总势能达到最小值,

即

$$\frac{\mathrm{d}V}{\mathrm{d}t} = \sum_{i \in \mathbb{F}} \sum_{j \in N_i / \{1\}} \nabla_{\hat{\boldsymbol{p}}_{ij}} V(\|\hat{\boldsymbol{p}}_{ij}\|) + \sum_{j \in N_i} \nabla_{\hat{\boldsymbol{p}}_{1i}} V(\|\hat{\boldsymbol{p}}_{1j}\|) = 0 \qquad (5-35)$$

定理 5.1 的结论(4)得证。

2. 编队蜂拥

队形控制是多机器人协作研究中被广泛关注的问题之一。队形控制的主要应用范围是,当单体机器人的传感器获取信息能力有限时,可以利用其空间上的分布性,令每个机器人的传感器仅仅负责获取自己周围的环境信息,就可以保障系统完整地获得当前活动区域的整体信息。队形从研究内容上可分为队形建立、队形保持和队形变换等。目前研究队形控制的方法主要有三类[38]:跟随领导者方法[39-42]、基于行为法[43]和虚拟结构法[44-45]。

根据上面的分析,当系统的总势能最小时,所有个体的间距达到稳定。因此,只要保证个体间距达到期望值时势函数取得最小值,那么任何期望的刚性编队都可以得到。这里采用虚拟结构法实现多机器鱼系统的编队蜂拥任务。指定一个期望的几何编队 $\chi$,它由 $N$ 个顶点按照 $\boldsymbol{p}_i^d = [x_i^d, y_i^d]^{\mathrm{T}}, i = 1, 2, \cdots, N$ 来构建。为了实现期望的刚性编队控制,跟随者的控制协议可以改写成

$$a_i(t) = -\sum_{j \in N_i(t)} (\hat{v}_i - \hat{v}_j) - \sum_{j \in N_i(t)} (\dot{\hat{\boldsymbol{p}}}_i^{\mathrm{T}} - \dot{\hat{\boldsymbol{p}}}_j^{\mathrm{T}}) \boldsymbol{t}_i - \sum_{j \in N_i(t)} \nabla_{\tilde{\boldsymbol{p}}_{ij}} V(\|\tilde{\boldsymbol{p}}_{ij}\|)^{\mathrm{T}} \boldsymbol{t}_i$$

$$b_i(t) = -l_d \sum_{j \in N_i(t)} (\hat{\theta}_i - \hat{\theta}_j) - l_d \sum_{j \in N_i(t)} (\hat{\omega}_i - \hat{\omega}_j) -$$

$$\sum_{j \in N_i(t)} (\dot{\hat{\boldsymbol{p}}}_i^{\mathrm{T}} - \dot{\hat{\boldsymbol{p}}}_j^{\mathrm{T}}) \boldsymbol{n}_i - \sum_{j \in N_i(t)} \nabla_{\tilde{\boldsymbol{p}}_{ij}} V(\|\tilde{\boldsymbol{p}}_{ij}\|) \boldsymbol{n}_i \qquad (5-36)$$

其中,$\|\tilde{\boldsymbol{p}}_{ij}\| = \dfrac{\|\hat{\boldsymbol{p}}_{ij}\|}{\|\boldsymbol{p}_{ij}^d\|}$,势函数 $V(\|\tilde{\boldsymbol{p}}_{ij}\|)$ 在 $\|\tilde{\boldsymbol{p}}_{ij}\| = \sqrt{\dfrac{\sqrt{b^2 + 16abD^2} - b}{2a}}$ 时达到最小值。

如果 $\sqrt{\dfrac{\sqrt{b^2 + 16abD^2} - b}{2a}} = 1$,那么机器鱼系统汇聚到一个稳定的队形,这个队形与我们期望的几何队形 $\chi$ 完全一致。$\sqrt{\dfrac{\sqrt{b^2 + 16abD^2} - b}{2a}} > 1$ 和

$\sqrt{\dfrac{\sqrt{b^2 + 16abD^2} - b}{2a}} < 1$ 分别对应队形扩展和队形收缩的情况。

我们进而可以得到如下推论 5.1,用于解决基于领导者-跟随者结构的多机器鱼系统的编队蜂拥问题。推论的证明过程与定理 5.1 类似。因此,这里省略证明过程。

**推论 5.1（领导者 – 跟随者编队蜂拥）：**假设系统(5.1)的初始交互网络 $G(0)$ 是一个领导者 – 跟随者连通图。在针对领导者的控制协议(5.6)和针对跟随者的控制协议(5.36)下，可以得到如下结论：

（1）个体间的避碰问题可以通过降低领导者的速率或提高势函数中排斥项的权重来实现；

（2）交互网络 $G(t)$ 的连通性可以一直保持下去；

（3）跟随者和领导者之间的前进速率的差距、旋转速率的差距以及方向角的差距逐渐趋于零；

（4）系统渐近稳定到期望的几何队形，且系统总势能达到极值点。

### 5.2.4　实验验证和讨论

1. 实验载体

机器鱼如图 5 – 4 所示，它采用鲹科鱼类的运动模态[46]，每条机器鱼都依靠波动的身体和尾鳍来推动自身的前进。其波动运动采用如下行波的运动方式来描述[47]：

$$y_{body}(x,t) = A(x)\sin(kx + \omega t) \tag{5-37}$$

其中，$y_{body}$ 代表鱼体的横向位移，$x$ 代表沿着主轴的位移，$t$ 代表时间，$A(x) = c_1 x + c_2 x^2$ 是波幅，$c_1$ 和 $c_2$ 是可调参数，$k = 2\pi/\lambda$ 代表体波数，$\lambda$ 是体波的波长，$\omega = 2\pi f$ 代表振荡的角频率，$f$ 代表振荡频率。

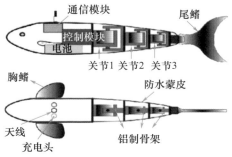

(a) 样机　　　　　　　　　　(b) 侧视图和俯视图

图 5 – 4　多关节仿生机器鱼

为了模拟上述行波，机器鱼的身体由多个关节依次串联构成[48]。我们通过控制机器鱼 $i(i = 1, 2, \cdots, N)$ 的每个关节 $j(j = 1, 2, 3)$ 来实现上述行波的物理执行。

$$\psi_i^j = \varphi_i^j + A_i^j \sin\left(2\pi t f_i^j + \varphi_i^j\right), j = 1, 2, 3 \qquad (5-38)$$

令上标 $j$ 代表关节号, $\psi_i^j(t)$ 代表机器鱼 $i$ 的关节 $j$ 的角位置, $\varphi_i^j(t)$ 代表角度偏移量, $A_i^j(t)$ 代表幅值, $f_i^j(t)$ 代表振荡频率, $\varphi_i^j$ 代表滞后角。特别是,机器鱼 $i$ 的滞后角满足约束条件 $\varphi_i^2 - \varphi_i^1 = 40°$ 以及 $\varphi_i^3 - \varphi_i^1 = 169.3°$, $i = 1, 2, \cdots, N$。

我们必须指出,机器鱼 $i$ 在 $t$ 时刻的前进速率 $v_i(t)$ 依赖于振荡频率 $f_i^j(t)$ 和振荡幅值 $A_i^j(t)$,机器鱼 $i$ 在 $t$ 时刻的旋转速率 $\omega_i(t)$ 取决于 $\varphi_i^j(t)$。基于机器鱼的上述控制机制,我们设计了一个模糊控制器来给出 $A_i^j$、$f_i^j$、$\varphi_i^j$ 和 $\omega_i$、$v_i$ 之间的对应关系。图 5-5 给出了模糊控制器的示意图。隶属度函数如图 5-6 所示。相关数据见表 5-1。

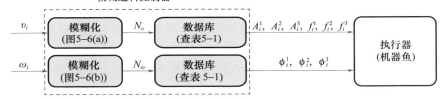

图 5-5　模糊控制器示意

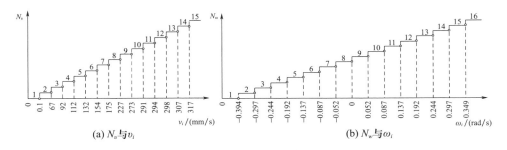

(a) $N_v$ 与 $v_i$　　　　　　　　　(b) $N_w$ 与 $\omega_i$

图 5-6　隶属度函数

表 5.1　机器鱼 $i$ 的速度档位 $N_v$、$N_w$ 与对应的控制命令 $A_i^j$、$f_i^j$、$\phi_i^j$ ($j = 1, 2, 3$)

| $N_v$ | $A_i^1$ (°) | $A_i^2$ (°) | $A_i^3$ (°) | $f_i^1 = f_i^2 = f_i^3$ /Hz | $N_\omega$ | $\phi_i^1$ (°) | $\phi_i^2$ (°) | $\phi_i^3$ (°) |
|---|---|---|---|---|---|---|---|---|
| 0 | 0 | 0 | 0 | 0 | 1 | −54 | −59 | −64 |
| 1 | 2 | 12 | 15 | 0.15 | 2 | −48 | −53 | −58 |
| 2 | 3 | 13 | 18 | 0.25 | 3 | −42 | −47 | −52 |
| 3 | 4 | 14 | 19 | 0.266 | 4 | −30 | −35 | −40 |
| 4 | 5 | 15 | 20 | 0.286 | 5 | −18 | −23 | −28 |
| 5 | 6 | 16 | 21 | 0.308 | 6 | −12 | −17 | −22 |

续表

| $N_v$ | $A_i^1(°)$ | $A_i^2(°)$ | $A_i^3(°)$ | $f_i^1=f_i^2=f_i^3/Hz$ | $N_\omega$ | $\phi_i^1(°)$ | $\phi_i^2(°)$ | $\phi_i^3(°)$ |
|---|---|---|---|---|---|---|---|---|
| 6 | 7 | 17 | 22 | 0.354 | 7 | -6 | -11 | -16 |
| 7 | 8 | 18 | 23 | 0.364 | 8 | 0 | 0 | 0 |
| 8 | 9 | 19 | 24 | 0.4 | 9 | 0 | 0 | 0 |
| 9 | 10 | 20 | 25 | 0.44 | 10 | 6 | 11 | 16 |
| 10 | 11 | 21 | 26 | 0.5 | 11 | 12 | 17 | 22 |
| 11 | 12 | 22 | 27 | 0.572 | 12 | 18 | 23 | 28 |
| 12 | 13 | 23 | 28 | 0.666 | 13 | 30 | 35 | 40 |
| 13 | 14 | 24 | 29 | 0.8 | 14 | 42 | 47 | 52 |
| 14 | 15 | 25 | 30 | 1 | 15 | 48 | 53 | 58 |
| 15 | 16 | 26 | 31 | 1.34 | 16 | 54 | 59 | 64 |

**2. 实验环境**

如图 5-7 所示,实验平台由一个全局摄像头、上位机、一个射频通信系统和一个长 3 m、宽 2 m、深 0.05 m 的水池组成。机器鱼作为一个执行器,具有有限的计算和交互能力。全局摄像头主要用于定位每个机器鱼,其状态信息由上位机计算得到。此外,机器鱼之间的通信方式是利用上位机做基站形成通信网络。蜂拥算法嵌入到基站中,转化成离散的控制命令发送给机器鱼去执行。

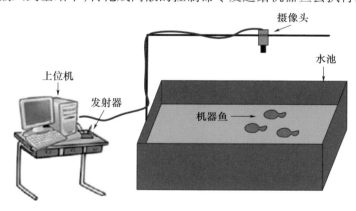

图 5-7　实验环境示意

我们设计了两组实验,均由三条机器鱼在水池中完成,机器鱼的初始状态是随机给定的。两组实验中,红色机器鱼为领导者,黄色和绿色机器鱼为跟随者。在初始状态,绿色机器鱼和黄色机器鱼是邻居,并且它们都有领导者邻居。给定领导者的速率档位为 $N_v=8$ 和 $N_\omega=12$。跟随者的初始速度均为零。跟随者利用控制协议(5.9)调整它们的行为来实现聚合蜂拥任务,而采用控制协议(5.36)调整它们的行为来实现编队蜂拥任务。实验过程中,平台的轨迹跟踪系统实时地捕获每条机器鱼的位置和方向信息。聚合实验的流程图如图5-8所示。编队实验的流程图与聚合实验的流程图类似,只需要将控制协议(5.9)换成控制协议(5.36)。

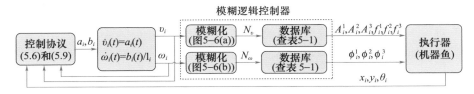

图5-8　领导者-跟随者机器鱼系统聚合蜂拥控制流程

3. 实验结果

(1)聚合蜂拥实验

图5-9给出了实验过程中的一段,其中的红色曲线、黄色曲线和绿色曲线分别代表相应机器鱼的轨迹。在控制协议(5.6)下,两条跟随者渐近汇聚到与领导者共同构成一个聚合的队形,并且一起以同样的速率和方向运动。近似稳定的队形从13 s一直保持到33 s。此实验强调的是三条机器鱼从一个松散混乱的初始状态逐渐汇聚成稳定的聚合蜂拥行为。

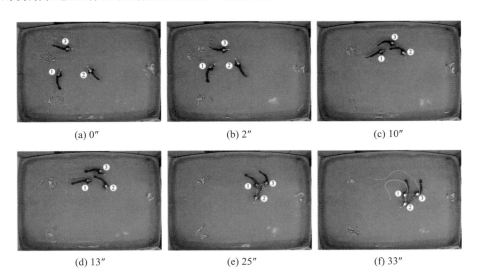

(a) 0″　　　　　　　(b) 2″　　　　　　　(c) 10″

(d) 13″　　　　　　(e) 25″　　　　　　(f) 33″

图5-9　领导者-跟随者机器鱼系统的聚合蜂拥的实验场景

图 5 – 10(a)给出了三条机器鱼的轨迹图。圆圈代表机器鱼的初始位置,而方块代表机器鱼在 $t = 33$ s 时刻的位置。三条机器鱼逐渐汇聚,最终形成一个聚合的编队。令 $\boldsymbol{L} = \begin{bmatrix} 0 & 1 & 1 \\ 1 & 0 & 1 \\ 1 & 1 & 0 \end{bmatrix}$ 以及 $\boldsymbol{\theta} = [\theta_1, \theta_2, \theta_3]^{\mathrm{T}}$。定义 $\boldsymbol{\Theta} = \dfrac{1}{2}\boldsymbol{\theta}(t)^{\mathrm{T}}\boldsymbol{L}(t)\boldsymbol{\theta}(t)$ 为方向角的能量函数。$\boldsymbol{\Theta}$ 用来评价三条机器鱼方向角的差异。图 5 – 10(b)给出了 $\boldsymbol{\Theta}$ 随时间变化的趋势。$\boldsymbol{\Theta}$ 逐渐达到零,表明三条机器鱼的方向角达到一致。相似地,总势能的时间响应情况如图 5 – 10(c)所示。总势能整体上呈现出一种下降的趋势,除了一些小的波动。我们认为这些小波动是由外部不确定扰动如水波扰动等引起的。最后,总势能逐渐趋于一个稳定值。

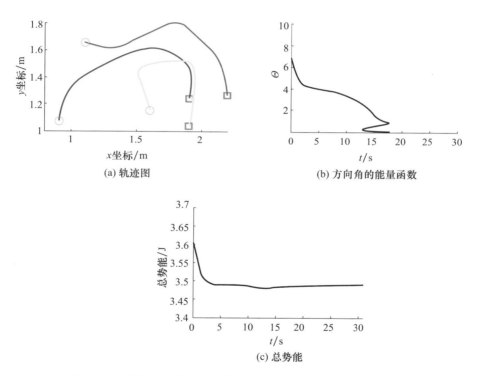

(a) 轨迹图      (b) 方向角的能量函数

(c) 总势能

图 5 – 10    领导者 – 跟随者机器鱼系统的聚合蜂拥实验结果分析

(2)编队蜂拥实验

人字形编队的三个顶点的位置分别为 $p_1^{d1} = (-0.8, 0)$,$p_2^{d1} = (0, -0.4)$,$p_3^{d1} = (0.8, 0)$。三条机器鱼的姿态对时间响应的实验场景如图 5 – 11 所示,三

条机器鱼逐渐形成并保持一个人字形编队。其中,在最后一个场景图中,红色曲线、绿色曲线和黄色曲线分别代表机器鱼的对应轨迹。从15 s到29 s,可以清晰地看到人字形编队。不同于聚合蜂拥的实验,编队蜂拥的实验侧重于验证三条机器鱼逐渐汇聚形成一个期望的几何编队,并且以同样的速度运动下去。因为 $a = 625, b = 1, D = 30$,最后的稳定队形满足 $\|\hat{\boldsymbol{p}}_{ij}\| = 1.5489 \|\boldsymbol{p}_{ij}^{d1}\|$。

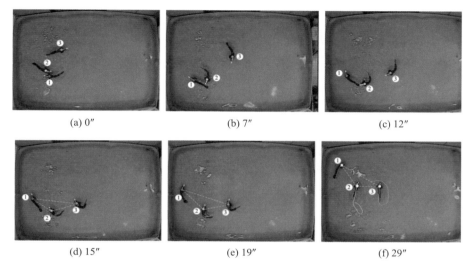

(a) 0″　　　　　　　(b) 7″　　　　　　　(c) 12″

(d) 15″　　　　　　(e) 19″　　　　　　(f) 29″

图5-11　领导者-跟随者机器鱼系统的人字形蜂拥实验场景

图5-12(a)给出了三条机器鱼的轨迹图。绿色圆圈代表机器鱼的初始位置,而红色方块代表机器鱼在 $t = 29$ s时刻的位置。三条机器鱼逐渐形成一个人字形的编队。图5-12(b)给出了 $\Theta$ 随时间变化的趋势。$\Theta$ 逐渐达到零,表明三条机器鱼的方向角达到一致。相似地,总势能的时间响应情况如图5-12(c)所示。

## 5.2.5　针对大规模系统的对策研究

为了更好地例证上述算法对于较大规模系统的蜂拥控制依然有效,我们在MATLAB上和机器鱼仿真平台上分别验证上述算法。其中机器鱼仿真平台是在考虑了机器鱼的运动学约束和控制机制的基础上构建的用于验证多机器鱼协调算法的一个平台。

1. 数值仿真

采样步长为0.01 s,仿真时间为200 s。令 $\boldsymbol{S}_i(t) = (x_i(t), y_i(t), \theta_i(t),$

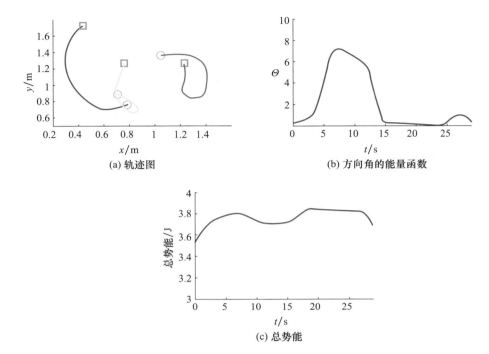

(a) 轨迹图
(b) 方向角的能量函数

(c) 总势能

图 5-12 领导者-跟随者机器鱼系统的人字形蜂拥实验结果分析

$v_i(t), \omega_i(t))$ 代表机器鱼 $i$ 在时刻 $t$ 的状态向量,其中各个分量的单位分别为 m、m、rad、m/s、rad/s。10 条机器鱼的初始状态为

$$S_1(0) = (-12.2, -13.09, -0.34, 0.76, -0.29)$$

$$S_2(0) = (3.7, -11.78, -1.76, 0.54, 0.7)$$

$$S_3(0) = (13.8, -4, 0.6, 5.3, 0.08)$$

$$S_4(0) = (4.82, 0.1, -1.1, 7.8, -0.38)$$

$$S_5(0) = (-5.8, 4.6, -0.07, 9.34, 0.013)$$

$$S_6(0) = (4.97, 19.2, -0.84, 1.3, -0.22) \tag{5-39}$$

$$S_7(0) = (-2.6, 6.1, 0.34, 5.7, -0.275)$$

$$S_8(0) = (15.1, 0.6, -0.92, 4.7, -0.34)$$

$$S_9(0) = (-4.56, 8.45, -0.12, 0.12, 0.6)$$

$$S_{10}(0) = (5.45, -1.42, -0.92, 3.37, 0.31)$$

（1）聚合蜂拥

图 5 – 13（a）给出了 10 个个体位置的时间响应。绿色星点代表每个个体的初始位置，而粗的黑色圆圈代表个体的最后位置。粗的红色曲线代表领导者的轨迹。可以很清晰地看到，具有一般初始状态的 10 个个体逐渐汇聚到一个稳定的蜂拥配置。图 5 – 13（b）和（c）展示了跟随者的前进速率、旋转速率和方向角逐渐向领导者靠拢，最后达到一致。图 5 – 13（d）给出了任意两个个体之间的距离随时间的变化。所有的距离都逐渐趋于稳定，并且不为零。因此，演化过程中个体间没有冲突碰撞发生。此外，系统的初始邻接矩阵为

$$
\boldsymbol{A}_{10}(0) = \begin{bmatrix}
1 & 0 & 0 & 0 & 0 & 0 & 0 & 0 & 0 & 0 \\
1 & 0 & 1 & 1 & 1 & 0 & 1 & 1 & 1 & 1 \\
1 & 1 & 0 & 1 & 1 & 1 & 1 & 1 & 1 & 1 \\
1 & 1 & 1 & 0 & 1 & 1 & 1 & 1 & 1 & 1 \\
1 & 1 & 1 & 1 & 0 & 1 & 1 & 1 & 1 & 1 \\
0 & 0 & 1 & 1 & 1 & 0 & 1 & 1 & 1 & 1 \\
1 & 1 & 1 & 1 & 1 & 1 & 0 & 1 & 1 & 1 \\
0 & 1 & 1 & 1 & 1 & 1 & 1 & 0 & 1 & 1 \\
1 & 1 & 1 & 1 & 1 & 1 & 1 & 1 & 0 & 1 \\
1 & 1 & 1 & 1 & 1 & 1 & 1 & 1 & 1 & 0
\end{bmatrix} \qquad (5-40)
$$

可以看出跟随者所构成的初始通信拓扑是一个连通图，但还不是完全图，并且只有一部分跟随者具有领导者邻居。我们实时地输出系统的交互拓扑对应的邻接矩阵，由这些矩阵可以看出系统的连通性可以一直保持下去。最后，整个系统的交互拓扑固定下来，可以由如下邻接矩阵表示：

$$
\boldsymbol{A}_{10}(200) = \begin{bmatrix}
1 & 0 & 0 & 0 & 0 & 0 & 0 & 0 & 0 & 0 \\
1 & 0 & 1 & 1 & 1 & 1 & 1 & 1 & 1 & 1 \\
1 & 1 & 0 & 1 & 1 & 1 & 1 & 1 & 1 & 1 \\
1 & 1 & 1 & 0 & 1 & 1 & 1 & 1 & 1 & 1 \\
1 & 1 & 1 & 1 & 0 & 1 & 1 & 1 & 1 & 1 \\
1 & 1 & 1 & 1 & 1 & 0 & 1 & 1 & 1 & 1 \\
1 & 1 & 1 & 1 & 1 & 1 & 0 & 1 & 1 & 1 \\
1 & 1 & 1 & 1 & 1 & 1 & 1 & 0 & 1 & 1 \\
1 & 1 & 1 & 1 & 1 & 1 & 1 & 1 & 0 & 1 \\
1 & 1 & 1 & 1 & 1 & 1 & 1 & 1 & 1 & 0
\end{bmatrix} \qquad (5-41)
$$

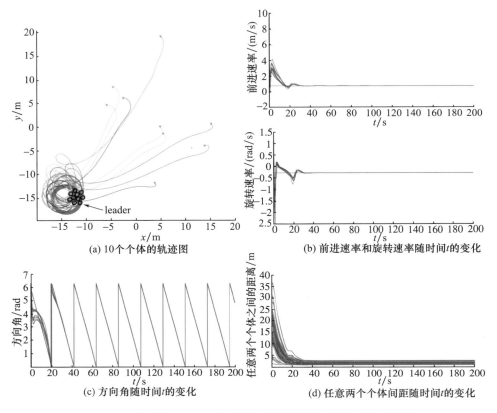

(a) 10个个体的轨迹图

(b) 前进速率和旋转速率随时间$t$的变化

(c) 方向角随时间$t$的变化

(d) 任意两个个体间距随时间$t$的变化

图 5-13　领导者-跟随者机器鱼系统聚合蜂拥的数值仿真结果

它满足 $\hat{G}(t)$ 是完全图且 $N_L = \mathbb{F}$。因此定理 5.1 的 4 个结论都得到验证。

（2）编队蜂拥

我们这里设计了两个不同配置的几何编队蜂拥任务。一个人字形编队蜂拥，另一个是环形编队蜂拥。以人字形编队为例，顶点分别为 $p_1^{d2} = (-4, 0)$，$p_2^{d2} = (-3.2, 0.6)$，$p_3^{d2} = (-2.4, 1.2)$，$p_4^{d2} = (-1.6, 1.8)$，$p_5^{d2} = (-0.8, 2.4)$，$p_6^{d2} = (0, 3)$，$p_7^{d2} = (0.8, 2.4)$，$p_8^{d2} = (1.6, 1.8)$，$p_9^{d2} = (2.4, 1.2)$，$p_{10}^{d2} = (3.2, 0.6)$。因为 $a = 625$，$b = 1$ 和 $D = 30$，产生人字形编队的几何约束为 $\|\hat{p}_{ij}\| = 1.5489 \|p_{ij}^{d2}\|$。相似地，给定的环形编队的顶点分别为 $p_i^{d3} = (R_r \cos(i \times \pi/5), R_r \sin(i \times \pi/5))$，$i = 1, 2, \cdots, 10$，其中 $R_r > 0$。环形编队的几何约束为 $\|\hat{p}_{ij}\| = 1.5489 \|p_{ij}^{d3}\|$。

聚合蜂拥和编队蜂拥的主要差异在于最后的队形配置不同。因此，为了简化结构,我们这里只给出 10 个个体的轨迹图,对应于推论 5.1 的结论(4)。令 $R_r = 2$ m,图 5 – 14(a)和图 5 – 14(b)分别给出了 10 个个体完成人字形编队和环形编队的轨迹图。

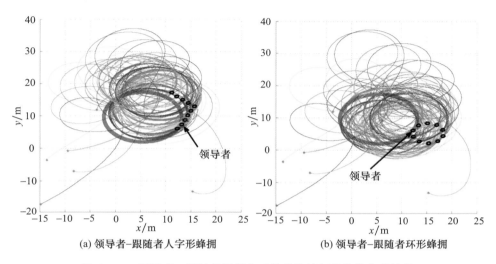

(a) 领导者–跟随者人字形蜂拥　　　(b) 领导者–跟随者环形蜂拥

图 5 – 14　领导者 – 跟随者机器鱼系统编队蜂拥的数值仿真结果

2. 平台仿真

结合机器鱼的运动学约束和控制机制,我们在机器鱼仿真平台上进一步验证上述蜂拥算法。游泳场地长 9 m、宽 6 m。仿真平台的采样步长为 0.11 s。我们选用如下初始条件:

$$S_1(0) = (0.528, 1.416, -2.8623, 0.05, 0.2)$$
$$S_2(0) = (-3.88, 0.941, -1.2217, 0, 0)$$
$$S_3(0) = (3.166, -2.257, -3.0718, 0, 0)$$
$$S_4(0) = (-0.783, 0.582, 1.2566, 0, 0)$$
$$S_5(0) = (2.071, -0.910, 2.0071, 0, 0)$$
$$S_6(0) = (-0.366, -1.441, -0.8378, 0, 0)$$
$$S_7(0) = (-2.006, -1.629, -2.6704, 0, 0)$$
$$S_8(0) = (-2.527, 0.08, -1.6232, 0, 0)$$
$$S_9(0) = (-2.801, -0.421, -1.7628, 0, 0)$$
$$S_{10}(0) = (4.051, -1.649, 1.6057, 0, 0) \qquad (5-42)$$

利用机器鱼仿真平台,我们可以记录下机器鱼系统包含 1 个黄色领导者和 9 个红色跟随者的演化过程。

（1）聚合蜂拥

流程图如图 5-15 所示。其中,特别需要注意的是 $v_i(t)$ 和 $\omega_i(t)$ 解模糊的过程分别是得到机器鱼在控制命令 $A_i^1$、$A_i^2$、$A_i^3$、$f_i^1$、$f_i^2$、$f_i^3$、$\phi_i^1$、$\phi_i^2$、$\phi_i^3$ 下的前进速率和旋转速率,这实际上就是控制命令对应前进速率档位 $N_v$ 所在速率区间的最小值以及对应旋转速率档位 $N_\omega$ 所在速率区间的最小值。图 5-16 给出了聚合蜂拥任务的 9 个关键的仿真场景。9 个跟随者渐近汇聚成以领导者的速度运动,跟随者与领导者一起构成聚合蜂拥。

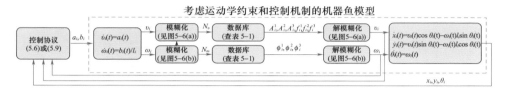

图 5-15　领导者-跟随者机器鱼系统的聚合蜂拥控制流程

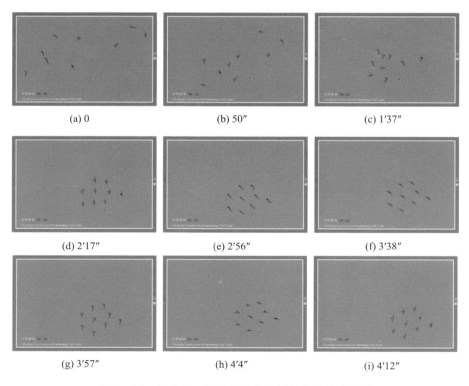

(a) 0　　　　　　　(b) 50″　　　　　　(c) 1′37″

(d) 2′17″　　　　　(e) 2′56″　　　　　(f) 3′38″

(g) 3′57″　　　　　(h) 4′4″　　　　　(i) 4′12″

图 5-16　领导者-跟随者聚合蜂拥任务的仿真场景

（2）编队蜂拥

编队蜂拥的流程与聚合蜂拥类似,只需要将控制协议(5.9)换成控制协议(5.36)。令 $R_r = 1$ m。人字形编队的顶点的坐标为 $p_1^{d2} = (0,0)$, $p_2^{d2} = (-0.4, -0.4)$, $p_3^{d2} = (-0.8, -0.8)$, $p_4^{d2} = (-1.2, -1.2)$, $p_5^{d2} = (-1.6, -1.6)$, $p_6^{d2} = (0.4, -0.4)$, $p_7^{d2} = (0.8, -0.8)$, $p_8^{d2} = (1.2, -1.2)$, $p_9^{d2} = (1.6, -1.6)$, $p_{10}^{d2} = (2, -2)$。图5-17和图5-18分别给出了人字形蜂拥任务和环形蜂拥任务的9个关键的仿真场景。9个跟随者渐近汇聚成以领导者的速度运动。但是由于势函数的作用,跟随者之间最后稳定到不同的平衡距离并且与领导者一起构成人字形蜂拥或环形蜂拥。演化过程表明具有一般初始条件的10个个体的稳定编队可以一直保持下去。

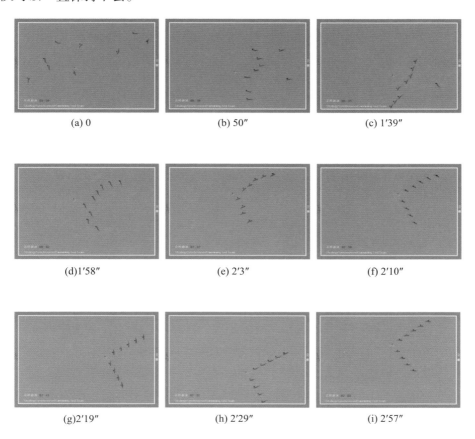

图5-17　领导者-跟随者机器鱼系统的人字形蜂拥控制的仿真场景

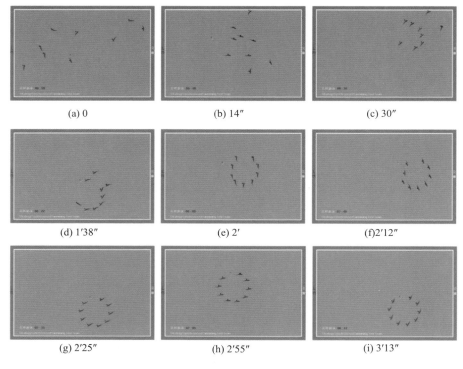

(a) 0       (b) 14″       (c) 30″

(d) 1′38″       (e) 2′       (f)2′12″

(g) 2′25″       (h) 2′55″       (i) 3′13″

图 5 – 18　领导者 – 跟随者机器鱼系统的环形蜂拥控制的仿真场景

## 5.3　小结

　　我们研究了基于领导者 – 跟随者结构的多机器鱼系统的聚合或编队蜂拥问题。每条机器鱼简化成扩展的二阶独轮车模型。在外部控制输入为零的领导者的引导下,跟随者能够逐渐呈现出期望的蜂拥行为。假设系统的初始交互网络是一个领导者 – 跟随者连通图。系统的稳定性可以用拉塞尔不变集原理和图论的方法来分析。特别是,我们讨论了机器鱼之间的冲突避碰问题,并且证明冲突避碰可以通过降低领导者的速率或者增加势函数排斥项的权重来实现。我们还讨论了势函数的参数选择对队形结构的影响。实验结果证明了算法对于三条机器鱼协调控制的可行性。最后,数值仿真和机器鱼平台仿真进一步验证了上述控制算法对于较大规模系统的有效性。

# 5.4 参考文献

[1] RYPSTRA A L. Foraging success of solitary and aggregated spiders: insights into flocking formation[J]. Anim Behav, 1989, 37: 27.

[2] OKUBO A. Dynamical aspects of animal grouping: swarms, schools, flocks, and herds[J]. Adv Biophys, 1986, 22: 1 - 94.

[3] COUZIN I D, KRAUSE J, JAMES R, RUXTON G D, FRANKS N R. Collective memory and spatial sorting in animal groups[J]. J Theor Biol, 2002, 218: 1 - 11.

[4] OLFATI - SABER R. Flocking for multi - agent dynamic systems: algorithms and theory[J]. IEEE Trans Autom Control, 2006, 51: 401 - 420.

[5] DIMAROGONAS D V, KYRIAKOPOULOS K J. A connection between formation control and flocking behavior in nonholonomic multi - agent systems[C]. Proceedings of 2006 IEEE International Conference on Robotics and Automation, 2006, 940 - 945.

[6] SU H, WANG X, LIN Z. Flocking for multi - agents with a virtual leader[J]. IEEE Trans Autom Control, 2009, 54: 293 - 307.

[7] LEONARD N E, YOUNG G, HOCHGRAF K, SWAIN D, TRIPPE A, CHEN W, MARSHALL S. In the dance studio: analysis of human flocking[C]. American Control Conference, 2012, 4333 - 4338.

[8] ZHANG G, FRICKE G K, GARG D P. Spill detection and perimeter surveillance via distributed swarming agents[J]. IEEE/ASME trans Mechatronics, 2013, 18: 121 - 129.

[9] ZHAN J, LI X. Flocking of multi - agent systems via model predictive control based on position - only measurements[J]. IEEE Trans Ind Informat, 2013, 9: 377 - 385.

[10] SHAO J, XIE G, WANG L. Leader - following formation control of multiple mobile vehicles [J]. IET Control Theory Appl, 2007, 1: 545 - 552.

[11] DESAI J P, OSTROWSKI J P, KUMAR V. Modelling and control of formations of nonholonomic mobile robots[J]. IEEE Trans Robot Automat, 2001, 17: 905 - 908.

[12] DAS A, FIERRO R, KUMAR V, OSTROWSKI J, SPLETZER J, TAYLOR C. A vision based formation control framework[J]. IEEE Trans Robot Automat, 2002, 18: 813 - 825.

[13] HUANG J, FARRITOR S M, QADI A, GODDARD S. Localization and follow - theleader control of a heterogeneous group of mobile robots[J]. IEEE/ASME Trans Mechatronics, 2006, 11: 205 - 215.

[14] JI M, MUHAMMAD A, EGERSTEDT M. Leader - based multi - agent coordination: controllability and optimal control[C]. American Control Conference, 2006, 1358 - 1363.

[15] YANG E, GU D. Nonlinear formation - keeping and mooring control of multiple autonomous underwater vehicles[J]. IEEE/ASME Trans Mechatronics, 2007, 12: 164 - 178.

[16] CONSOLINI L, MORBIDI F, PRATTICHIZZO D, TOSQUES M. Stabilization of a hierarchical

formation of unicycle robots with velocity and curvature constraints[J]. IEEE Trans Robot, 2009,25:1176 – 1184.

[17] MARIOTTINI G L,MORBIDI F,PRATTICHIZZO D,VALK N V,MICHAEL N,PAPPAS G, DANIILIDIS K. Vision – based localization for leader – follower formation control[J]. IEEE Trans Robot,2009,25:1431 – 1435.

[18] CHEN H,SUN D,YANG J,CHEN J. Localization for multirobot formations in indoor environment[J]. IEEE/ASME Trans Mechatronics,2010,15:561 – 574.

[19] AILON A,ZOHAR I. Control strategies for driving a group of nonholonomic kinematic mobile robots in formation along a time – parameterized path[J]. IEEE/ASME Trans Mechatronics, 2012,17:326 – 336.

[20] LEONARD N E,FIORELLI E. Virtual leaders,artificial potentials and coordinated control of groups[C]. Proceedings of the 40th IEEE Conference on Decision Control,2001, vol. 3,2968 – 2973.

[21] LUO X,LIU D,GUAN X,LI S. Flocking in target pursuit for multi – agent systems with particial informed agents[J]. IET Control Theory Appl,2012,6:560 – 569.

[22] SU H,CHEN G,WANG X,LIN Z. Adaptive flocking with a virtual leader of multiple agents governed by nonlinear dynamics[C]. 29th Chinese Control Conference,2010,5827 – 5832.

[23] SU H,WANG X,LIN Z. Flocking for multi – agents with a virtual leader[J]. IEEE Trans Autom Control,2009,54:293 – 307.

[24] SHI H,WANG L,CHU T G. Virtual leader approach to coordinated control of multiple mobile agents with asymmetric interactions[J]. Physica D,2006,213:51 – 65.

[25] YU W,CHEN G,CAO M. Distributed leader – follower flocking control for multi – agent dynamical systems with time – varying velocities[J]. Syst Control Lett,2010,59:543 – 552.

[26] SU H. Flocking in multi – agent systems with multiple virtual leaders based only on position measurements[J]. Commun Theor Phys. 2012,57:801 – 807.

[27] LEE D,FRANCHI A,SON H I,HA C S,BULTHOFF H H,GIORDANO P R. Semiautonomous haptic teleoperation control architecture of multiple unmanned aerial vehicles[J]. IEEE/ ASME Trans Mechatronics,2013,18:1334 – 1345.

[28] LI Y,TANG G,YANG X,WANG P. A flocking algorithm for multi – agent control with multi – leader following strategy[C]. 24th Chinese Control and Decision Conference,2012,3493 – 3497.

[29] GU D,WANG Z. Leader – follower flocking:algorithms and experiments[J]. IEEE Trans Control Syst Technology,2009,17:1211 – 1219.

[30] SU H,WANG X,Chen G. Rendezvous of multiple mobile agents with preserved network connectivity[J]. Syst Control Lett,2010,59:313 – 322.

[31] SAVKIN A V,TEIMOORI H. Decentralized formation flocking and stabilization for networks of

unicycles[C]. Proceedings of the 48th IEEE Conference on Decision Control and the 28th Chinese Control Conference. 2009,984 – 989.

[32] DIMAROGONAS D V ,KYRIAKOPOULOS K J. A connection between formation control and flocking behavior in nonholonomic multi – agent systems[C]. Proceedings of 2006 IEEE International Conference on Robotics and Automation,2006:940 – 945.

[33] TANNER H G. On the controllability of nearest neighbor interconnections[C]. 43rd IEEE Conference on Decision Control,2004,vol. 3:2467.

[34] REYNOLDS C W. Flocks,herds,and schools:a distributed behavioral model[J]. Comput Graph,1987,21:25 – 34.

[35] ZAVLANOS M M,JADBABAIE A,PAPPAS G J. Flocking while preserving network connectivity[C]. 46th IEEE Conference on Decision Control,2007:2919 – 2924.

[36] LATOMBE J C. Robot Motion Planning[M]. Norwood:Kluwer Academic Publishers,1991.

[37] KHALIL H K. Nonlinear Systems( third ed. )[M]. Upper Saddle River:Prentice Hall,2002.

[38] SU Z,LU J. Research on formation control of multiple mobile robots[J]. Robot,2003,25:88 – 91.

[39] DAS A,FIERRO R,KUMAR V,OSTROWSKI J,SPLETZER J,TAYLOR C. A visionbased formation control framework[J]. IEEE Trans Robot Automa,2002,18:813 – 825.

[40] FREDSLUND J,MATARIC M J. A general algorithm for robot formations using local sensing and minimal communication[J]. IEEE Trans Robot Automat,2002,18:837 – 846.

[41] BICHO E,MONTEIRO S. Formation control for multiple mobile robots:a nonlinear attractor dynamics approach[C]. IEEE International Conference on Intelligent Robots and Systems, 2003,vol. 2,2016 – 2022.

[42] CHIO T,TARN T. Rules and control strategies of multi – robot team moving in hierarchical formation[C]. IEEE International Conference on Robotics and Automation,2003,vol. 2,2701 – 2706.

[43] BALCH T,ARKIN R C. Behavior – based formation control for multirobot team[J]. IEEE Trans Robot Automat,1998,14:926 – 939.

[44] LAWTON J,BEARD R,YOUNG B. A decentralized approach to formation maneuvers[J]. IEEE Trans Robot Automat,2003,16:933 – 941.

[45] OGREN P,EGERSTEDT M,HU X. A control lyapunov function approach to multi – agent coordination[J]. IEEE Trans Robot Automat,2002,18:847 – 851.

[46] SFAKIOTAKIS M,LANE D M,DAVIES J B C. Review of fish swiming modes for aquatic locomotion[J]. IEEE J Ocean Eng,1999,24:237 – 252.

[47] BARRETT D,TRIANTAFYLLOU M,YUE D K P,GROSENBAUGH M A,WOLFGANG M J. Drag reduction in fish – like locomotion[J]. J Fluid Mechanics,1999,392:183 – 212.

[48] YU J,TAN M,WANG S,CHEN E. Development of a biomimetic robotic fish and its control algorithm[J]. IEEE Trans Syst,Man,Cybern B,Cybern,2004,34:1798 – 1810.

# 第6章　领导者速度可变的分布式协同
控制系统应用场景及对策

## 6.1　典型应用场景

### 6.1.1　农田监测

随着农业无人机的广泛开展,业界的目光已经从单纯的无人机农药喷洒逐渐扩展到无人机农业信息采集、农业光谱数据分析等领域,为了弥补单机作业的缺陷,无人机集群技术也开始受到农业领域的关注。SAGA项目,也就是农业应用的机器人集群(Swarm Robotics for Agricultural Applications),将帮助农民绘制农田中的杂草地图,从而提高作物产量。该系统是一个由ECHORD + +资助的研究项目,由一组多架无人机互相配合,协同监测一块农田区域,并通过机载机器视觉设备,精确找到作物中的杂草并绘制杂草地图。

无人机集群中的无人机互相交换信息,充分利用各自获取的信息,优先在杂草最密集的区域作业,算法类似自然界中蜜蜂群尽可能在花朵最密集的区域采蜜,这种路径优化技术有助于提高作业效率。

SAGA项目协调人,意大利国家研究委员会认知科学和技术研究所研究员Vito Trainni博士说:"将群体机器人应用于精确农业代表了一种技术模式的转变,具有巨大的潜在影响。随着机器人硬件的价格下降,机器人的小型化和能力增加,我们很快将能够实现自动化精准农业解决方案。这需要单个无人机之间能够作为一个整体协调工作,以便有效地覆盖大面积区域并进行信息交互与协同作业。无人机集群技术为这样的需求提供了解决方案。微型机器人避免土壤压实,只在作物生长的间隙行动以避免压坏作物,采用机械而不是化学方式进行除草,无人机和地面机器人集群可以精确地适应不同的农场规模。SAGA项目提出了精确农业的解决方案,包括新颖的硬件与精确的个体控制与集群智能技术。"

SAGA 项目利用机器视觉实现杂草识别和定位,利用无人机集群实现杂草地图的协同绘制,专门从事工业级无人机监测和检查的荷兰公司 Avular B. V. 为本项目提供了无人机和机器视觉硬件解决方案。

SAGA 由 ECHORD + + 资助,ECHORD + + 是一个欧洲公益项目,旨在通过在特定应用领域的重点推进,将机器人研究"从实验室推向市场",其关注的重点领域为精密农业。SAGA 是一个合作研究项目,主体为意大利国家研究委员会(CNR)的认知科学和技术研究所(ISTC – CNR),该研究所提供关于无人机和机器人集群应用的专业技术,并担任 SAGA 活动的协调员;瓦赫宁根大学和研究中心(WUR)提供在农业机器人和精确农业领域的专业技术;Avular B. V. 公司实现具体解决方案。

此外,美国明尼苏达大学分布式机器人中心(Centre for Distributed Robotics)的研究院正在研究分布式太阳能无人机,它最终将实现大面积农田的低成本勘察。它们的作用可能包括尽早发现缺氮、植物病害等问题以及完成水资源的合理管理,或是通力合作覆盖一个区域进行农药和除草剂的精准喷洒。

## 6.1.2 物流机器人集群运输

2017 年,谷歌完成了美国联邦航空管理局(FAA)和美国国家航空航天局(NASA)组织的一系列测试,以协助测试无人机系统的空中交通管理能力。测试中,三架 Wing 无人机分别执行取货、送货任务,与此同时,这些无人机还要应对在同一片空域中飞行的两架英特尔无人机和一架大疆 Inspire 无人机。测试显示,Wing 交通管理平台可以在现实户外飞行条件下自动划分所有无人机的路线,智能化更新和适应飞行路线,就路线意外发生变化向远程操作员发出通知,以及对空域警告和路线修正信息进行更新以应对森林火灾等突发事件。

未来,谷歌 Project Wing 和其他公司将会运营数千架无人机组成的机群投递包裹,并服务于其他功能。与此同时,它还要实现智能导航,在建筑物内或周边飞行,应对不同的天气条件和其他无人机飞行任务。

互联网热潮带来的电子商务发展的繁荣,驱动着无人系统在物流行业的应用发展,Amazon 物流无人机和京东物流无人机也早已完成试飞。未来无人机技术在物流领域的广泛运营必然带来复杂的管理问题,在实际运用场景中,面对千万级订单量的并发,调配算法能够支持多少机器人和无人机实现相互避让,不同机器人和无人机之间是否能够协作流畅,都需要无人机协同技术的支撑。

### 6.1.3 智能电网

分布式协同控制方法最初首先在多智能体系统研究领域中提出并广泛应用,常用于解决多智能体的编队控制、趋同控制、蜂拥控制以及聚集等问题。近几年来,由于其独特的优越性,分布式协同控制方法逐渐在智能电网的研究中得到重视,并在虚拟发电厂控制、经济调度、微电网频率控制及主动配电网无功优化等领域得到重点研究。

能源和电力系统作为国家发展的支柱性产业和核心动力,与人们的生活息息相关。由于电力系统规模庞大、地域范围广阔,给电力系统的调控带来了许多挑战。例如,由于分布式电源(Distributed Generation,DG)不断增多,存储设备和可控负载需经逆变器连接到电网,使得电网控制和电网运行模式的灵活性大大增加,因此研究微电网稳定运行控制有着重要意义;另外,分布式电源的出力不确定性会增加对普通发电单元的供能依赖性,严重影响了风、光等新能源发电的消纳过程。

为了有效降低电力系统中峰谷调节和频率调节的要求,需要将分布式电源纳入电力系统的经济稳定调控进程中,以提高系统运行的经济性和稳定性。传统集中式控制方式由微电网中央控制器进行统一的信息处理和指令调控,但该控制方式的灵活性和可扩展性均比较差,并且单点故障时的可靠性较低,不能有效适应上述分布式电源高渗透率的应用场景,也无法满足"即插即用"等发展需求。为了克服集中式控制方式的局限性,分布式协同控制方法被应用于电力系统的研究中。

研究表明,分布式协同控制方法在高渗透率分布式电源接入的背景下可以更加满足电力系统稳定性控制和经济调度的需求。但对多种分布式算法进行研究比较后发现,当前分布式算法在非理想通信、切换拓扑和协同攻击与安全问题等方面的研究还存在较大欠缺,后续研究应在上述方面加强研究深度,使算法更适合实际工程应用。

## 6.2 对策研究

本章所涉及的解决方案主要面向具有如下特征的多智能体系统:系统内智能体分两类,一类是领导者,知道群体要执行的飞行轨迹及目的地位置,领导者按照期望的轨迹变速飞往目的地;另一类是跟随者,不需要知道整体的目标,每个跟随者都具有同等通信能力、同等定位能力、一致的行为决策机制。

本章所提的解决方案,主要目标是实现该多智能体系统按照指定轨迹运动的群体协同任务,即所有个体都以与领导者同样的速率、朝着同样的方向、围绕在领导者周围以紧致的队形运动下去。整个过程中,每个智能体之间能够实现彼此的避碰,整个队形具有鲁棒性,即使队形短暂地因外界干扰而被破坏,也能迅速地自动调整回紧致的队形,并保持下去。此外,有时需要智能体按照指定的几何队形执行协同任务,本章亦给出基于集群策略的编队控制解决方案。

本章以机器鱼为研究对象给出具体解决方案。

## 6.2.1　引言

领导者－跟随者蜂拥中,领导者通常在指导群体行为方面具有重要的作用。Gu 等人研究了带有多个领导者的蜂拥问题,跟随者利用蜂拥中心的位置估计来保持系统的连通性[1]。此系统中的领导者只能够按照特定的轨迹运动[1],而 Yu 等人针对具有时变速率的领导者所在系统提出了一个分布式的控制算法[2]。但是,Yu 等人的工作只涉及虚拟领导者,因此,有必要研究领导者速率时变情况下的多智能体系统的蜂拥控制算法。此外,Savkin 等人讨论了具有硬约束的独轮车系统的编队蜂拥问题,但他们并未提及任何领导者[3]。因此,本章的另一个重要任务就是通过对设计的蜂拥算法进行改进,来解决对应的具有刚性几何结构的编队蜂拥问题。

自适应策略已经被广泛应用于复杂网络的同步性研究中,特别是包含不确定项的情况[4-8]。例如,Hou 等人给出了一个鲁棒自适应控制方法来解决多智能体系统的一致性问题,系统中的个体动力学模型包含不确定性和外部干扰[4]。在 Demetriou 等人的工作中,由多个传感器构成的传感器网络中局部滤波器的一致项采用了自适应的一致性增益[5]。Min 等人研究了带有未知参数的非点的、非线性的、网络化的欧拉－拉格朗日系统的自适应一致性控制协议[6]。Su 等人利用局部的自适应策略来设计速度导航反馈项的权重和速度耦合项的权重,使得所有个体都能与虚拟领导者的运动达到同步[7]。Liu 等人提出了一个自适应协议来解决高阶非线性多智能体系统的一致性问题,其中未知的非线性系统函数是利用神经网络来估计的[8]。由此可以看出,自适应控制可以有效解决领导者的速率未知且时变的问题。

本章中,我们提出了一个分布式自适应蜂拥算法来解决由一个领导者构成的二阶非线性系统的聚合蜂拥和编队蜂拥问题,领导者的速率是时变的并且是有界的。其中,一致性算法被用于实现速度的匹配,而连通性保持问题、冲突避碰问题和平衡距离问题都可以通过设计人工势函数的方法来解决[9]。自适应策略被用于处理领导者速率时变的情况。假设系统初始交互网络是领导者 - 跟随者连通图,我们利用拉塞尔不变集原理来分析闭环系统的稳定性。此外,通过在上述蜂拥算法的势函数项中引入指定队形拓扑的信息,具有任意几何形状的编队蜂拥问题都随之得到解决。最后,仿真结果证明了上述控制协议的有效性。

## 6.2.2 系统建模

考虑 $N$ 条机器鱼在二维欧几里得空间游动。在前人的工作中[10-12],机器鱼被简化成一阶独轮车模型。考虑到机器鱼的主要推进力来自它身体的后半部,我们进一步用扩展的二阶独轮车模型来刻画机器鱼,模型中几何中心和质心不重合。令 $N$ 代表自然数集合,$\mathbb{R}$ 代表实数集,$\mathbb{R}^*$ 代表正实数集。如图 6-1 所示,机器鱼的动力学模型如下:

$$\dot{x}_i(t) = v_i(t)\cos\theta_i(t) - \omega_i(t)l_i\sin\theta_i(t)$$

$$\dot{y}_i(t) = v_i(t)\sin\theta_i(t) + \omega_i(t)l_i\cos\theta_i(t)$$

$$\dot{\theta}_i(t) = \omega_i(t) \tag{6-1}$$

$$\dot{v}_i(t) = a_i(t)$$

$$\dot{\omega}_i(t) = b_i(t)/l_i$$

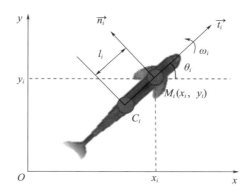

图 6-1  机器鱼模型示意

$\boldsymbol{p}_i(t) = [x_i(t), y_i(t)]^T \in \mathbb{R}^2$ 是个体 $i$ 在 $t$ 时刻的位置向量,$\theta_i(t) \in \mathbb{R}$ 代表个体 $i$ 在 $t$ 时刻的方向,$v_i(t) \in \mathbb{R}$ 代表个体 $i$ 在 $t$ 时刻的前进速率,$\omega_i(t) \in \mathbb{R}$ 代表个体 $i$ 在 $t$ 时刻的旋转速率,$l_i \in \mathbb{R}^*$ 代表个体 $i$ 在 $t$ 时刻的几何中心 $C_i$ 和质心 $M_i$ 之

间的距离，$\vartheta_i(t) = \omega_i(t)l_i \in \mathbb{R}$代表个体$i$在$t$时刻的切向速率，$a_i(t) \in \mathbb{R}$代表个体$i$在$t$时刻的前进加速度，$b_i(t) \in \mathbb{R}$代表个体$i$在$t$时刻的旋转加速度。这里，$\theta_i(t) \in [0,2\pi)$采用从$x$轴逆时针旋转来计算。在理论分析中，我们不考虑个体的差异。因此，需要注意$l_i = l_d, i = 1,2,\cdots,N$。$l_d > 0$为常数。

考虑多机器鱼系统只有一个领导者。如果一个个体具有外部控制输入，称之为领导者；否则，称之为跟随者。不失一般性，令领导者集合为$\mathbb{L} = \{1\}$，跟随者集合为$\mathbb{F} = \{2,3,\cdots,N\}$。每个个体具有有限的通信能力，只与其邻居进行通信。假设与领导者的通信是单向的，而跟随者之间的通信是双向的[13]。也就是说，领导者没有邻居，而领导者可能是某些跟随者的邻居。令$N_i(t)$代表跟随者$i \in \mathbb{F}$在时刻$t$的邻居集合。其中，跟随者$i$的初始邻居集合定义为

$$N_i(0) = \{j \mid \|\boldsymbol{p}_i(0) - \boldsymbol{p}_j(0)\| < D, j = 1,2,\cdots,N, j \neq i\} \tag{6-2}$$

$\|\cdot\|$是欧几里得范数，$D > 0$是交互半径。

如上所述，多智能体系统的通信网络是一个有向图$G(t)$，其顶点集为$\nu = \{1,2,\cdots,N\}$，边集为$\varepsilon(t) = \{(i,j) \mid (i,j) \in \nu \times \nu, j \in N_i(t)\}$。跟随者的通信网络$\hat{G}(t)$是一个无向图，其顶点集为$\hat{v} = \{2,3,\cdots,N\}$，边集为$\hat{\varepsilon}(t) = \{(i,j) \mid (i,j) \in \hat{v} \times \hat{v}, j \in N_i(t)\}$。矩阵$\boldsymbol{A}(t) = [a_{ij}(t)]_{N \times N}$定义为

$$a_{ij}(t) = \begin{cases} 1, i = 1, j = 1 \\ 1, i \in \mathbb{F}, j \in N_i(t) \\ 0, 其他 \end{cases} \tag{6-3}$$

式(6-3)代表网络$G(t)$的耦合配置。令$c_{ij}$代表顶点$i$和$j$之间的耦合强度。我们定义网络$G(t)$的有权重的耦合配置矩阵如下：

$$\begin{aligned} \boldsymbol{B}(t) &= [b_{ij}(t)]_{N \times N} \\ &= \begin{bmatrix} c_{11}(t)a_{11}(t) & c_{12}(t)a_{12}(t) & \cdots & c_{1N}(t)a_{1N}(t) \\ c_{21}(t)a_{21}(t) & c_{22}(t)a_{22}(t) & \cdots & c_{2N}(t)a_{2N}(t) \\ \vdots & \vdots & & \vdots \\ c_{N1}(t)a_{N1}(t) & c_{N2}(t)a_{N2}(t) & \cdots & c_{NN}(t)a_{NN}(t) \end{bmatrix} \end{aligned} \tag{6-4}$$

$b_{ij}(t) \in \mathbb{R}, c_{ij}(t) \in \mathbb{R}^*, i,j \in \nu$。给出的$\hat{G}(t)$的拉普拉斯矩阵$\boldsymbol{L}_{N-1}(t) = [l_{ij}(t)]_{(N-1) \times (N-1)}$如下：

$$l_{ij}(t) = \begin{cases} -c_{ij}(t)a_{ij}(t), i \neq j \\ \displaystyle\sum_{k=2, k \neq i}^{N} c_{ik}(t)a_{ik}(t), i = j \end{cases} \tag{6-5}$$

因为$\hat{G}(t)$是一个无向图,其对应的拉普拉斯矩阵$\boldsymbol{L}_{N-1}(t)$是对称的并且是半正定的。图6-2给出了机器鱼系统的交互网络的一个样例。

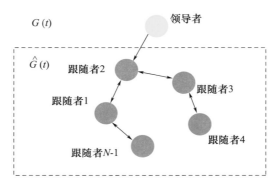

图6-2　交互网络的一个样例

假设交互网络$G(t)$在时刻$t_r$发生切换,$r=1,2,\cdots$。因此$G(t)$在每一个非空、有界、连续的时间段$[t_{r-1},t_r)$上是固定的,其中$t_0=0$。给定$G(0)$是领导者-跟随者连通图。为了保证交互网络$G(t)$的连通性,我们引入如下磁滞来增加新的边[14-15],满足:

(1)如果$(i,j)\in\varepsilon(t^-)$且$\parallel\hat{\boldsymbol{p}}_i(t)-\hat{\boldsymbol{p}}_j(t)\parallel<2D$,其中$\hat{\boldsymbol{p}}_i(t)=\boldsymbol{p}_i(t)-\boldsymbol{p}_i^*(t)$且$\boldsymbol{p}_i^*(t)=\int_0^t w_{i1}(t)\boldsymbol{H}_i^{\mathrm{T}}(t)\boldsymbol{q}_1\mathrm{d}\tau(i=1,2,\cdots,N)$,那么$(i,j)\in\varepsilon(t),t>0$。

(2)如果$(i,j)\notin\varepsilon(t^-)$且$\parallel\boldsymbol{p}_i(t)-\boldsymbol{p}_j(t)\parallel<D$,那么$(i,j)\in\varepsilon(t),t>0$。

## 6.2.3　分布式协同控制策略设计及系统稳定性分析

1. 算法设计

令$\boldsymbol{q}_i(t)=[\upsilon_i(t),\vartheta_i(t)]^{\mathrm{T}}$代表个体$i$的速度向量,模型(6.1)可以重写成矩阵的形式:

$$\dot{\boldsymbol{p}}_i(t)=\boldsymbol{H}_i(t)^{\mathrm{T}}\boldsymbol{q}_i(t)$$
$$\dot{\boldsymbol{q}}_i(t)=\boldsymbol{u}_i(t) \tag{6-6}$$

这里,$\boldsymbol{H}_i(t)=\begin{bmatrix}\cos\theta_i(t) & \sin\theta_i(t)\\ -\sin\theta_i(t) & \cos\theta_i(t)\end{bmatrix}$,$\boldsymbol{u}_i(t)=[a_i(t),b_i(t)]^{\mathrm{T}}$,$i=1,2,\cdots,N$,系统的总势能$V$为

$$V=\sum_{i\in\mathbb{F}}\sum_{j\in N_i}V((\parallel\hat{\boldsymbol{p}}_{ij}\parallel))+\sum_{j\in N_l}V(\parallel\hat{\boldsymbol{p}}_{1j}\parallel) \tag{6-7}$$

其中势函数采用定义 5.1。不考虑时延问题。领导者的外部控制输入为

$$\boldsymbol{u}_i(t) = \boldsymbol{f}(t) \tag{6-8}$$

其中，$\boldsymbol{f}(t) = [f_1(t), f_2(t)]^{\mathrm{T}} \in \mathbb{R}^2$ 是有界的，并且满足如下约束条件：

$$\lim_{t \to \infty} f_1(t) = 0 \tag{6-9}$$

$$\lim_{t \to \infty} f_2(t) = 0 \tag{6-10}$$

此外，跟随者 $i$ 的控制输入设计如下：

$$a_i(t) = -\sum_{j \in N_i(t)} c_{ij}(\hat{v}_i(t) - \hat{v}_j(t)) - \sum_{j \in N_i(t)} c_{ij}(t)\, \dot{\hat{\boldsymbol{p}}}_{ij}(t)^{\mathrm{T}} \vec{t}_i - \sum_{j \in N_i(t)} \nabla_{\hat{\boldsymbol{p}}_{ij}} V(\|\hat{\boldsymbol{p}}_{ij}\|)$$

$$\vec{t}_i(t)$$

$$b_i(t) = -\sum_{j \in N_i(t)} c_{ij}(t)\, l_d(\hat{\theta}_i(t) - \hat{\theta}_j(t)) - \sum_{j \in N_i(t)} c_{ij}(t)\, l_d(\hat{\omega}_i(t) - \hat{\omega}_j(t)) -$$

$$\sum_{j \in N_i(t)} \dot{\hat{\boldsymbol{p}}}_{ij}(t)^{\mathrm{T}} \vec{t}_i - \sum_{j \in N_i(t)} c_{ij}(t)\, \nabla_{\hat{\boldsymbol{p}}_{ij}} V(\|\hat{\boldsymbol{p}}_{ij}\|) \vec{t}_i$$

$$\dot{c}_{ij}(t) = k_{ij}(\hat{\boldsymbol{q}}_i(t) - \hat{\boldsymbol{q}}_j(t))^{\mathrm{T}}(\hat{\boldsymbol{q}}_i(t) - \hat{\boldsymbol{q}}_j(t)) + k_{ij}\dot{\hat{\boldsymbol{p}}}_{ij}(t)^{\mathrm{T}} \dot{\hat{\boldsymbol{p}}}_{ij}(t)$$

$$\tag{6-11}$$

其中，$\hat{v}_i(t) = v_i(t) - a_{i1}(t)v_1(t)$，$\hat{\omega}_i(t) = \omega_i(t) - a_{i1}(t)\omega_1(t)$，$\hat{\theta}_i(t) = \theta_i(t) - a_{i1}(t)\theta_1(t)$，$\hat{\boldsymbol{p}}_{ij}(t) = \hat{\boldsymbol{p}}_i(t) - \hat{\boldsymbol{p}}_j(t)$，$c_{ij} > 0$，$k_{ij}$ 是自适应参数 $c_{ij}(t)$ 的权重。这里，

$$\boldsymbol{p}_i^* = \int_0^t a_{i1} \boldsymbol{H}_i(t)^{\mathrm{T}} \boldsymbol{q}_1(t)\,\mathrm{d}\tau \text{。因此，} \dot{\hat{\boldsymbol{p}}}_i(t) = \dot{\boldsymbol{p}}_i(t) - \dot{\boldsymbol{p}}_i^* = \boldsymbol{H}_i(t)^{\mathrm{T}} \boldsymbol{q}_1(t) - a_{i1}\boldsymbol{H}_i(t)^{\mathrm{T}}$$

$\boldsymbol{q}_1(t)$，其中 $\hat{\boldsymbol{q}}_i(t) = \boldsymbol{q}_i(t) - a_{i1}(t)\boldsymbol{q}_1(t)$。此外，$\boldsymbol{t}_i(t) = \begin{bmatrix} \cos\theta_i(t) \\ \sin\theta_i(t) \end{bmatrix}$ 和 $\boldsymbol{n}_i(t) =$

$\begin{bmatrix} -\sin\theta_i(t) \\ \cos\theta_i(t) \end{bmatrix}$ 是两个正交的单位向量，$\nabla_{\hat{\boldsymbol{p}}_{ij}(t)} V(\|\hat{\boldsymbol{p}}_{ij}(t)\|)$ 是人工势函数 $V$

$(\|\hat{\boldsymbol{p}}_{ij}(t)\|)$ 的梯度。

2. 稳定性分析

本章中，个体 $i$ 和 $j$ 之间的势函数 $V(\|\hat{\boldsymbol{p}}_{ij}\|)$ 与它们之间的姿态(包括位置和方向角)差异有关系。于是，我们可以得到如下定理。

**定理 6.1（领导者 – 跟随者聚合蜂拥）**：假设系统(6.1)的初始交互网络 $G(0)$ 是一个领导者 – 跟随者连通图。在针对领导者的控制协议(6.8)和针对跟随者的控制协议(6.11)下，可以得到如下结论：

(1)交互网络的连通性可以一直保持下去；

(2)跟随者与领导者之间的前进速率的差距、旋转速率的差距以及方向角

的差距逐渐趋于零;

（3）系统渐近地汇聚到一个聚合的队形,满足系统总势能最小。

**证明:** 定义 $\tilde{\boldsymbol{p}}(t) = [\hat{\boldsymbol{p}}_{11}(t)^{\mathrm{T}}, \cdots, \hat{\boldsymbol{p}}_{1N}(t)^{\mathrm{T}}, \cdots, \hat{\boldsymbol{p}}_{N1}(t)^{\mathrm{T}}, \cdots, \hat{\boldsymbol{p}}_{NN}(t)^{\mathrm{T}}]^{\mathrm{T}}, \hat{\boldsymbol{q}}(t) = [\hat{\boldsymbol{q}}_{2}(t)^{\mathrm{T}}, \cdots, \hat{\boldsymbol{q}}_{N}(t)^{\mathrm{T}}]^{\mathrm{T}}, \hat{\boldsymbol{\theta}}(t) = [\hat{\theta}_{2}(t), \cdots, \hat{\theta}_{N}(t)]^{\mathrm{T}}$。令 $N_l(t) = \{i \mid a_{il}(t) = 1, i \in \mathbb{F}\}$ 代表 $t$ 时刻包含领导者邻居的跟随者集合。考虑如下能量函数作为公共李雅谱诺夫函数:

$$E(\tilde{\boldsymbol{p}}(t), \hat{\boldsymbol{q}}(t), \hat{\boldsymbol{\theta}}(t)) = E_1(t) + E_2(t) + E_3(t) + E_4(t) \qquad (6-12)$$

其中,

$$E_1(t) = \frac{1}{2}V(t) \qquad (6-13)$$

$$E_2(t) = \frac{1}{2}\sum_{i \in \mathbb{F}}\hat{\boldsymbol{q}}_i(t)^{\mathrm{T}}\hat{\boldsymbol{q}}_i(t) \qquad (6-14)$$

$$E_3(t) = \frac{1}{2}\Theta(t) \qquad (6-15)$$

$$E_4(t) = \frac{1}{4}\sum_{i \in \mathbb{F}}\sum_{j \in N_i(t)}\frac{(c_{ij}(t) - m)^2}{k_{ij}} \qquad (6-16)$$

并且 $V(t) = \sum\limits_{i \in \mathbb{F}}\sum\limits_{j \in N_i(t)}V(\|\hat{\boldsymbol{p}}_{ij}\|) + \sum\limits_{j \in N_l(t)}V(\|\hat{\boldsymbol{p}}_{1j}(t)\|)$,

$$\Theta(t) = l_d^2\sum_{i \in \mathbb{F}}\sum_{j \in N_i(t)}c_{ij}(t)\hat{\theta}_i(t)(\hat{\theta}_i(t) - \hat{\theta}_j(t))$$

系统(6.1)在时间段 $[t_{r-1}, t_r)$ 上的交互网络是固定的。那么 $E(\tilde{\boldsymbol{p}}, \hat{\boldsymbol{q}}, \hat{\boldsymbol{\theta}})$ 相对于时间 $t \in [t_{r-1}, t_r)$ 的导数为

$$\frac{\mathrm{d}E}{\mathrm{d}t} = \frac{\mathrm{d}E_1}{\mathrm{d}t} + \frac{\mathrm{d}E_2}{\mathrm{d}t} + \frac{\mathrm{d}E_3}{\mathrm{d}t} + \frac{\mathrm{d}E_4}{\mathrm{d}t} \qquad (6-17)$$

我们接下来将分别展开公式(6.17)右边的四个部分。

首先,可以得到

$$\frac{\mathrm{d}E_1}{\mathrm{d}t} = \frac{1}{2}\sum_{i \in \mathbb{F}}\sum_{j \in N_i(t)}\dot{\hat{\boldsymbol{p}}}_{ij}(t)^{\mathrm{T}}\nabla_{\hat{\boldsymbol{p}}_{ij}(t)}V(\|\hat{\boldsymbol{p}}_{ij}(t)\|) + \frac{1}{2}\sum_{j \in N_l}\dot{\hat{\boldsymbol{p}}}_{1j}(t)^{\mathrm{T}}\nabla_{\hat{\boldsymbol{p}}_{1j}(t)}V(\|\hat{\boldsymbol{p}}_{1j}(t)\|)$$

$$= \sum_{i \in \mathbb{F}}\dot{\hat{\boldsymbol{p}}}_{ij}(t)^{\mathrm{T}}\sum_{j \in N_i/\{1\}}\nabla_{\hat{\boldsymbol{p}}_{ij}(t)}V(\|\hat{\boldsymbol{p}}_{ij}(t)\|) + \frac{1}{2}\sum_{j \in N_i(t)}\dot{\hat{\boldsymbol{p}}}_{i1}(t)^{\mathrm{T}}\nabla_{\hat{\boldsymbol{p}}_{i1}(t)}V(\|\hat{\boldsymbol{p}}_{i1}(t)\|) +$$

$$\frac{1}{2}\sum_{j \in N_l}\dot{\boldsymbol{p}}_{1j}(t)^{\mathrm{T}}\nabla_{\hat{\boldsymbol{p}}_{1j}(t)}V(\|\hat{\boldsymbol{p}}_{1j}(t)\|) \qquad (6-18)$$

由于 $\dot{\hat{\boldsymbol{p}}}_{ij}(t)^{\mathrm{T}} = -\dot{\hat{\boldsymbol{p}}}_{ji}(t)^{\mathrm{T}}$ 以及 $V(\|\hat{\boldsymbol{p}}_{ij}(t)\|)$ 的对称属性,得

$$\frac{1}{2} \sum_{j \in N_l} \dot{\hat{\boldsymbol{p}}}_{1j}(t)^{\mathrm{T}} \nabla_{\hat{\boldsymbol{p}}_{1j(t)}} V(\|\hat{\boldsymbol{p}}_{1j}(t)\|) = \frac{1}{2} \sum_{j \in N_l} \dot{\hat{\boldsymbol{p}}}_{j1}(t)^{\mathrm{T}} \nabla_{\hat{\boldsymbol{p}}_{j1(t)}} V(\|\hat{\boldsymbol{p}}_{j1}(t)\|)$$
$$= \frac{1}{2} \sum_{j \in N_l} \dot{\hat{\boldsymbol{p}}}_{i1}(t)^{\mathrm{T}} \nabla_{\hat{\boldsymbol{p}}_{i1(t)}} V(\|\hat{\boldsymbol{p}}_{i1}(t)\|) \quad (6-19)$$

加上 $\dot{\hat{\boldsymbol{p}}}_{i1}(t)^{\mathrm{T}} = \dot{\hat{\boldsymbol{p}}}_{i}(t)^{\mathrm{T}} - \dot{\hat{\boldsymbol{p}}}_{1}(t)^{\mathrm{T}} = \dot{\hat{\boldsymbol{p}}}_{i}(t)^{\mathrm{T}}$,可以得到

$$\frac{\mathrm{d}E_1}{\mathrm{d}t} = \sum_{i \in \mathbb{F}} \dot{\hat{\boldsymbol{p}}}_{i}(t)^{\mathrm{T}} \sum_{j \in N_i/\{1\}} \nabla_{\hat{\boldsymbol{p}}_{ij(t)}} V(\|\hat{\boldsymbol{p}}_{ij}\|) + \sum_{j \in N_l} \dot{\hat{\boldsymbol{p}}}_{i1}(t)^{\mathrm{T}} \nabla_{\hat{\boldsymbol{p}}_{i1(t)}} V(\|\hat{\boldsymbol{p}}_{i1}(t)\|)$$
$$= \sum_{i \in \mathbb{F}} \dot{\hat{\boldsymbol{p}}}_{i}(t)^{\mathrm{T}} \sum_{j \in N_i/\{1\}} \nabla_{\hat{\boldsymbol{p}}_{ij(t)}} V(\|\hat{\boldsymbol{p}}_{ij}\|) + \sum_{j \in N_l} \dot{\hat{\boldsymbol{p}}}_{i}(t)^{\mathrm{T}} \nabla_{\hat{\boldsymbol{p}}_{i1(t)}} V(\|\hat{\boldsymbol{p}}_{i1}(t)\|)$$
$$= \sum_{i \in \mathbb{F}} \dot{\hat{\boldsymbol{p}}}_{i}(t)^{\mathrm{T}} \sum_{j \in N_i} \nabla_{\hat{\boldsymbol{p}}_{ij(t)}} V(\|\hat{\boldsymbol{p}}_{ij}(t)\|) \quad (6-20)$$

其次,由于 $\hat{\theta}_1(t) = 0$,那么 $\Theta(t)$ 可以被重写为

$$\Theta(t) = l_d^2 \sum_{i \in \mathbb{F}} \sum_{j \in N_i/\{1\}} c_{ij}(t) \hat{\theta}_i(t)(\hat{\theta}_i(t) - \hat{\theta}_j(t)) + l_d^2 \sum_{i \in N_l} c_{i1}(t) \hat{\theta}_i^2(t) \quad (6-21)$$

进一步,我们可以得到

$$\frac{\mathrm{d}E_2}{\mathrm{d}t} = l_d^2 \sum_{i \in \mathbb{F}} \sum_{j \in N_i/\{1\}} c_{ij}(t) \dot{\hat{\theta}}_i(t)(\hat{\theta}_i(t) - \hat{\theta}_j(t)) + l_d^2 \sum_{i \in N_l} c_{i1}(t) \dot{\hat{\theta}}_i(t) \hat{\theta}_i(t)$$
$$= l_d^2 \sum_{i \in \mathbb{F}} \sum_{j \in N_i} c_{ij}(t) \dot{\hat{\theta}}_i(t)(\hat{\theta}_i(t) - \hat{\theta}_j(t))$$
$$= l_d^2 \sum_{i \in \mathbb{F}} \sum_{j \in N_i} c_{ij}(t) \dot{\hat{\omega}}_i(t)(\hat{\theta}_i(t) - \hat{\theta}_j(t)) \quad (6-22)$$

再次,令 $\boldsymbol{q}_i^*(t) = [0, l_d \theta_i(t)]^{\mathrm{T}}$,$\hat{\boldsymbol{q}}_i^*(t) = \boldsymbol{q}_i^*(t) - a_{i1}(t) \boldsymbol{q}_1^*(t) = [0, l_d \hat{\theta}_i(t)]^{\mathrm{T}}$,$i = 1, 2, \cdots, N$,控制协议(6.11)可以被重写为

$$\dot{\boldsymbol{q}}_i(t) = -\sum_{j \in N_i} c_{ij}(t)(\hat{\boldsymbol{q}}_i^*(t) - \hat{\boldsymbol{q}}_j^*(t)) - \sum_{j \in N_i} c_{ij}(t)(\hat{\boldsymbol{q}}_i(t) - \hat{\boldsymbol{q}}_j(t)) -$$
$$H_i(t) \sum_{j \in N_i} c_{ij}(t) \dot{\hat{\boldsymbol{p}}}_{ij}(t) - \boldsymbol{H}_i(t) \sum_{j \in N_i} \nabla_{\hat{\boldsymbol{p}}_{ij(t)}} V(\|\hat{\boldsymbol{p}}_{ij}(t)\|)$$

$$\dot{c}_{ij}(t) = k_{ij}(\hat{\boldsymbol{q}}_i(t) - \hat{\boldsymbol{q}}_j(t))^{\mathrm{T}}(\hat{\boldsymbol{q}}_i(t) - \hat{\boldsymbol{q}}_j(t)) + k_{ij}(\dot{\hat{\boldsymbol{p}}}_i(t) - \dot{\hat{\boldsymbol{p}}}_j(T))^{\mathrm{T}}(\dot{\hat{\boldsymbol{p}}}_i(t) - \dot{\hat{\boldsymbol{p}}}_j(t)) \quad (6-23)$$

由于 $\dot{\hat{\boldsymbol{q}}}_i(t) = \dot{\boldsymbol{q}}_i(t) - a_{i1}\dot{\boldsymbol{q}}_1(t) = \dot{\boldsymbol{q}}_i(t) - a_{i1} f(t)$ 和 $\dot{\hat{\boldsymbol{p}}}_i(t)^{\mathrm{T}} = \dot{\boldsymbol{q}}_i(t)^{\mathrm{T}} \boldsymbol{H}_i(t)$,可以得到

$$\frac{\mathrm{d}E_3}{\mathrm{d}t} = \sum_{i \in \mathbb{F}} \hat{\boldsymbol{q}}_i(t)^{\mathrm{T}} \dot{\hat{\boldsymbol{q}}}_i(t)$$

$$= \sum_{i \in \mathbb{F}} \hat{q}_i(t)^{\mathrm{T}} (\dot{q}_i(t) - a_{i\mathrm{L}} f(t))$$

$$= \sum_{i \in \mathbb{F}} \hat{q}_i(t)^{\mathrm{T}} (\dot{q}_i(t) - a_{i\mathrm{L}} f(t))$$

$$= - \sum_{i \in \mathbb{F}} \hat{\boldsymbol{q}}_i(t)^T \Big[ - \sum_{j \in N_i} c_{ij}(t) (\hat{\boldsymbol{q}}_i^*(t) - \hat{\boldsymbol{q}}_j^*(t)) \Big] - \sum_{j \in N_i} c_{ij}(t) (\hat{\boldsymbol{q}}_i(t) -$$

$$\hat{\boldsymbol{q}}_j(t)) - \mathrm{H}_i(t) \sum_{j \in N_i} c_{ij}(t) \dot{\hat{\boldsymbol{p}}}_{ij}(t) - \boldsymbol{H}_i(t) \sum_{j \in N_i} \nabla_{\hat{\boldsymbol{p}}_{ij}(t)} V(\|\hat{\boldsymbol{p}}_{ij}(t)\|) - a_{i\mathrm{L}} f(t)$$

$$= - \sum_{i \in \mathbb{F}} \hat{\boldsymbol{q}}_i(t)^{\mathrm{T}} \sum_{j \in N_i} c_{ij}(t) (\hat{\boldsymbol{q}}_i^*(t) - \hat{\boldsymbol{q}}_j^*(t)) - \sum_{i \in \mathbb{F}} \hat{\boldsymbol{q}}_i(t)^{\mathrm{T}} \sum_{j \in N_i} c_{ij}(t) (\hat{\boldsymbol{q}}_i(t) -$$

$$\hat{\boldsymbol{q}}_j(t)) - \sum_{i \in \mathbb{F}} \hat{\boldsymbol{q}}_i(t)^{\mathrm{T}} \boldsymbol{H}_i(t) \sum_{j \in N_i} c_{ij}(t) \dot{\hat{\boldsymbol{p}}}_{ij}(t) -$$

$$\sum_{i \in \mathbb{F}} \hat{\boldsymbol{q}}_i(t)^{\mathrm{T}} H_i(t) \sum_{j \in N_i} \nabla_{\hat{\boldsymbol{p}}_{ij}(t)} V(\|\hat{\boldsymbol{p}}_{ij}(t)\|) - \sum_{i \in \mathbb{F}} \hat{\boldsymbol{q}}_i(t)^{\mathrm{T}} a_{i\mathrm{L}} f(t)$$

$$= l_d^2 \sum_{i \in \mathbb{F}} \sum_{j \in N_i} c_{ij}(t) \hat{\boldsymbol{\omega}}_i(t) (\hat{\boldsymbol{\theta}}_i(t) - \hat{\boldsymbol{\theta}}_j(t)) - \sum_{i \in \mathbb{F}} \sum_{j \in N_i} c_{ij}(t) \hat{\boldsymbol{q}}_i(t)^{\mathrm{T}} (\hat{\boldsymbol{q}}_i(t) -$$

$$\hat{\boldsymbol{q}}_j(t)) - \sum_{i \in \mathbb{F}} \sum_{j \in N_i} c_{ij}(t) \dot{\hat{\boldsymbol{p}}}_i(t) (\dot{\hat{\boldsymbol{p}}}_i(t) - \dot{\hat{\boldsymbol{p}}}_j(t)) -$$

$$\sum_{i \in \mathbb{F}} \dot{\hat{\boldsymbol{p}}}_i(t)^{\mathrm{T}} \sum_{j \in N_i} \nabla_{\hat{\boldsymbol{p}}_{ij}(t)} V(\|\hat{\boldsymbol{p}}_{ij}(t)\|) - \sum_{i \in \mathbb{F}} \hat{\boldsymbol{q}}_i(t)^{\mathrm{T}} a_{i\mathrm{L}} f(t) \qquad (6-24)$$

最后，我们得到

$$\frac{\mathrm{d} E_4}{\mathrm{d} t} = \frac{1}{2} \sum_{i \in \mathbb{F}} \sum_{j \in N_i} \frac{(c_{ij}(t) - m) \dot{c}_{ij}(t)}{k_{ij}}$$

$$= \frac{1}{2} \sum_{i \in \mathbb{F}} \sum_{j \in N_i} (c_{ij}(t) - m) (\hat{\boldsymbol{q}}_i(t) - \hat{\boldsymbol{q}}_j(t)^{\mathrm{T}} (\hat{\boldsymbol{q}}_i(t) - \hat{\boldsymbol{q}}_j(t))) +$$

$$\frac{1}{2} \sum_{i \in \mathbb{F}} \sum_{j \in N_i} (c_{ij}(t) - m) (\dot{\hat{\boldsymbol{p}}}_i(t) - \dot{\hat{\boldsymbol{p}}}_j(t)^{\mathrm{T}} (\dot{\hat{\boldsymbol{p}}}_i(t) - \dot{\hat{\boldsymbol{p}}}_j(t)))$$

$$= \sum_{i \in \mathbb{F}} \sum_{j \in N_i} (c_{ij}(t) - m) \hat{\boldsymbol{q}}_i(t)^{\mathrm{T}} (\hat{\boldsymbol{q}}_i(t) - \hat{\boldsymbol{q}}_j(t)) +$$

$$\sum_{i \in \mathbb{F}} \sum_{j \in N_i} (c_{ij}(t) - m) \dot{\hat{\boldsymbol{p}}}_i(t)^{\mathrm{T}} (\dot{\hat{\boldsymbol{p}}}_i(t) - \dot{\hat{\boldsymbol{p}}}_j(t)) \qquad (6-25)$$

因此，$\dfrac{\mathrm{d} E}{\mathrm{d} t}$ 可以被简化为

$$\frac{\mathrm{d} E}{\mathrm{d} t} = - m \sum_{i \in \mathbb{F}} \hat{\boldsymbol{q}}_i(t)^{\mathrm{T}} \sum_{j \in N_i} (\hat{\boldsymbol{q}}_i(t) - \hat{\boldsymbol{q}}_j(t)) - m \sum_{i \in \mathbb{F}} \dot{\hat{\boldsymbol{p}}}_i(t)^{\mathrm{T}} \sum_{j \in N_i} (c_{ij}(t) - m) (\dot{\hat{\boldsymbol{p}}}_i(t) -$$

$$\dot{\hat{\boldsymbol{p}}}_j(t)) - \sum_{i \in \mathbb{F}} \hat{\boldsymbol{q}}_i(t)^{\mathrm{T}} a_{i\mathrm{L}} f(t)$$

$$= -m \sum_{i \in \mathbb{F}} \hat{\boldsymbol{q}}_i(t)^{\mathrm{T}} \sum_{j \in N_i} (\hat{\boldsymbol{q}}_i(t) - \hat{\boldsymbol{q}}_j(t)) - m \sum_{i \in \mathbb{F}} \dot{\hat{\boldsymbol{p}}}_i(t)^{\mathrm{T}} \sum_{j \in N_i} (c_{ij}(t) - m)(\dot{\hat{\boldsymbol{p}}}_i(t) -$$

$$\dot{\hat{\boldsymbol{p}}}_j(t)) - \sum_{i \in \mathbb{F}} \hat{\boldsymbol{q}}_i(t)^{\mathrm{T}} f(t) \tag{6-26}$$

由于 $\hat{q}_1 = 0$，可以得到

$$-m \sum_{i \in \mathbb{F}} \hat{\boldsymbol{q}}_i(t)^{\mathrm{T}} \sum_{j \in N_i} (\hat{\boldsymbol{q}}_i(t) - \hat{\boldsymbol{q}}_j(t)) = -m \sum_{i \in \mathbb{F}} \hat{\boldsymbol{q}}_i(t)^{\mathrm{T}} \sum_{j \in N_i/\{1\}} (\hat{\boldsymbol{q}}_i(t) - \hat{\boldsymbol{q}}_j(t)) -$$

$$m \sum_{i \in \mathbb{F}} \hat{\boldsymbol{q}}_i(t)^{\mathrm{T}} \hat{\boldsymbol{q}}_i(t)$$

$$= -m \hat{\boldsymbol{q}}(t)^{\mathrm{T}} (\boldsymbol{L}_{N-1}(t) \otimes \boldsymbol{I}_2) \hat{\boldsymbol{q}}(t) -$$

$$m \sum_{i \in \mathbb{F}} \hat{\boldsymbol{q}}_i(t)^{\mathrm{T}} \hat{\boldsymbol{q}}_i(t)$$

$$\leqslant \boldsymbol{0} \tag{6-27}$$

其中，$\boldsymbol{I}_2$ 代表 $2 \times 2$ 单位矩阵，$\boldsymbol{L}_{N-1}(t)$ 是对称半正定的。令 $\boldsymbol{0}$ 代表零向量。此外，$-m \sum_{i \in \mathbb{F}} \hat{\boldsymbol{q}}_i(t)^{\mathrm{T}} \sum_{j \in N_i} (\hat{\boldsymbol{q}}_i(t) - \hat{\boldsymbol{q}}_j(t))$ 当且仅当 $\hat{\boldsymbol{q}}_i(t) = \hat{\boldsymbol{q}}_j(t)$ 时对所有 $i \in \mathbb{F}$ 和 $j \in N_i$ 成立。相似地，由于 $\dot{\hat{\boldsymbol{p}}}_1(t) = 0$，我们有

$$-m \sum_{i \in \mathbb{F}} \hat{\boldsymbol{p}}_i(t)^{\mathrm{T}} \sum_{j \in N_i} (\dot{\hat{\boldsymbol{p}}}_i(t) - \dot{\hat{\boldsymbol{p}}}_j(t))$$

$$= -m \dot{\hat{\boldsymbol{p}}}(t)^{\mathrm{T}} (\boldsymbol{L}_{N-1} \otimes \boldsymbol{I}_2) \dot{\hat{\boldsymbol{p}}}(t) - m \sum_{j \in N_i} \dot{\hat{\boldsymbol{p}}}_i(t)^{\mathrm{T}} \dot{\hat{\boldsymbol{p}}}_i(t) \leqslant 0 \tag{6-28}$$

其中，$\hat{\boldsymbol{p}}(t) = [\hat{\boldsymbol{p}}_2(t)^{\mathrm{T}}, \cdots, \hat{\boldsymbol{p}}_N(t)^{\mathrm{T}}]^{\mathrm{T}}$，$-m \sum_{i \in \mathbb{F}} \hat{\boldsymbol{p}}_i(t)^{\mathrm{T}} \sum_{j \in N_i} (\dot{\hat{\boldsymbol{p}}}_i(t) - \dot{\hat{\boldsymbol{p}}}_j(t)) = 0$ 当且仅当 $\dot{\hat{\boldsymbol{p}}}_i(t) = \dot{\hat{\boldsymbol{p}}}_j(t)$ 对所有 $i \in \mathbb{F}$ 和 $j \in N_i$ 成立。

如果 $\hat{\boldsymbol{q}}_i(t) = \hat{\boldsymbol{q}}_j(t)$ 且 $\dot{\hat{\boldsymbol{p}}}_i(t) = \dot{\hat{\boldsymbol{p}}}_j(t)$，则

$$\frac{\mathrm{d}E}{\mathrm{d}t} = -m \hat{\boldsymbol{q}}(t)^{\mathrm{T}} (\boldsymbol{L}_{N-1}(t) \otimes \boldsymbol{I}_2) \hat{\boldsymbol{q}}(t) - m \sum_{i \in N_l} \hat{\boldsymbol{q}}_i(t)^{\mathrm{T}} \hat{\boldsymbol{q}}_i(t) -$$

$$m \dot{\hat{\boldsymbol{p}}}(t)^{\mathrm{T}} (\boldsymbol{L}_{N-1}(t) \otimes \boldsymbol{I}_2) \dot{\hat{\boldsymbol{p}}}(t) - m \sum_{i \in N_l} \dot{\hat{\boldsymbol{p}}}_i(t)^{\mathrm{T}} \dot{\hat{\boldsymbol{p}}}_i(t) - \sum_{i \in N_l} \hat{\boldsymbol{q}}_i(t)^{\mathrm{T}} f(t)$$

$$= 0 \tag{6-29}$$

如果 $\hat{\boldsymbol{q}}_i(t) \neq \hat{\boldsymbol{q}}_j(t)$ 且 $\dot{\hat{\boldsymbol{p}}}_i(t) \neq \dot{\hat{\boldsymbol{p}}}_j(t)$，那么可以得到 $-m \sum_{i \in \mathbb{F}} \hat{\boldsymbol{q}}_i(t)^{\mathrm{T}} \sum_{j \in N_i} (\hat{\boldsymbol{q}}_i(t) - \hat{\boldsymbol{q}}_j(t)) < 0$，或者 $-m \sum_{i \in \mathbb{F}} \dot{\hat{\boldsymbol{p}}}_i(t)^{\mathrm{T}} \sum_{j \in N_i} (\dot{\hat{\boldsymbol{p}}}_i(t) - \dot{\hat{\boldsymbol{p}}}_j(t)) < 0$。因为 $f(t)$ 是有界的，只要正的常数 $m$ 足够大，那么就可以得到

$$\mathrm{d}E/\mathrm{d}t = -m \hat{\boldsymbol{q}}(t)^{\mathrm{T}} (\boldsymbol{L}_{N-1}(t) \otimes \boldsymbol{I}_2) \hat{\boldsymbol{q}}(t) - m \sum_{i \in N_l} \hat{\boldsymbol{q}}_i(t)^{\mathrm{T}} \hat{\boldsymbol{q}}_i(t) -$$

$$m\,\dot{\hat{\boldsymbol{p}}}(t)^{\mathrm{T}}(\boldsymbol{L}_{N-1}(t)\otimes \boldsymbol{I}_2)\,\dot{\hat{\boldsymbol{p}}}(t)-m\sum_{i\in \mathbb{F}}\dot{\hat{\boldsymbol{p}}}_i(t)^{\mathrm{T}}\dot{\hat{\boldsymbol{p}}}_i(t)-$$

$$\sum_{i\in \mathbb{F}}\hat{\boldsymbol{q}}_i(t)^{\mathrm{T}}f(t)<0 \qquad\qquad (6-30)$$

因此,$\mathrm{d}E/\mathrm{d}t\leqslant 0$。

系统总势能的初始值是有限的,所有个体的初始速率和初始方向角都是有限的。因此,系统的初始能量 $E(\tilde{\boldsymbol{p}}(0),\hat{\boldsymbol{q}}(0),\hat{\theta}(0))$ 是有限的,$E$ 的上界显然就是它的初始值 $E(\tilde{\boldsymbol{p}}(0),\hat{\boldsymbol{q}}(0),\hat{\theta}(0))$。那么,系统的总势能 $V$ 是有限的,并且个体 $i$ 和 $j$ 之间的势能 $V(\|\hat{\boldsymbol{p}}_{ij}(t)\|)$ 也是有限的。

如果 $(i,j)\in \varepsilon$,那么有 $\|\hat{\boldsymbol{p}}_{ij}\|\to 2D$。根据定义 5.1 的规则(2),可以得到 $V(\|\hat{\boldsymbol{p}}_{ij}\|)\to \infty$,这违背了 $V(\|\hat{\boldsymbol{p}}_{ij}\|)$ 保持有限的结论。因此,$\|\hat{\boldsymbol{p}}_{ij}\|<2D$ 对所有的 $(i,j)\in \varepsilon$ 和 $t\in [t_r,t_{r+1}]$ 成立。那么,在每个时间段 $[t_r,t_{r+1}]$ 上,一旦两个个体之间有连接,这个连接永不会丢失,即 $\varepsilon(t_r)\subseteq \varepsilon(t_{r+1})$。我们注意到当 $\|\hat{\boldsymbol{p}}_{ij}\|<2D$ 时,可以得到 $\|\boldsymbol{p}_{ij}\|<R=2D+\|\boldsymbol{p}_{ij}^*\|$。显然 $R>D$,这可以确保如果边 $(i,j)<\varepsilon$ 加入 $\varepsilon$,那么所带来的势 $V(\|\hat{\boldsymbol{p}}_{ij}\|)$ 是有界的,因此新的总势能 $V$ 也是有限的。系统的连通性可以一直保持下去。定理 6.1 的结论(1)得证。

假设在切换时刻 $t_r(r=1,2,\cdots)$ 有 $m_r\in \mathbb{N}$ 条新边添加到交互网络 $G(t)$ 中。我们假设初始交互网络是领导者 - 跟随者连通图。$G(0)$ 为系统的初始交互网络,$G_c$ 代表在顶点集 $\nu$ 上的所有满足领导者 - 跟随者连通的有向图的集合。上述控制协议可以保证在时间段 $[t_r,t_{r+1})$ 上的切换拓扑序列 $G(t_r)$ 由满足 $G(t_r)\in G_c$ 的有向图组成。顶点数是有限的,因此 $G_c$ 是一个有限集。假设最多可以添加 $M\in \mathbb{N}$ 条新边到初始通信网络 $G(0)$。显然有 $0<m_r\leqslant M$ 和 $r\leqslant M$。因此,系统的切换时间数是有限的,并且通信拓扑 $G(t)$ 最终固定下来。假设最后一个切换时刻是 $t_f$,下面的讨论均是限定在时间段 $[t_f,\infty)$ 上。

注意到邻居之间的距离不会超过 $D$。因此,集合

$$B=\{(\tilde{\boldsymbol{p}},\hat{\boldsymbol{q}},\hat{\theta})\mid E(\tilde{\boldsymbol{p}}(t),\hat{\boldsymbol{q}}(t),\hat{\theta}(t))\leqslant E(\tilde{\boldsymbol{p}}(0),\hat{\boldsymbol{q}}(0),\hat{\theta}(0))\} \quad (6-31)$$

是正不变的,其中 $\tilde{\boldsymbol{p}}\in D_p,D_p=\{\tilde{\boldsymbol{p}}\mid \|\hat{\boldsymbol{p}}_{ij}\|\in (0,2D),\forall (i,j)\in \varepsilon\}$。因为 $G(t)$ 对所有 $t\geqslant 0$ 都是连通的,可以得到 $\|\hat{\boldsymbol{p}}_{ij}\|<2(N-1)D$ 对所有个体 $i$ 和 $j$ 都成立。因为 $E(\tilde{\boldsymbol{p}}(t),\hat{\boldsymbol{q}}(t),\hat{\theta}(t))\leqslant E(\tilde{\boldsymbol{p}}(0),\hat{\boldsymbol{q}}(0),\hat{\theta}(0))$,我们有 $\hat{\boldsymbol{q}}^{\mathrm{T}}\hat{\boldsymbol{q}}\leqslant 2\sqrt{E(\tilde{\boldsymbol{p}}(0),\hat{\boldsymbol{q}}(0),\hat{\theta}(0))}$,即 $\|\hat{\boldsymbol{q}}\|\leqslant 2E(\tilde{\boldsymbol{p}}(0),\hat{\boldsymbol{q}}(0),\hat{\theta}(0))$。此外,$\hat{\theta}_i\in (-2\pi,2\pi)$,$i=1,2,\cdots,N$。因此,集合 $B$ 是封闭的并且有界的,即紧致的。注意到具有

控制输入(6.8)和控制输入(6.11)的系统(6.1)在我们关注的时间段$[t_{\mathrm{f}},\infty)$上是一个自治的系统。

那么,根据拉塞尔不变集原理[16],跟随者的轨迹将渐近地收敛到不变集$S=\{(\tilde{p},\hat{q},\hat{\theta})\mid \mathrm{d}E/\mathrm{d}t=0\}$。显然对所有的$i\in\mathbb{F}$和$j\in N_i$,当且仅当$\hat{q}_i(t)=\hat{q}_j(t)$和$\dot{\hat{p}}_i(t)=\dot{\hat{p}}_j(t)$时,$\mathrm{d}E/\mathrm{d}t=0$成立。那么,可以得到$\hat{q}_i(t)=\hat{q}_j(t)=\hat{q}_1(t)$,$i\in N_l$,$j\in N_i$。由于$\hat{q}_1(t)=\mathbf{0}$,因此有$q_i(t)=q_1(t)$和$q_j(t)-a_{ji}q_1(t)=0$。如果$j\notin N_l$,可以得到$q_j(t)=\mathbf{0}$,这意味着个体$j$停止运动。个体$j$不能保持静止,因为它的邻居$i$总是跟随运动的领导者,并且个体$i$和$j$之间的距离的改变将会导致控制协议(6.11)持续工作。因此,只有$j\in N_l$。综上所述,跟随者渐近地达到每个跟随者都有一个领导者邻居,即$N_i=\mathbb{F}$。关于$\dot{\hat{p}}_i(t)=\dot{\hat{p}}_j(t)$的讨论也是类似的。简而言之,$\mathrm{d}E/\mathrm{d}t=0$意味着$q_i(t)=q_1(t)$和$\dot{p}_i(t)=\dot{p}_1(t)$对所有$i=2,3,\cdots,N$成立。

根据式(6-1),$\dot{p}_i(t)=\dot{p}_1(t)$等价于

$$\begin{cases}v_i(t)\cos\theta_i(t)-\omega_i(t)l_d\sin\theta_i(t)=v_1(t)\cos\theta_1(t)-\omega_1(t)l_d\sin\theta_1(t)\\ v_i(t)\sin\theta_i(t)+\omega_i(t)l_d\cos\theta_i(t)=v_1(t)\sin\theta_1(t)+\omega_1(t)l_d\cos\theta_1(t)\end{cases} \quad (6-32)$$

因为$q_i(t)=q_1(t)$且$l_d>0$,公式(6-32)可以明确表示为

$$\begin{cases}(v_1^2(t)+l_d^2\omega_1^2(t))\sin\theta_i(t)=(v_1^2(t)+l_d^2\omega_1^2(t))\sin\theta_1(t)\\ (v_1^2(t)+l_d^2\omega_1^2(t))\cos\theta_i(t)=(v_1^2(t)+l_d^2\omega_1^2(t))\cos\theta_1(t)\end{cases} \quad (6-33)$$

$q_1(t)\neq 0$,因此有$\theta_i(t)=\theta_1(t)\in[0,2\pi)$。如上所述,每个跟随者渐近地具有与领导者相同的前进速率、旋转速率和方向角,即$\lim\limits_{t\to\infty}|v_i(t)-v_1(t)|=0$,$\lim\limits_{t\to\infty}|\omega_i(t)-\omega_1(t)|=0$,$\lim\limits_{t\to\infty}|\theta_i(t)-\theta_1(t)|=0$,$i\in\mathbb{F}$。定理6.1结论(2)得证。

由于$\lim\limits_{t\to\infty}f_1(t)=0$和$\lim\limits_{t\to\infty}f_2(t)=0$,即$\lim\limits_{t\to\infty}\dot{q}_1(t)=0$,因此稳态时可以得到$\dot{q}_i(t)=\dot{q}_1(t)=0$,$i\in\mathbb{F}$。因为$\hat{\theta}_i(t)=\hat{\theta}_j(t)$,$\hat{q}_i(t)=\hat{q}_j(t)$和$\dot{\hat{p}}_i(t)=\dot{\hat{p}}_j(t)$,$\dot{q}_1(t)=\mathbf{0}$可以简写为

$$\begin{cases}-\sum\limits_{j\in N_i}\nabla_{\hat{p}_{ij}(t)}V(\|\hat{p}_{ij}(t)\|)^{\mathrm{T}}t_i(t)=0\\ -\sum\limits_{j\in N_i}\nabla_{\hat{p}_{ij}(t)}V(\|\hat{p}_{ij}(t)\|)^{\mathrm{T}}n_i(t)=0\end{cases} \quad (6-34)$$

因为$t_i(t)=\begin{bmatrix}\cos\theta_i(t)\\ \sin\theta_i(t)\end{bmatrix}$和$n_i(t)=\begin{bmatrix}-\sin\theta_i(t)\\ \cos\theta_i(t)\end{bmatrix}$是两个正交向量,加上$l_d\neq 0$,公式

（6 – 34）等价于

$$\sum_{i \in \mathbb{F}} \sum_{j \in N_i} \nabla_{\hat{\pmb{p}}_{ij}(t)} V(\|\hat{\pmb{p}}_{ij}(t)\|) = 0, i \in \mathbb{F} \qquad (6-35)$$

其中，$N_i = \mathbb{L} \cup \mathbb{F}/\{i\}$。进而，可以得到

$$\sum_{i \in \mathbb{F}} \sum_{j \in N_i} \nabla_{\hat{\pmb{p}}_{ij}(t)} V(\|\hat{\pmb{p}}_{ij}(t)\|) = 0 \qquad (6-36)$$

即

$$\sum_{i \in \mathbb{F}} \sum_{j \in N_i/\{1\}} \nabla_{\hat{\pmb{p}}_{ij}(t)} V(\|\hat{\pmb{p}}_{ij}(t)\|) + \sum_{j \in N_l} \nabla_{\hat{\pmb{p}}_{i1}(t)} V(\|\hat{\pmb{p}}_{i1}(t)\|) = 0$$

由于 $\sum_{i \in \mathbb{F}} \sum_{j \in N_i/\{1\}} \nabla_{\hat{\pmb{p}}_{ij}(t)} V(\|\hat{\pmb{p}}_{ij}(t)\|) = 0$，可以得到 $\sum_{j \in N_l} \nabla_{\hat{\pmb{p}}_{i1}(t)} V(\|\hat{\pmb{p}}_{i1}(t)\|) = 0$，

即

$$\sum_{j \in N_l} \nabla_{\hat{\pmb{p}}_{1j}(t)} V(\|\hat{\pmb{p}}_{1j}(t)\|) = 0 \qquad (6-37)$$

其中，$N_l = \mathbb{F}$。公式（6 – 35）和公式（6 – 37）意味着系统总势能小。定理 6.1 的结论（3）得证。

根据上述分析，系统的总势能达到最小时，系统中个体间距达到稳定。因此，任何期望的刚性编队都可以通过将队形信息引入势函数中得到，只要当个体间距达到期望值时系统的势能最小。指定一个期望的几何编队 $\chi$，它由 $N$ 个顶点按照 $\pmb{p}_i^d = [x_i^d, y_i^d]^T$ 来构建，$i = 1, 2, \cdots, N$。为了实现期望的刚性编队控制，跟随者的控制协议可以改写成

$$a_i(t) = -\sum_{j \in N_i(t)} c_{ij}(t) (\hat{v}_i(t) - \hat{v}_j(t)) - \sum_{j \in N_i(t)} c_{ij}(t) \dot{\hat{\pmb{p}}}_{ij}(t)^T \pmb{t}_i(t) -$$
$$\sum_{j \in N_i(t)} \nabla_{\tilde{\pmb{p}}_{ij}(t)} V(\|\tilde{\pmb{p}}_{ij}(t)\|)^T \pmb{t}_i(t)$$

$$b_i(t) = -\sum_{j \in N_i(t)} c_{ij}(t) l_d (\hat{\theta}_i(t) - \hat{\theta}_j(t)) - \sum_{j \in N_i(t)} c_{ij}(t) l_d (\hat{\omega}_i(t) - \hat{\omega}_j(t)) -$$
$$\sum_{j \in N_i(t)} c_{ij}(t) \dot{\hat{\pmb{p}}}_{ij}(t)^T \pmb{n}_i(t) - \sum_{j \in N_i(t)} \nabla_{\tilde{\pmb{p}}_{ij}(t)} V(\|\tilde{\pmb{p}}_{ij}(t)\|)^T \pmb{n}_i(t)$$

$$\dot{c}_{ij}(t) = k_{ij} (\hat{\pmb{q}}_i(t) - \hat{\pmb{q}}_j(t))^T (\hat{\pmb{q}}_i(t) - \hat{\pmb{q}}_j(t)) + k_{ij} \dot{\hat{\pmb{p}}}_{ij}(t)^T \dot{\hat{\pmb{p}}}_{ij}(t)$$

$$(6-38)$$

其中，$\|\tilde{\pmb{p}}_{ij}(t)\| = \dfrac{\|\hat{\pmb{p}}_{ij}(t)\|}{\|\pmb{p}_{ij}^d(t)\|}$，并且势函数 $V(\|\tilde{\pmb{p}}_{ij}(t)\|)$ 在 $\|\tilde{\pmb{p}}_{ij}(t)\| = 1$ 时达到最小值。那么，可以得到如下推论。

**推论 6.1（领导者 – 跟随者编队蜂拥）**：假设系统（6.1）的初始交互网络 $G(0)$ 是一个领导者 – 跟随者连通图。在针对领导者的控制协议（6.8）和针对跟

随者的控制协议(6.38)下,可以得到如下结论:

(1)交互网络的连通性可以一直保持下去;

(2)跟随者与领导者之间的前进速率的差距、旋转速率的差距以及方向角的差距逐渐趋于零;

(3)系统渐近稳定到期望的几何队形,且系统总势能达到极值点。

推论6.1的证明与定理6.1的证明类似,因此略去证明部分。

## 6.2.4 仿真实验验证和讨论

这一部分主要给出上述控制算法的仿真结果。根据定义5.1,我们设计了如下势函数

$$V(\|\hat{\boldsymbol{p}}_{ij}\|) = \frac{b}{\|\hat{\boldsymbol{p}}_{ij}\|^2} - a\ln(4D^2 - \|\hat{\boldsymbol{p}}_{ij}\|^2) + c \qquad (6-39)$$

其中,$a$ 和 $b$ 都是正常数,$c$ 是常数。势函数的第一部分是吸引势,第二部分是排斥势。$c$ 用于确保势函数恒正。那么,势函数的梯度为

$$\nabla_{\hat{p}_{ij}}V(\|\hat{\boldsymbol{p}}_{ij}\|) = 2\,\hat{\boldsymbol{p}}_{ij}\left(-\frac{b}{\|\hat{\boldsymbol{p}}_{ij}\|^4} - \frac{a}{4D^2 - \|\hat{\boldsymbol{p}}_{ij}\|^2}\right) \qquad (6-40)$$

特别是,参数 $a$ 和 $b$ 至少满足约束条件 $\dfrac{\sqrt{b^2 + 16abD^2} - b}{2a} < D^2$。此外,编队蜂拥任务需要势函数 $V(\|\tilde{\boldsymbol{p}}_{ij}(t)\|)$ 在 $\|\tilde{\boldsymbol{p}}_{ij}(t)\| = \dfrac{\|\hat{\boldsymbol{p}}_{ij}(t)\|}{\|p_{ij}^d\|} = 1$ 时达到最小值。因此,参数 $a$ 和 $b$ 还需要满足第二个约束条件 $a = b(4D^2 - 1)$。图6-3给出了势函数的一个样例,满足定义5.1的三个规则。选择具有普通初始状态的个体来进行仿真,其初始状态要满足领导者-跟随者连通。根据定理6.1和推论6.1,通信拓扑的连通性可以一直保持下去。

我们先指定10个个体来完成领导者-跟随者聚合蜂拥任务。领导者的外部控制输入为 $f_1(t) = 0.1/(t+1)$ 和 $f_2(t) = 0.1/(t+1)$,跟随者跟踪领导者的轨迹并与之形成一个聚合的蜂拥编队。其数值仿真结果如图6-4所示。

在图6-4(a)中,绿色星点代表每个个体的初始位置,彩色球体的中心代表每个个体在 $t = 200\,\text{s}$ 时刻的位置。粗的红线代表领导者的轨迹。显然可以看出,10个个体渐近地收敛到一个稳定的蜂拥编队。图6-4(b)和(c)说明跟随者的前进速率、旋转速率和方向角渐近地收敛到领导者的前进速率、旋转速率和方向角。图6-4(d)给出了所有个体之间的距离。个体间的距离逐渐稳定到固

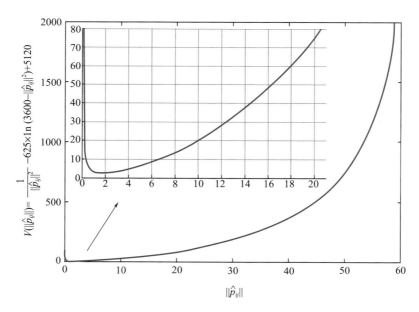

图 6-3　势函数(6.39)，$a = 625$，$b = 1$，$c = 5120$，$D = 30$

定的非零值。因此，整个演化过程中个体之间都没有发生碰撞。此外，系统的初始邻接矩阵为

$$
A(0) = \begin{bmatrix}
1 & 0 & 0 & 0 & 0 & 0 & 0 & 0 & 0 & 0 \\
1 & 0 & 1 & 1 & 1 & 0 & 1 & 1 & 1 & 1 \\
1 & 1 & 0 & 1 & 1 & 1 & 1 & 1 & 1 & 1 \\
1 & 1 & 1 & 0 & 1 & 1 & 1 & 1 & 1 & 1 \\
1 & 1 & 1 & 1 & 0 & 1 & 1 & 1 & 1 & 1 \\
0 & 0 & 1 & 1 & 1 & 0 & 1 & 1 & 1 & 1 \\
1 & 1 & 1 & 1 & 1 & 1 & 0 & 1 & 1 & 1 \\
0 & 1 & 1 & 1 & 1 & 1 & 1 & 0 & 1 & 1 \\
1 & 1 & 1 & 1 & 1 & 1 & 1 & 1 & 0 & 1 \\
1 & 1 & 1 & 1 & 1 & 1 & 1 & 1 & 1 & 0
\end{bmatrix}
\tag{6.41}
$$

可以看出跟随者所构成的初始通信拓扑是一个连通图，但还不是完全图，并且只有一部分跟随者具有领导者邻居。我们实时地输出系统的通信拓扑对应的邻接矩阵，并由这些矩阵可以看出，系统的连通性可以一直保持下去。最后，整个系统的通信拓扑是固定的，并且可以由如下邻接矩阵表示：

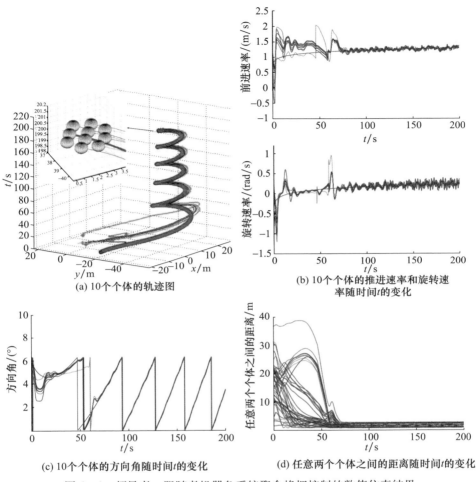

(a) 10个个体的轨迹图

(b) 10个个体的推进速率和旋转速率随时间$t$的变化

(c) 10个个体的方向角随时间$t$的变化

(d) 任意两个个体之间的距离随时间$t$的变化

图 6-4　领导者 - 跟随者机器鱼系统聚合蜂拥控制的数值仿真结果

$$A(200) = \begin{bmatrix} 1 & 0 & 0 & 0 & 0 & 0 & 0 & 0 & 0 & 0 \\ 1 & 0 & 1 & 1 & 1 & 1 & 1 & 1 & 1 & 1 \\ 1 & 1 & 0 & 1 & 1 & 1 & 1 & 1 & 1 & 1 \\ 1 & 1 & 1 & 0 & 1 & 1 & 1 & 1 & 1 & 1 \\ 1 & 1 & 1 & 1 & 0 & 1 & 1 & 1 & 1 & 1 \\ 1 & 1 & 1 & 1 & 1 & 0 & 1 & 1 & 1 & 1 \\ 1 & 1 & 1 & 1 & 1 & 1 & 0 & 1 & 1 & 1 \\ 1 & 1 & 1 & 1 & 1 & 1 & 1 & 0 & 1 & 1 \\ 1 & 1 & 1 & 1 & 1 & 1 & 1 & 1 & 0 & 1 \\ 1 & 1 & 1 & 1 & 1 & 1 & 1 & 1 & 1 & 0 \end{bmatrix} \qquad (6.42)$$

之后,我们用类似的方法验证了领导者 – 跟随者编队蜂拥算法的可行性。为了简化,这里只给出 10 个个体进行领导者 – 跟随者编队蜂拥任务的轨迹图,图 6 – 5 给出了环形编队蜂拥的仿真结果。

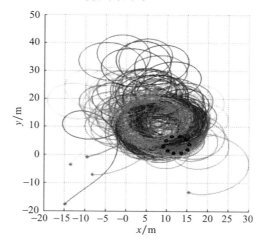

图 6 – 5　领导者 – 跟随者机器鱼系统的环形蜂拥控制的数值仿真结果

# 6.3　小结

本章中我们给出了自适应的分布式控制算法来解决带有变速领导者的多机器鱼系统蜂拥控制问题。每条机器鱼简化成扩展的二阶独轮车模型。系统只有一个领导者,其速率是时变的且有界的。基于一致性算法和人工势场法,我们设计了两个自适应蜂拥算法来分别解决聚合蜂拥和具有刚性几何形状的编队蜂拥问题。假设系统初始通信拓扑是领导者 – 跟随者连通图,跟随者就会渐近地收敛到与领导者一起构成一个稳定的蜂拥队形。闭环系统的稳定性可以用拉塞尔不变集原理和图论的方法来分析。此外,我们还讨论了连通性保持问题。仿真进一步地验证了上述控制算法的有效性。

# 6.4　参考文献

［1］GU D,WANG Z. Leader – follower flocking:algorithms and experiments［J］. IEEE Trans Control Syst Technology,2009,17:1211 – 1219.

［2］YU W,CHEN G,CAO M. Distributed leader – follower flocking control for multi – agent dynamical systems with time − varying velocities[J]. Syst Control Lett,2010,59:543 − 552.

[3] SAVKIN A V,TEIMOORI H. Decentralized formation flocking and stabilization for networks of unicycles[C]. Proceedings of the 48th IEEE Conference on Decision Control and the 28th Chinese Control Conference,2009,984 − 989.

[4] HOU Z,CHENG L,TAN M. Decentralized robust adaptive control for the multi − agent system consensus problem using neural networks[J]. IEEE Trans Syst Man,Cybern B,Cybern,2009,39:636 − 647.

[5] DEMETRIOU M A. Design of consensus and adaptive consensus filters for distributed parameter systems[J]. Automatica,2010,46:300 − 311.

[6] MIN H,SUN F,WANG S,LI H. Distributed adaptive consensus algorithm for networked Euler − Lagrange systems[J]. IET Control Theory Appl,2011,5:145 − 154.

[7] SU H,CHEN G,WANG X,LIN Z. Adaptive second − order consensus of networked mobile agents with nonlinear dynamics[J]. Automatica,2011,47:368 − 375.

[8] LIU Y,JIA Y. Adaptive consensus protocol for networks of multiple agents with nonlinear dynamics using neural networks[J]. Asian J Control,2012,14:1328 − 1339.

[9] LATOMBE J C. Robot Motion Planning[M]. Norwood:Kluwer Academic Publishers,1991.

[10] ZHANG D,WANG L,YU J,TAN M. Coordinated transport by multiple biomimetic robotic fish in underwater environment[J]. IEEE Trans Control Syst Technology,2007,15:658 − 671.

[11] SHAO J,XIE G,WANG L. Leader − following formation control of multiple mobile vehicles [J]. IET Control Theory Appl,2007,1:545 − 552.

[12] KLEIN D J,BETTALE P K,TRIPLETT B I,MORGANSEN K A. Autonomous underwater multivehicle control with limited communication:theory and experiment[C]. International Federation of Automatic Control Workshop on Navigation,Guidance and Control of Underwater Vehicles,2008.

[13] TANNER H G. On the controllability of nearest neighbor interconnections[C]. 43rd IEEE Conference on Decision Control,2004,vol. 3:246.

[14] SU H,WANG X,CHEN G. Rendezvous of multiple mobile agents with preserved network connectivity[J]. Syst Control Lett,2010,59:313 − 322.

[15] ZAVLANOS M M,JADBABAIE A,PAPPAS G J. Flocking while preserving network connectivity[C]. 46th IEEE Conference on Decision Control,2007,2919 − 2924.

[16] KHALIL H K. Nonlinear systems[M]. 3rd ed. Upper Saddle River:Prentice Hall,2002.

# 第7章 考虑部分个体发生故障时的分布式协同控制系统应用场景及对策

## 7.1 典型应用场景

2015 年,英特尔将好奇心与创造力相结合,意欲探索无人机潜在的可能。英特尔的 CEO Brian Krzanich 与感知计算机市场主管 Anil Nanduri,与一群艺术家及 Ars Electronica Futurelab 的科技研究员们一起,在德国汉堡利用 100 架无人机创造了一场室外无人机飞行灯光秀加现场音乐会。2015 年 11 月,100 架装备灯光的无人机在德国汉堡的夜空中舞动,画出美丽的 3D 图案(图 7 - 1),写下精美的文字。Nanduri 认为,属于无人机的新时代已经来临。

图 7 - 1 2015 年英特尔灯光秀

英特尔 Futurelab 高级主管霍斯特·霍纳(Horst Hoertner)表示,为了将英特尔的创意化为现实,他们将视野投向了无人机集群技术。霍纳有一支 15 人的团队,他们称那些无人机为"spaxels",意为"空间像素"(spacepixels)。在无人机升空之前,工程师们通过地面控制软件预先设计了无人机的飞行路径、最终的灯光秀图案以及与交响乐相协调的灯光效果。霍纳说他们想利用无人机创造出美感以及对社会有意义的别样体验。两个月之后,Krzanich 在 2016 年 CES 大会上首次公开展示了 100 架无人机飞舞的视频,视频中他们利用无人机以一种全新的安全方式重塑了烟火体验。

无人机的灯光秀,即利用无人机群的协同控制技术重塑艺术美感和视觉体验。灯光秀的出现,让人们看到了未来群体控制的巨大应用前景。此后,深圳零度、零度智控、京东物流、臻迪科技、亿航智能、大漠大智等国内多家知名企业依托成熟的无人机技术和广阔的市场规模,纷纷涉足无人机灯光秀商演领域。

2018 年 4 月 29 日,广东亿航白鹭传媒科技有限公司(以下简称"亿航白鹭")的 1374 架无人机同时升空,灯光秀闪耀西安古城墙,1374 架无人机,寓意在 2013 年提出的"一带一路"倡议下,我国与 74 个签约国家和国际组织的共荣发展;代表着总周长达 13.74 km 的迄今历史最悠久、保存最完整的古代城垣建筑盘绕西安古城一周;也铭载着明洪武七年,即 1374 年开始的大规模拓展筑城的那个历史性时刻。当天的 1374 架无人机编队表演获得了当时最多无人机同时飞行的吉尼斯世界纪录认证。但在 5 月 1 日的"红五月·城墙国际文化节"启动首秀中,1374 架无人机再次编队飞行表演时出现了失误,部分由无人机组成的图案出现了"乱码"。亿航白鹭调查之后认为,无人机设备、通信系统和飞行系统都正常,但部分无人机的定位及辅助定位系统在起飞后受到定向干扰,造成其位置和高度的数据异常。此次灯光秀不仅让大家看到了未来群控技术的巨大前景,也将目前相关技术的不成熟充分暴露出来。目前大部分灯光秀采用的依然是集中式协同架构体系,即依靠地面站去规划任务和对机通信,不存在机间信息交互。因此在受到定向干扰后,无法按照预定计划实施。未来,成熟的分布式协同控制技术,将是破解此问题的利器。

## 7.2 对策研究

本章所涉及的解决方案主要面向具有如下特征的多智能体系统:每个智能体都具有同等通信能力、同等定位能力、一致的行为决策机制。

本章主要目标是解决该多智能体系统在群体协同任务中部分个体存在故障时的解决方案,即部分个体发生故障时,其余个体具有重新形成新的协同队形、继续执行任务的能力。该解决方案主要应用于无人装备群在执行搜索、营救或是勘探等任务时遇到突然故障的情况。

本章以无人机护航任务为例,给出具体解决方案。

### 7.2.1 引言

空中护航任务面向多个飞行器,这些飞行器需要跟随某个飞行器(称为目标飞行器)或保护该目标飞行器不被探测到。近年来,随着无人机及其相关技术的快速发展,小型无人机依靠低成本和低风险的优势,逐渐取代载人飞行器,成为执行护航任务的首选解决方案[1-2]。

在这种背景下,护航系统由至少一架目标飞行器和多架小型无人机组成。目标飞行器通常是指装备有精密设备的高价值飞行器,而小型无人机仅配备必要的感知、通信和计算装置,主要用于保护目标飞行器。

为了防止目标飞行器的位置被探测到,由小型无人机所构成的护航系统需要具有如下两个基本特性。首先,这些小型无人机在跟随目标飞行器时形成一个复杂多变的整体,并且能为整个系统提供目标飞行器随时间变化的相对位置。目标飞行器的准确位置是时变的,不容易被探测到。其次,小型无人机群以目标飞行器为核心,呈现包围之势,作为目标飞行器的空间扩展部分与目标飞行器融为一体,外面的攻击必须穿过小型无人机群构成的厚厚的"铠甲"才能触及位于系统核心位置的目标飞行器,从而起到保护目标飞行器的目的。基于集群策略的分布式协同控制方法可以为上述小型无人机群执行空中护航任务提供高效、灵活的解决方案。

在空中护航过程中,目标飞行器根据周围环境做自主决策或者按照地面站或预装的控制指令飞行,目标飞行器的轨迹并不受周围的小型无人机群的影响。因此,目标飞行器可被视为领导者。作为受保护对象,目标飞行器的位置信息和姿态角信息应至少被一台小型无人机通过最近邻居交互规则建立的通信网络所接收到[3]。这些小型无人机被认为是跟随者。跟随者应根据目标飞行器的位置构建一个理想的队形,同时避免相互碰撞。为此,本章所涉及的空中护航任务可以简化为具有主从结构的多智能体系统的三维编队控制问题。

多智能体系统的编队控制一直是人们研究的热点问题。除了领导者 - 跟随者法[4-5]、基于行为法[6-8]和虚拟结构法[9-11]等传统控制方法,近年来还发展出许多新算法,如自适应方法[12-14]、神经网络控制[15]、滑模控制[16]、模型预测控制[17]和分布式控制[18]。此外,这些方法的组合也被提出来解决特定的编队控制问题。其中,领导者 - 跟随者法被认为是工程应用的有效方法,并且易与其他算法结合[19-20]。例如,将领导者 - 跟随者结构和自适应方法相结合,以解决基于视觉的编队控制问题[21-22];将领导者－跟随者结构和集群算法相结合,可解决大规模智能体的二维编队控制问题[23]。

集群是一种集体现象,可以从鸟群、鱼群、四足动物群和蜂群中广泛观察到。由于其自主性、自组织性、可扩展性、灵活性和鲁棒性[24-27],集群算法是小型无人机聚合护航任务的合适选择。集群算法也可用于实现多智能体系统所需的编队控制[23],如球体构型和人字形构型。球体护航任务是为目标飞行器提供全方位保护的最小配置,而人字形护航任务正是大雁三维迁徙集群行为的典型应用。

本章在考虑有限通信能力的前提下,将目标飞行器和小型无人机简化为同一动力学模型。利用图论来描述护航系统的通信网络[28]。在此基础上,提出了一种适用于小型无人机的分布式集群协同控制策略。这些小型无人机被迫在目标飞行器的引导下飞行,并与目标飞行器一起形成预期的几何构型。此外,还讨论了空中护航任务中涉及的两个安全问题:第一,讨论了在部分小型无人机失效的情况下,系统的鲁棒性;第二,在护航过程中,如何保证飞行器之间避免相互碰撞;第三,以一架目标飞行器和多架小型无人机为例,说明了三类空中护航任务,包括聚合护航任务、球形护航任务和人字形护航任务。通过数值仿真的手段,验证集群算法对上述特定空中护航任务的有效性。

## 7.2.2 系统建模

护航系统由一架目标飞行器和 $N-1$ 架小型无人机组成。其中,$\mathbb{L}=\{1\}$ 表示仅包括一个目标飞行器的领导机集合,$\mathbb{F}=\{2,3,\cdots,N\}$ 表示包括 $N-1$ 架小型无人机的跟随机集合。每架飞行器(包括目标飞行器和无人机)的最小转弯半径等于 $R$。如果距离大于 $2R$,则任何两架飞行器之间都不会发生碰撞。$2R$ 称为安全距离。

设 $\theta_i(t)$ 为偏航角,$\phi_i(t)$ 为俯仰角,$v_i(t)$ 为推进速度,$\omega_i(t)$ 为转速,$l_i(t)>0$ 为表示几何中心与质心之间距离的正常数,$a_i(t)$ 为推进加速度,$b_i(t)$ 为旋转加速度,$c_i(t)$ 为俯仰角速度,$i=1,2,\cdots,N$,此外,$\vec{t_i}$ 和 $\vec{n_i}$ 是两个彼此正交的单位向量,定义如下:

$$\vec{t_i}(t)=[\cos\phi_i(t)\cos\theta_i(t),\sin\phi_i(t),\cos\phi_i(t)\sin\theta_i(t)]^T \quad (7-1)$$

$$\vec{n_i}(t)=[-\cos\phi_i(t)\sin\theta_i(t),0,\cos\phi_i(t)\cos\theta_i(t)]^T \quad (7-2)$$

不失一般性,目标飞行器和小型无人机均按以下运动学方程建模:

$$\dot{\boldsymbol{p}}_i(t) = \boldsymbol{H}_i^{\mathrm{T}}(t)\boldsymbol{q}_i(t)$$

$$\dot{\boldsymbol{q}}_i(t) = \boldsymbol{u}_i(t) \tag{7-3}$$

$$\dot{\boldsymbol{\phi}}_i(t) = \boldsymbol{c}_i(t)$$

其中位置向量$\boldsymbol{p}_i(t) = [x_i(t), y_i(t), z_i(t)]^{\mathrm{T}}$，$\boldsymbol{H}_i(t) = [\boldsymbol{t}_i, \boldsymbol{n}_i]^{\mathrm{T}}$，速度向量$\boldsymbol{q}_i(t) = [v_i(t), \omega_i l_i(t)]^{\mathrm{T}}$，$\boldsymbol{u}_i(t) = [a_i(t), b_i(t)]^{\mathrm{T}}$。每个个体的控制输入为$\boldsymbol{uu}_i(t) = [a_i(t), b_i(t), c_i(t)]^{\mathrm{T}}$，$i = 1, 2, \cdots, N$。

### 7.2.3 通信网络

护航系统采用最近邻居交互规则，通过节点集$\{1, 2, \cdots, N\}$和时变边集$\varepsilon \in v \times v$构成的有向图$\xi$建立通信网络$G(t)$。$\varepsilon$表示任意两个飞行器之间的相邻关系。该通信网络有两条基本规则：对于小型无人机，与目标飞行器的互连是单向的；任何两个小型无人机之间的互连都是双向的。因此，如果目标飞行器是某一架小型无人机的邻居，则小型无人机可以获得目标飞行器的位姿信息，但目标飞行器不会接收该小型无人机的位姿信息，其飞行轨迹也不会受该小型无人机的影响。

初始时间$t = 0$时小型无人机$i$的邻域集$N_i(t)$表示如下，其中$\|\cdot\|$是欧几里得范数，$D > 2R$是通信半径。

$$N_i(0) = \{j \mid \|\boldsymbol{p}_i(0) - \boldsymbol{p}_j(0)\| < D, i, j = 1, 2, \cdots, N, j \neq i\} \tag{7-4}$$

为了更清晰地阐述飞行器之间的邻居关系，引入图$G(t)$的邻接矩阵$\boldsymbol{A}_N(t) = [\omega_{ij}(t)]_{N \times N}$，定义如下：

$$\omega_{ij}(t) = \begin{cases} 1, & i = 1, j = 1 \\ 1, & i \in \mathbb{F}, j \in N_i(t) \\ 0, & \text{其他} \end{cases} \tag{7-5}$$

假设通信网络$G(t)$在时刻$t_p$处发生切换，$p = 1, 2, \cdots$。在考虑初始网络是连通的前提下，为了保证演化过程中系统网络的连通性[23]，这里引入如下时滞：

(1) 如果$(i, j) \in \varepsilon(t^-)$且$\|\hat{\boldsymbol{p}}_i(t) - \hat{\boldsymbol{p}}_j(t)\| < 2D$，这里$\hat{\boldsymbol{p}}_i(t) = \boldsymbol{p}_i(t) - \boldsymbol{p}_i^*(t)$且

$$\boldsymbol{p}_i^*(t) = \int_0^t \omega_{i1} H_i^{\mathrm{T}}(t) \boldsymbol{q}_1 \mathrm{d}\tau \, (i = 1, 2, \cdots, N), \text{则}(i, j) \in \varepsilon(t), t > 0。$$

(2) 如果$(i, j) \notin \varepsilon(t^-)$且$\|\boldsymbol{p}_i(t) - \boldsymbol{p}_j(t)\| < D$，则$(i, j) \in \varepsilon(t), t > 0$。

### 7.2.4 分布式协同控制策略设计及系统稳定性分析

本章的核心难题是如何为每架小型无人机设计控制策略，使得它们以指定

队形围绕在目标飞行器的周围,并能够跟随目标飞行器的轨迹,与目标飞行器形成统一的整体,以达到护航的目标。在不失一般性的前提下,为简化问题的复杂性,这里把目标飞行器的轨迹简化为具有零值控制输入的空间轨迹,公式如下:

$$\boldsymbol{u}\,\boldsymbol{u}_1(t) = \begin{bmatrix} a_1(t) \\ b_1(t) \\ c_1(t) \end{bmatrix} = \boldsymbol{0} \tag{7-6}$$

其中,$\boldsymbol{0}$ 表示零向量。应注意的是,初始转速 $\omega_1 \neq 0$ 和初始俯仰角 $\phi_1 \neq 0$。此外,为了节省空间,我们在下面的章节中使用 $\boldsymbol{p}_i$ 代替 $\boldsymbol{p}_i(t)$。

令 $\hat{\theta}_i = \theta_i - \omega_{i1}\theta_1$,$\hat{\phi}_i = \phi_i - \omega_{i1}\phi_1$,$\hat{\boldsymbol{q}}_i = \boldsymbol{q}_i - \omega_{i1}\boldsymbol{q}_1$,再结合公式(7-3),可得

$$\dot{\hat{\boldsymbol{p}}}_i = \dot{\boldsymbol{p}}_i - \dot{\boldsymbol{p}}_i^* = \boldsymbol{H}_i^{\mathrm{T}}\boldsymbol{q}_i - w_{i1}\boldsymbol{H}_i^{\mathrm{T}}\boldsymbol{q}_1 = \boldsymbol{H}_i^{\mathrm{T}}\boldsymbol{q}_1 = \boldsymbol{H}_i^{\mathrm{T}}\hat{\boldsymbol{q}}_i, i = 1,2,\cdots,N \tag{7-7}$$

在此基础上,小型无人机 $i$ 执行三维协同空中护航任务的分布式控制协议设计如下:

$$a_i = -\boldsymbol{t}_i^{\mathrm{T}}\sum_{j \in N_i}(\dot{\hat{\boldsymbol{p}}}_i - \dot{\hat{\boldsymbol{p}}}_j) - \boldsymbol{t}_i^{\mathrm{T}}\sum_{j \in N_i}\nabla_{\hat{\boldsymbol{p}}_{ij}}V(\|\hat{\boldsymbol{p}}_{ij}\|)$$

$$b_i = -l_i\sum_{j \in N_i}(\hat{\theta}_i - \hat{\theta}_j) - \boldsymbol{n}_i^{\mathrm{T}}\sum_{j \in N_i}(\dot{\hat{\boldsymbol{p}}}_i - \dot{\hat{\boldsymbol{p}}}_j) - \boldsymbol{n}_i^{\mathrm{T}}\sum_{j \in N_i}\nabla_{\hat{\boldsymbol{p}}_{ij}}V(\|\hat{\boldsymbol{p}}_{ij}\|) \tag{7-8}$$

$$c_i = -\sum_{j \in N_i}(\hat{\phi}_i - \hat{\phi}_j)$$

$i \in \mathbb{F}$ 且 $\hat{\boldsymbol{p}}_{ij} = \hat{\boldsymbol{p}}_i - \hat{\boldsymbol{p}}_j$,$\nabla_{\hat{\boldsymbol{p}}_{ij}}V(\|\hat{\boldsymbol{p}}_{ij}\|)$ 是人工势函数 $V(\|\hat{\boldsymbol{p}}_{ij}\|)$ 的梯度,人工势函数是在 $i$ 和 $j$ 之间的一个可微的、非负的、径向无界的距离函数 $\|\hat{\boldsymbol{p}}_{ij}\|$,满足如下约束条件:

(1)当 $\|\hat{\boldsymbol{p}}_{ij}\| \to 2R^*$ 时,$V(\|\hat{\boldsymbol{p}}_{ij}\|) \to \infty$;

(2)当 $\|\hat{\boldsymbol{p}}_{ij}\| \to 2D$ 时,$V(\|\hat{\boldsymbol{p}}_{ij}\|) \to \infty$;

(3)当 $\|\hat{\boldsymbol{p}}_{ij}\|$ 取 $2R^*$ 和 $2D$ 之间的某一个期望值时,$V(\|\hat{\boldsymbol{p}}_{ij}\|)$ 取得唯一的最小值。

系统总势能表示为

$$V = \sum_{i \in \mathbb{F}}\sum_{j \in N_i}V(\|\hat{\boldsymbol{p}}_{ij}\|) + \sum_{j \in N_i}V(\|\hat{\boldsymbol{p}}_{ij}\|) \tag{7-9}$$

其中 $N_i = \{i \mid w_{i1} = 1, i \in \mathbb{F}\}$ 表示以目标飞行器为邻居的小型无人机集合。

为此,针对在三维空间执行聚合护航任务的小型无人机系统,可以得到如下定理。

**定理 7.1(聚合护航)**:考虑由满足动力学特性(7-3)的一架目标飞行器和 $N-1$ 架小型无人机组成的护航系统。目标飞行器和小型无人机分别由控制协议(7-6)和(7-8)控制。假设初始通信网络 $G(0)$ 是领导者-跟随者连通的,那么可以得出以下结论:

(1)系统始终保持通信拓扑的连接性。

(2)相邻飞行器之间没有碰撞。

(3)每架小型无人机的速度和姿态角逐渐与目标飞行器的速度和姿态角达到一致。

(4)当系统总势能最小时,护航系统渐近稳定到聚合编队队形。

给定一个具有 $N$ 个顶点 $\boldsymbol{p}_i^d = [x_i^d, y_i^d]^T, i=1,2,\cdots,N$ 的几何队形 $\chi$。那么执行该几何队形的空中编队护航任务的小型无人机 $i(i \in \mathbb{F})$ 的分布式协同控制协议可改写为

$$a_i = -\boldsymbol{t}_i \sum_{j \in N_i} (\dot{\hat{\boldsymbol{p}}}_i - \dot{\hat{\boldsymbol{p}}}_j) - \boldsymbol{t}_i \sum_{j \in N_i} \nabla_{\boldsymbol{p}_{ij}} V(\|\widetilde{\boldsymbol{p}}_{ij}\|)$$

$$b_i = -l_i \sum_{j \in N_i} (\dot{\hat{\theta}}_i - \dot{\hat{\theta}}_j) - \boldsymbol{n}_i \sum_{j \in N_i} (\dot{\hat{\boldsymbol{p}}}_i - \dot{\hat{\boldsymbol{p}}}_j) - \boldsymbol{n}_i \sum_{j \in N_i} \nabla_{\boldsymbol{p}_{ij}} V(\|\widetilde{\boldsymbol{p}}_{ij}\|)$$

$$c_i = -\sum_{j \in N_i} (\dot{\hat{\phi}}_i - \dot{\hat{\phi}}_j) \tag{7-10}$$

其中,$\widetilde{\boldsymbol{p}}_{ij} = \dfrac{\|\hat{\boldsymbol{p}}_{ij}\|}{\|\boldsymbol{p}_{ij}^d\|}, \boldsymbol{p}_{ij}^d = \boldsymbol{p}_i^d - \boldsymbol{p}_j^d$。于是,可以得到如下推论。

**推论 7.1(编队护航)**:考虑由满足动力学特性(7-3)的一架目标飞行器和 $N-1$ 架小型无人机组成的护航系统。目标飞行器和小型无人机分别由控制协议(7-6)和(7-10)控制。假设初始通信网络 $G(0)$ 是领导者-跟随者连通的,那么可以得出以下结论:

(1)系统始终保持通信拓扑的连接性。

(2)相邻飞行器之间没有碰撞。

(3)每架小型无人机的速度和姿态角逐渐与目标飞行器的速度和姿态角相同。

(4)当系统总势能最小时,护航系统渐近稳定到几何队形 $\chi$。

由于篇幅有限,这里省略定理 7.1 和推论 7.1 的证明过程。读者可以阅读另一篇论文[23],其中给出了类似的证明过程。

## 7.2.5　仿真实验验证和讨论

1. 内聚空中护航任务

首先,针对一架目标飞行器和五架小型无人机在三维空间所执行的空中聚合护航任务,分析所提出的控制协议(7-6)和(7-8)对上述任务的有效性。其次,以空中聚合护航任务为例,进一步讨论护航系统的鲁棒性。假设由于内部或外部因素(如自身的设备故障),2号小型无人机从无人机群中坠落,剩下的四架小型无人机是否会自主地调整它们的行为,并继续完成上述护航任务?简言之,数值仿真验证过程会分为两个阶段,即2号小型无人机坠落前和2号小型无人机坠落后。第一阶段旨在验证集群算法(7-8)的有效性,而第二阶段侧重于讨论护航系统的鲁棒性。

考虑一个目标飞行器和五个小型无人机,分别由控制协议(7-6)和(7-8)控制,且具有以下初始状态信息:

$$\boldsymbol{p}_1(0) = [-5.7 \text{ m}, -2.4 \text{ m}, -2.1 \text{ m}]^T, \theta_1(0) = -0.35 \text{ rad}$$
$$\phi_1(0) = -0.91 \text{ rad}, v_1(0) = 1.2 \text{ m/s}, \omega_1(0) = 0.15 \text{ rad/s}$$
$$\boldsymbol{p}_2(0) = [-17.6 \text{ m}, 1.3 \text{ m}, 10.5 \text{ m}]^T, \theta_2(0) = 2.8 \text{ rad}$$
$$\phi_2(0) = 0.11 \text{ rad}, v_2(0) = 0.6 \text{ m/s}, \omega_2(0) = -0.25 \text{ rad/s}$$
$$\boldsymbol{p}_3(0) = [-1 \text{ m}, -6.7 \text{ m}, -11]^T, \theta_3(0) = -0.34 \text{ rad}$$
$$\phi_3(0) = -0.84 \text{ rad}, v_3(0) = 0.27 \text{ m/s}, \omega_3(0) = -0.01 \text{ rad/s} \qquad (7-11)$$
$$\boldsymbol{p}_4(0) = [-2.6 \text{ m}, -12.3 \text{ m}, 6.6 \text{ m}]^T, \theta_4(0) = 0.17 \text{ rad}$$
$$\phi_4(0) = 0.27 \text{ rad}, v_4(0) = 0.43 \text{ m/s}, \omega_4(0) = -0.09 \text{ rad/s}$$
$$\boldsymbol{p}_5(0) = [-1 \text{ m}, 18.3 \text{ m}, -18.7 \text{ m}]^T, \theta_5(0) = 1.28 \text{ rad}$$
$$\phi_5(0) = 0.18 \text{ rad}, v_5(0) = 1.79 \text{ m/s}, \omega_5(0) = -0.1 \text{ rad/s}$$
$$\boldsymbol{p}_6(0) = [-9 \text{ m}, -10.8 \text{ m}, -7.3 \text{ m}]^T, \theta_6(0) = 0.76 \text{ rad}$$
$$\phi_6(0) = 0.45 \text{ rad}, v_6(0) = 0.14 \text{ m/s}, \omega_6(0) = -0.14 \text{ rad/s}$$

通信半径 $D = 30\text{m}$。

根据飞行器的上述初始状态信息和系统通信机制,护航系统的初始通信拓扑如图7-2(a)所示。黄色节点表示目标飞行器(即领导者),而红色节点表示小型无人机(即跟随者)。初始拓扑必须是领导者-跟随者连通图,但不一定是完全图。

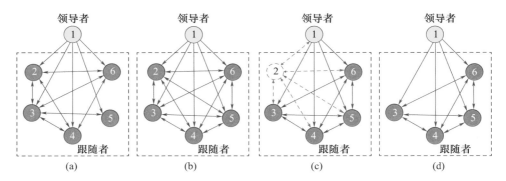

图 7-2　目标飞行器和 4~5 架小型无人机在空中聚合护航任务中的拓扑结构

(a) $t=0$;(b) $t=500^-$ s;(c) $t=500^+$ s;(d) $t=1000$ s

图 7-3 给出了在控制协议(7-6)和(7-8)下，目标飞行器和小型无人机在聚合护航任务过程中的飞行轨迹。绿色星点表示其初始位置 $p_1(0),\cdots,p_6(0)$。粗体红线表示目标飞行器的轨迹，较细的彩色线条表示小型无人机的轨迹，一种颜色代表一架小型无人机的轨迹。较大的彩色球表示目标飞行器，较小的彩色球表示小型无人机。

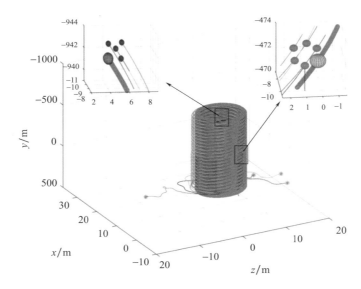

图 7-3　目标飞行器和 4~5 架小型无人机的轨迹仿真结果

(1) 聚合护航任务

如图 7-2(b)所示，在 $t=500^-$ s 时，护航系统的通信拓扑已经成为一个完全图。图7-3右上角的小图显示了$t=500^-$s时目标飞行器和5架小型无人机的位置,这证明6架飞行器已经形成了理想的内聚结构。图7-4给出了关于从$t=0$到$t=500^-$的任意两个飞行器之间距离的更多细节。显然,1架目标飞行器和5架小型无人机在$t=100$s左右收敛到一个稳定构型,系统在$t=100$s到$t=500^-$s之间几乎可以保持稳定状态。图7-5分别给出了聚合护航任务期间偏航角、俯仰角、推进速度和转速随时间的变化。可以清楚地看到,在$t=500^-$s之前,每架小型无人机的姿态角和速度都能够收敛到与目标飞行器一致的状态。

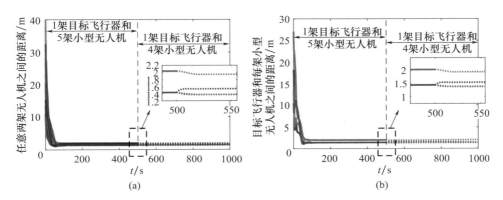

图7-4 目标飞行器和4~5架小型无人机之间距离的仿真结果

(a)任意两架无人机之间的距离;(b)目标飞行器和每架小型无人机之间的距离

(2)护航系统的鲁棒性

如上所述,假设2号小型无人机在$t=500^+$s时失效,护航系统的稳态因此被破坏。之后,在协议(7-8)的控制下,护航系统重新调整,以演化到新的稳定状态。

在$t=500^+$s时,随着2号小型无人机的消失,系统的通信拓扑也发生了变化。与节点2相关的所有边都消失了,如图7-2(c)所示。护航系统的通信拓扑最终演化到另一个完全图的形式,如图7-2(d)所示。图7-3中左上角的小图给出了$t=1000$s时新系统的最终构型,其中剩余的4架小型无人机围绕目标飞行器形成一个新的聚合队形。

当2号小型无人机在$t=500^+$s失效时,2号小型无人机的所有姿态角和速度均变为零,如图7-5所示,用绿色虚线表示。然后,其余4架小型无人机会自动调整其姿态角和速度,以达到护航系统的新构型。图7-4和图7-5(c)、图7-5(d)给出了达到新平衡状态的更多细节。在控制协议(7-6)和(7-8)

的作用下,护航系统最终收敛到另一个稳态。此外,图 7-4 还验证了在整个演化过程中飞行器之间没有发生碰撞。

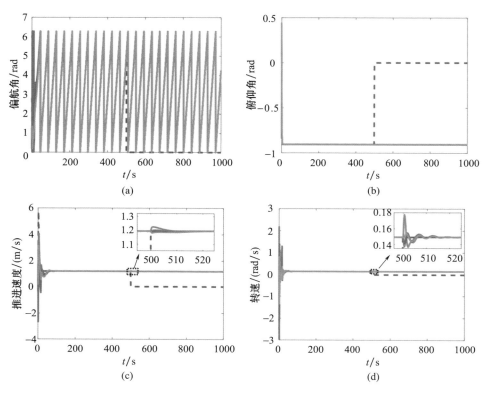

图 7-5　目标飞行器和 4~5 架小型无人机的姿态角和速度的仿真结果

(a)偏航角与时间的关系;(b)俯仰角与时间的关系;
(c)推进速度与时间的关系;(d)转速与时间的关系

## 2. 编队护航任务

为了测试控制协议(7-6)和(7-10)的有效性,本部分内容讨论了两种典型的空中编队护航任务,即球体护航和人字形护航。球体护航任务中,小型无人机围绕在目标飞行器的周围飞行,呈立体的球面构型,以保护目标飞行器不受攻击。人字形护航任务的灵感来源于大雁的编队飞行,小型无人机可被看作诱饵,以达到为敌方提供错误的目标飞行器中心位置的目的。

## (1)球形护航任务

球形护航是一个典型的三维编队控制问题,它要求小型无人机分布在以目标飞行器位置为中心的球体表面。因此,假设小型无人机群的编队信息如下:

$$\boldsymbol{p}_1^d = r \cdot [0,0,0]^T, \boldsymbol{p}_2^d = r \cdot [0,0,1]^T, \boldsymbol{p}_3^d = r \cdot [0,0,-1]^T,$$

$$\boldsymbol{p}_4^d = r \cdot \left[ \cos\left(\frac{\pi}{4}\right)\cos\left(\frac{2\pi}{3}\right), \cos\left(\frac{\pi}{4}\right)\sin\left(\frac{2\pi}{3}\right), \sin\left(\frac{\pi}{4}\right) \right]^T,$$

$$\boldsymbol{p}_5^d = r \cdot \left[ \cos\left(\frac{\pi}{4}\right)\cos\left(\frac{4\pi}{3}\right), \cos\left(\frac{\pi}{3}\right)\sin\left(\frac{4\pi}{3}\right), \sin\left(\frac{\pi}{4}\right) \right]^T,$$

$$\boldsymbol{p}_6^d = r \cdot \left[ \cos\left(\frac{\pi}{4}\right)\cos(2\pi), \cos\left(\frac{\pi}{4}\right)\sin(2\pi), \sin\left(\frac{\pi}{4}\right) \right]^T,$$

$$\boldsymbol{p}_7^d = r \cdot [\cos(0)\cos(0), \cos(0)\sin(0), \sin(0)]^T,$$

$$\boldsymbol{p}_8^d = r \cdot \left[ \cos(0)\cos\left(\frac{\pi}{2}\right), \cos(0)\sin\left(\frac{\pi}{2}\right), \sin(0) \right]^T,$$

$$\boldsymbol{p}_9^d = r \cdot [\cos(0)\cos(\pi), \cos(0)\sin(\pi), \sin(0)]^T,$$

$$\boldsymbol{p}_{10}^d = r \cdot \left[ \cos(0)\cos\left(\frac{3\pi}{2}\right), \cos(0)\sin\left(\frac{3\pi}{2}\right), \sin(0) \right]^T, \quad (7-12)$$

$$\boldsymbol{p}_{11}^d = r \cdot \left[ \cos\left(-\frac{\pi}{4}\right)\cos\left(\frac{2\pi}{3}\right), \cos\left(-\frac{\pi}{4}\right)\sin\left(\frac{2\pi}{3}\right), \sin\left(-\frac{\pi}{4}\right) \right]^T,$$

$$\boldsymbol{p}_{12}^d = r \cdot \left[ \cos\left(-\frac{\pi}{4}\right)\cos\left(\frac{4\pi}{3}\right), \cos\left(-\frac{\pi}{4}\right)\sin\left(\frac{4\pi}{3}\right), \sin\left(-\frac{\pi}{4}\right) \right]^T,$$

$$\boldsymbol{p}_{13}^d = r \cdot \left[ \cos\left(-\frac{\pi}{4}\right)\cos(2\pi), \cos\left(-\frac{\pi}{4}\right)\sin(2\pi), \sin\left(-\frac{\pi}{4}\right) \right]^T$$

其中,球体的半径为 $r=2$ m。

在初始通信网络为领导者 - 跟随者连通的情况下,随机生成各飞行器的初始姿态。不失一般性,图 7-6(a) 显示了每个飞行器的初始位置,以绿色星点表示。根据每个飞行器的初始位置,初始护航系统的通信网络如下:

$$\boldsymbol{A}(0) = \begin{bmatrix} 1 & 0 & 0 & 0 & 0 & 0 & 0 & 0 & 0 & 0 & 0 & 0 & 0 \\ 1 & 0 & 1 & 0 & 1 & 1 & 1 & 0 & 0 & 1 & 1 & 1 \\ 1 & 1 & 0 & 1 & 1 & 1 & 1 & 1 & 1 & 1 & 1 & 1 & 1 \\ 1 & 0 & 1 & 0 & 1 & 1 & 0 & 1 & 1 & 1 & 1 & 1 & 1 \\ 1 & 1 & 1 & 1 & 0 & 1 & 0 & 1 & 0 & 0 & 1 & 1 & 1 \\ 1 & 1 & 1 & 1 & 1 & 0 & 1 & 1 & 1 & 1 & 1 & 1 & 1 \\ 1 & 1 & 1 & 0 & 0 & 1 & 0 & 1 & 1 & 1 & 1 & 1 & 1 \\ 1 & 1 & 1 & 1 & 1 & 1 & 1 & 0 & 1 & 1 & 1 & 1 & 1 \\ 1 & 0 & 1 & 1 & 0 & 1 & 1 & 1 & 0 & 1 & 1 & 1 & 1 \\ 1 & 0 & 1 & 0 & 1 & 1 & 1 & 1 & 1 & 0 & 1 & 1 & 1 \\ 1 & 1 & 1 & 1 & 1 & 1 & 1 & 1 & 1 & 1 & 0 & 1 & 1 \\ 1 & 1 & 1 & 1 & 1 & 1 & 1 & 1 & 1 & 1 & 1 & 0 & 1 \\ 1 & 1 & 1 & 1 & 1 & 1 & 1 & 1 & 1 & 1 & 1 & 1 & 0 \end{bmatrix} \quad (7-13)$$

假设仿真时间为 $T_f = 1500$ s。然后,采用控制协议(7-6)和(7-10)的护航系统(7-3)的仿真结果如图 7-6~图 7-8 所示。护航系统的最终通信网络如下:

$$A(T_f) = \begin{bmatrix} 1 & 0 & 0 & 0 & 0 & 0 & 0 & 0 & 0 & 0 & 0 & 0 & 0 \\ 1 & 0 & 1 & 1 & 1 & 1 & 1 & 1 & 1 & 1 & 1 & 1 & 1 \\ 1 & 1 & 0 & 1 & 1 & 1 & 1 & 1 & 1 & 1 & 1 & 1 & 1 \\ 1 & 1 & 1 & 0 & 1 & 1 & 1 & 1 & 1 & 1 & 1 & 1 & 1 \\ 1 & 1 & 1 & 1 & 0 & 1 & 1 & 1 & 1 & 1 & 1 & 1 & 1 \\ 1 & 1 & 1 & 1 & 1 & 0 & 1 & 1 & 1 & 1 & 1 & 1 & 1 \\ 1 & 1 & 1 & 1 & 1 & 1 & 0 & 1 & 1 & 1 & 1 & 1 & 1 \\ 1 & 1 & 1 & 1 & 1 & 1 & 1 & 0 & 1 & 1 & 1 & 1 & 1 \\ 1 & 1 & 1 & 1 & 1 & 1 & 1 & 1 & 0 & 1 & 1 & 1 & 1 \\ 1 & 1 & 1 & 1 & 1 & 1 & 1 & 1 & 1 & 0 & 1 & 1 & 1 \\ 1 & 1 & 1 & 1 & 1 & 1 & 1 & 1 & 1 & 1 & 0 & 1 & 1 \\ 1 & 1 & 1 & 1 & 1 & 1 & 1 & 1 & 1 & 1 & 1 & 0 & 1 \\ 1 & 1 & 1 & 1 & 1 & 1 & 1 & 1 & 1 & 1 & 1 & 1 & 0 \end{bmatrix} \qquad (7-14)$$

这意味着在整个仿真过程中,通信拓扑的连接性得到保持。因此,推论7.1的结论(1)得到了证明。

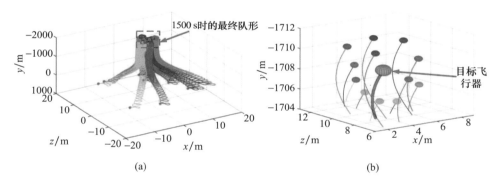

图 7-6 目标飞行器和12架小型无人机的轨迹仿真结果

(a)轨迹;(b)1500 s时的最终队形

图 7-7(a)显示了任意两个飞行器之间的距离。图 7-7(b)显示了目标飞行器与每架小型无人机之间的距离。由于这些距离大于两个飞行器之间的安全距离,因此证明了推论7.1的结论(2)成立。

图 7-8 给出了目标飞行器和每架小型无人机之间的偏航角、俯仰角、推进速度和转速的差异。仿真结果表明,每架小型无人机的姿态角和速度收敛到与目标飞行器相同的状态,从而证明了推论7.1的结论(3)成立。

在图 7-6(a)中,彩色球是每个飞行器在 $t=1500$ s时的位置。图 7-6(b)更清楚地展示了 13 个飞行器在 $t=1500$ s时的构型,即三维球体构型。图 7-7(a)

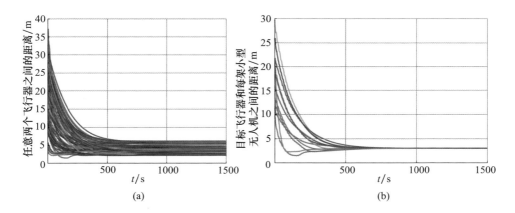

图7-7 任意两架飞行器之间距离的模拟结果

(a)任意两架飞行器之间的距离;(b)目标飞行器和每架小型无人机之间的距离

表明,任何两个飞行器之间的距离渐近达到稳定,这意味着13个飞行器的编队构型可以得到保持。从而证明了推论7.1的结论(4)成立。

(2)人字形护航任务

人字形队形的设计灵感来源于大雁迁徙期间会以人字形队形飞行,以节省体力。因此,人字形空中护航成为本小节将进一步研究的另一种特殊编队护航任务。人字形护航的主要目的是依靠小型无人机在护航任务中充当诱饵,以干扰敌方对目标飞行器位置的判断。因此,人字形空中护航任务需要构建这样一个编队,其目标飞行器的位置不在系统的中心。

同样,在初始通信网络为领导者-跟随者连通的情况下,随机生成目标飞行器和4架小型无人机的初始姿态。护航系统(7-3)应用控制协议(7-6)和(7-10)模拟大雁的三维飞行,其仿真结果如图7-9和图7-10所示。图7-9中,目标飞行器在人字形编队前方像领头雁一样飞行,4架小型无人机在目标飞行器两侧跟随目标飞行器飞行。图7-10显示了目标飞行器和每架小型无人机之间的偏航角、俯仰角、推进速度和转速随时间的差异。显然,每架小型无人机的姿态角和速度与目标飞行器的姿态角和速度逐渐趋于一致。此外,如图7-11所示,任意两个飞行器之间的距离也趋于稳定,这意味着目标飞行器和4架小型无人机所构成的人字形队形可以在不受干扰的情况下一直保持。故可以得出结论,控制协议(7-6)和(7-10)对于护航系统(7-3)要执行的人字形三维编队飞行是有效的。

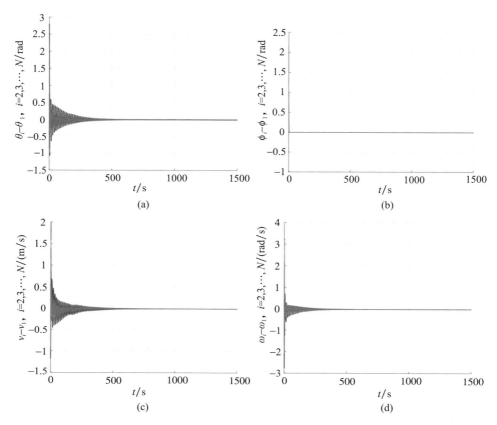

图 7 - 8    目标飞行器和 12 架小型无人机的姿态角和速度的仿真结果

（a）偏航角的差异；（b）俯仰角的差异；（c）推进速度的差异；（d）转速的差异

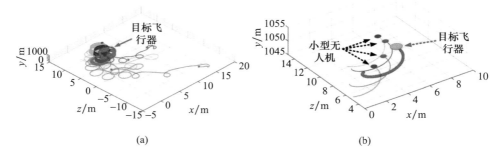

图 7 - 9    目标飞行器和 4 架小型无人机人字形编队轨迹的仿真结果

（a）轨迹；（b）800 s 时的最终队形

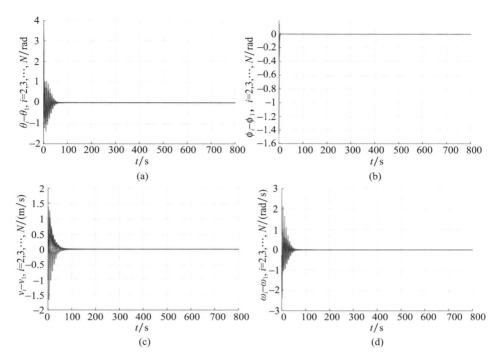

图 7 - 10　1 个目标飞行器和 4 架小型无人机的人字形编队仿真结果

（a）偏航角的差异；（b）俯仰角的差异；（c）推进速度的差异；（d）转速的差异

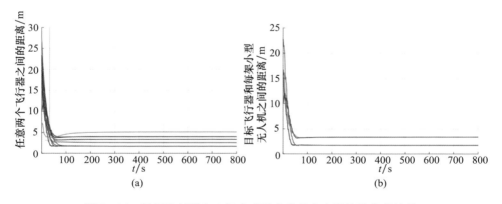

图 7 - 11　目标飞行器和 4 架小型无人机的人字形编队仿真结果

（a）任意两个飞行器之间的距离；（b）目标飞行器和每架小型无人机之间的距离

## 7.3　小结

　　为了保证单目标飞行器的安全飞行,利用网络化小型无人机研究了几种三维空中护航任务。本章所涉及的空中护航任务被简化为一个具有领导者－追随者结构的多智能体系统的三维编队控制问题。其中以目标飞行器为领导者,小型无人机为追随者。每个飞行器都被建模为扩展的通信能力有限的二阶独轮车。本章提出了一种集群算法,在初始通信网络为主从式连接的情况下,使小型无人机能够渐近跟踪目标飞行器的速度,并与目标飞行器形成稳定的内聚或几何构型。此外,任何两个飞行器之间都不会发生碰撞,还说明了护航系统的鲁棒性。本章给出了聚合护航任务、球体护航任务和人字形护航任务的仿真结果,进一步验证了该算法的有效性。下一步,将进一步研究多个目标的空中护航任务,并讨论所提出控制算法的优化问题,以满足实践要求。

# 7.4　参考文献

［1］CHARLTON J. The Navy's swarming locust drones［R］. Alexandria, VA: Military Aviation, 2015.

［2］QUICK D. US Navy goes tubular with autonomous swarming UAV demonstrations［R］. Irvine, CA: Office of Naval Research, 2009.

［3］JADBABAIE A, LIN J, MORSE A S. Coordination of groups of mobile autonomous agents using nearest neighbor rules［J］. IEEE Transactions on Automatic Control, 22003, 48(6): 988 − 1001.

［4］LORIA A, DASDEMIR J, ALVAREZ JARQUIN N. Leader − follower formation and tracking control of mobile robots along straight paths［J］. IEEE Transactions on Control Systems Technology, 2016, 24(2): 727 − 732.

［5］MARIOTTINI G L, MORBIDI F, PRATTICHIZZO D, VANDER V N, MICHAEL N, PAPPAS G, DANIILIDIS K. Vision − based localization for leader − follower formation control［J］. IEEE Transactions on Robotics, 2009, 25(6): 1431 − 1438.

［6］BALCH T, ARKIN R C. Behavior − based formation control for multi − robot teams. formation control for multi − robot teams［J］. IEEE Transactions on Robotics & Automation, 1998, 14(6): 926 − 939.

［7］MONTEIRO S, BICHO E. A dynamical systems approach to behavior − based formation control［J］. Proceedings of the 2002 IEEE International Conference on Robotics & Automation, 2022, 8(5): 2606 − 2611.

［8］SHAO J, WANG L, YU J. Development of an artificial fish − like robot and its application in co-operative transportation［J］. Control Engineering Practice, 2008, 16(5): 569 − 584.

［9］CHEN X, JIA Y. Adaptive leader − follower formation control of non − holonomic mobile robots using active vision［J］. Control Theory & Applications IET, 2015, 9(8): 1302 − 1311.

［10］LOW, C B. A dynamic virtual structure formation control for fixed − wing UAVs［C］. 9th IEEE international conference on control and automation(ICCA),Dec 2011,Santiago,Chile:19 – 21.

[11] REN W,BEARD R W. Formation feedback control for multiple spacecraft via virtual structures [J]. IEE Proceedings – Control Theory and Applications,2004,151(3):357 – 368.

[12] LI R,ZHANG L,HAN L,WANG J. Multiple vehicle formation control based on robust adaptive control algorithm[J]. IEEE Intelligent Transportation Systems Magazine,2017,9(2):41 – 51.

[13] PARK B S,JIN B P,YOON H C. Adaptive formation control of electrically driven nonholonomic mobile robots with limited information[J]. IEEE Transactions on Systems,Man,and Cybernetics,Part B(Cybernetics),2011,41(4):1061 – 1075.

[14] PENG Z,WANG D,HU X. Robust adaptive formation control of under – actuated autonomous surface vehicles with uncertain dynamics[J]. IET Control Theory & Applications,2011,5(12):1378 – 1387.

[15] SARANGAPANI J,DIERKS T A. Neural network control of robot formations using rise feedback[C]. International Joint Conference on Neural Networks. IEEE,2007:2794 – 2799.

[16] DEFOORT M,FLOQUET T,KOKOSY A,PERRUQUETTI W. Sliding mode formation control for cooperative autonomous mobile robots[J]. IEEE Transactions on Industrial Electronics,2008,55(11):3944 – 3953.

[17] XIAO H,LI Z,CHEN C. Formation control of leader – follower mobile robots systems using model predictive control based on neuro dynamics optimization[J]. IEEE Transactions on Industrial Electronics,2016,63(9):1.

[18] YU X,LIU L. Distributed formation control of non – holonomic vehicles subject to velocity constraints[J]. IEEE Transactions on Industrial Electronics,2016,63(2):1289 – 1298.

[19] GUAN Y,WANG L. Structural controllability of multi – agent systems with absolute protocol under fixed and switching topologies[J]. Science China(Information Sciences),2017,60(9):226 – 240.

[20] LU Z,ZHANG L,WANG L. Controllability analysis of multi – agent systems with switching topology over finite fields[J]. Science China(Information Sciences),2019,62(1):80 – 94.

[21] CHEN L,MA B. A nonlinear formation control of wheeled mobile robots with virtual structure approach[C]. 34th Chinese control conference,2015,Hangzhou,China:1080 – 1085.

[22] WANG H,GUO D,LIANG X,CHEN W,HU G,LEANG K K. Adaptive vision – based leader – follower formation control of mobile robots[J]. IEEE Transactions on Industrial Electronics,2016,64:2893 – 2902.

[23] JIA Y,WANG L. Leader – follower flocking of multiple robotic fish[J]. IEEE/ASME Transactions on Mechatronics,2015,20(3):1372 – 1383.

[24] CUCKER F,SMALE S. Emergent behavior in flocks[J]. IEEE Transactions on Automatic Control,2007,52(5):852 – 862.

［25］ FERRANTE E，TURGUT A E，HUEPE C，STRANIERI A，PINCIROLI C，DORIGO M. Self – organized flocking with a mobile robot swarm：a novel motion control method［J］. Adaptive Behavior，2012，20（6）：460 – 477.

［26］ OLFATI – SABER R. Flocking for multi – agent dynamic systems：algorithms and theory［J］. IEEE Transactions on Automatic Control，2006，51（3）：401 – 420.

［27］ REYNOLDS C W. Flocks，herds and schools：A distributed behavioral model［J］. ACM SIGGRAPH Computer Graphics，1987，21（4）：25 – 34.

［28］ TU C，YANG C，LIU Z，SUN M. Network representation learning：an overview［J］. SCIENTIA SINICA Informationis，2017，47：980 – 996.

# 第8章　分布式协同控制系统的优化对策

　　在前面的章节中,我们重点阐述了生物集群行为背后的机理,以及如何利用这些机理设计分布式协同控制策略以实现多智能体系统的集群控制,达到完成集群编队或是几何编队的任务。事实上,除了完成任务,更重要的是如何更好地完成指定任务。例如,是否能以更快的速度完成指定集群任务? 是否能以更稳定的状态去完成指定任务? 等等。

　　本章围绕如何进一步优化分布式协同控制系统设计展开初步的探讨,仅抛砖引玉。我们从系统参数(如通信网络的权重)、通信半径、系统架构、个体视角等角度做了初步的分析和尝试,也得到了一些有趣的结论。我们相信,这些尝试有助于深入理解集群思想和集群行为,并且为将集群策略广泛应用于实践打下良好的理论基础。

　　此外,为了更好地形成协同的科研成果,我们搭建了统一的集群行为研究平台(详见第8.3节)。基于该平台,可以将现实中的各种集群现象抽象出数学模型进行定量和定性的分析和对比。我们期待着不断涌现出更经典的集群模型。

## 8.1　系统参数的优化

　　你可曾见过成群的鸟在日落时作为一个整体快速而精确地移动? 令人难忘的同步现象绝对会让你停下脚步[1-2]。大自然运用其神奇的创造力,创造出一幅由成千上万只鸟组成的巨大而充满活力的沙画。无人机集群就是这样一种充分利用了鸟类卓越的群体智能所构建的多智能体系统[3]。多智能体系统在提高任务效率、最小化被检测概率、实现任务执行灵活性等方面具有显著的优势,实现多智能体系统的集群行为已成为军民任务的迫切需求。

　　固定翼无人机由于具有显著的高度优势,可最大化其视野,通常是执行集群任务的首选。本章从生物学的角度研究固定翼无人机的集群问题。本章应用完整的六自由度模型,包括12个变量,绘制了固定翼无人机的运动学和动力学特性。利用加权无向图描述了固定翼无人机之间的时变尺度交互关系。基于所提出的模型和加权尺度交互机制,设计了一种分布式协同控制方法,使固定翼无人机群协同完成预先设定的类鸟群飞行任务。在演化过程中,需要考虑四个约束条件。第一个条件是每架无人机在有界状态变量下飞行,包括姿态角、速度和姿态角速度。第二个条件是每架固定翼无人机的飞行都需要一个前进速度。第三个条件是航空安全问题。考虑到固定翼无人机的实际尺寸,在演化过程中,任何两架无人机之间的最小距离应足够大,以避免碰撞。最后一个条件是系统稳定在稳态误差范围内所需的调整时间越短越好。本章巧妙地将四个约束条件作为确定通信网络耦合强度的评价标准,利用数值仿真方法验证了上述控制策略对固定翼无人机实现变高度集群稳定飞行任务和定高度集群稳定飞行任务的可行性。

## 8.1.1 引言

业界普遍认为,无人机在未来将发挥不可替代的作用。一方面,无人机天然具有高度优势;另一方面,无人机集群在视野范围广、作业效能高、生存能力强、任务执行灵活性好等方面也具有显著优势[4]。近年来,无人机集群成为人工智能领域的研究热点之一,在数学建模[5-7]、通信网络[8-11]、协同方式[12-15]、仿真和实验验证[16-18]和基于任务的协议设计[19-23]等方面产生了大量的学术成果。其中,基于个体的建模和仿真方法因其能够以较低的成本发现群体内部的范式机制而受到学者的欢迎。特别是,可以为不可预测的非线性系统的分析提供强有力的解释[7]。

集群的稳定性分析是另一个不容忽视的话题。特征值法是线性集群系统稳定性分析的有效工具,如 Cucker – Smale 模型[24]。一般情况下,当反馈增益系数在一定范围内时,整个系统会达到全局稳定[24]。同时,通常用 LaSalle – Krasovskii 不变性原理分析非线性集群系统的稳定性[25],该方法可以看作 Lyapunov 函数法的推广。根据 LaSalle – Krasovskii 不变性原理,当系统的初始交互网络连通时,整个系统将达到全局稳定[26]。

众所周知,四旋翼无人机具有多用途的动力学特性,包括现场悬停、垂直起降和后倾。这些显著的能力使四旋翼无人机成为探索集群问题的重要平台[18,27]。然而,固定翼无人机更适合复杂环境,它们具有更快的速度、更长的续航时间,甚至更好的隐身性能。因此,本章主要研究固定翼无人机的集群问题,该问题比四旋翼无人机问题具有更大的挑战:第一,固定翼无人机的气动特性比四旋翼无人机复杂。第二,固定翼无人机缺乏现场悬停能力,适用于四旋翼无人机的悬停等待路线不适用于固定翼无人机。第三,固定翼无人机执行任务必须有推进速度[28]。

假设每架固定翼无人机在有界姿态角和有界速度条件下飞行,建立了包含12个完整变量的三维运动学和动力学模型。固定翼无人机系统的交互网络采用最近邻居规则[29]。考虑一种加权时变通信拓扑,该拓扑的耦合强度表示每个固定翼无人机的邻居的贡献。针对不同邻域对同一固定翼无人机的贡献不同的情况,采用自适应策略依靠任意两个个体之间相对速度和相对距离计算耦合强度权重[30]。本节提出了一种简单有效的计算距离相关耦合强度的方法,这种方法看起来更接近实际情况。

受鸟类等社会动物集体行为的启发,本节在一致性算法的基础上提出了一种分布式协同控制协议,使固定翼无人机之间的行为达到一致。该协议还采用了人工域/人工势场法方法,以确保避免碰撞、保持连接性和集群聚集。此外,协议的最后一部分抵消了固定翼无人机的旋转运动产生的陀螺效应。在系统初始交互网络为无向连通图的条件下,分析了系统的集群稳定性。通过以约束条件为评价标准,引入了给通信网络耦合强度赋值的参数选择问题,以防任意两架固定翼无人机之间的耦合强度是与距离相关的。仿真选择了一个合适的耦合强度并且验证了固定翼无人机的理论结果。

本节最突出的贡献是第一次尝试将控制理论与统计学方法相结合来解决分布式协同控制问题。具体做法是:首先,利用控制理论工具对系统进行严格的稳定性分析;然后,利用统计学方法优化通信拓扑强度系数。

## 8.1.2 无人机模型

我们所考虑的系统由 $N$ 架具有三维飞行能力的固定翼无人机组成。每架固定翼无人机简化为一个半径为 $R$ 的球体,$2R$ 是任意两架无人机之间的安全距离。为了节省空间,在接下来的章节中,我们将省略时间依赖性。例如,我们用 $x_i$ 代替 $x_i(t)$。

众所周知,固定翼无人机具有复杂的气动特性。因此,为了简化建模的难度,给出以下几个假设条件。首先,建模过程采用地平说理论,忽略地球的曲率。其次,固定翼无人机在高空飞行时是刚性的,不考虑其弹性变形。

基于所提出的假设,不失一般性,固定翼无人机( $i=1,2,\cdots,N$ )的动力学模型可以用以下公式来表示[31]:

$$\dot{x}_i = u_i \cos\theta_i \cos\psi_i + v_i(\sin\phi_i \sin\theta_i \cos\psi_i - \cos\phi_i \sin\psi_i) +$$
$$\omega_i(\sin\phi_i \sin\psi_i + \cos\phi_i \sin\theta_i \cos\psi_i)$$

$$\dot{y}_i = u_i \cos\theta_i \sin\psi_i + v_i(\sin\phi_i \sin\theta_i \sin\psi_i + \cos\phi_i \cos\psi_i) +$$
$$\omega_i(-\sin\phi_i \cos\psi_i + \cos\phi_i \sin\theta_i \sin\psi_i)$$

$$\dot{z}_i = u_i \sin\theta_i - v_i \sin\phi_i \cos\theta_i - \omega_i \cos\varphi_i \cos\theta_i$$

$$\dot{\phi}_i = p_i + (r_i \cos\phi_i + q_i \sin\phi_i)\tan\theta_i$$

$$\dot{\theta}_i = q_i \cos\varphi_i - r_i \sin\phi_i$$

$$\dot{\psi}_i = \frac{1}{\cos\theta_i}(r_i \cos\phi_i + q_i \sin\phi_i) \qquad (8-1)$$

$$\dot{u}_i = v_i r_i - \omega_i q_i - g_i \sin\theta_i + \frac{F_{xi}}{m_i}$$

$$\dot{v}_i = -u_i r_i + \omega_i p_i + g_i \cos\theta_i \sin\phi_i + \frac{F_{yi}}{m_i}$$

$$\dot{\omega}_i = u_i q_i - v_i p_i + g_i \cos\theta_i \cos\phi_i + \frac{F_{zi}}{m_i}$$

$$\dot{p}_i = (c_{1i} r_i + c_{2i} p_i)q_i + c_{3i}\overline{L}_i + c_{4i}\overline{N}_i$$

$$\dot{q}_i = c_{5i} p_i r_i - c_{6i}(p_i^2 - r_i^2) + c_{7i}\overline{M}_i$$

$$\dot{r}_i = (c_{8i} p_i - c_{2i} r_i)q_i + c_{4i}\overline{L}_i + c_{9i}\overline{N}_i$$

$x_i, y_i, z_i$分别表示固定翼无人机在$t$时刻的$x$轴、$y$轴、$z$轴位置坐标;$\phi_i, \theta_i, \psi_i$分别表示固定翼无人机在$t$时刻的滚转角、俯仰角、偏航角;$u_i, v_i, \omega_i$分别表示无人机在$t$时刻的$x$轴速度分量、$y$轴速度分量和$z$轴速度分量;$p_i, q_i, r_i$分别表示固定翼无人机的滚转角速度、俯仰角速度和偏航角速度;$F_{xi}, F_{yi}, F_{zi}$分别表示$t$时刻作用在固定翼无人机$i$上的力的$x$轴分量、$y$轴分量和$z$轴分量;$\overline{L}_i, \overline{M}_i, \overline{N}_i$分别表示$t$时刻作用于固定翼无人机$i$上的滚转力矩、俯仰力矩和偏航力矩;$m_i$是$t$时刻固定翼无人机的质量;$g_i$是固定翼无人机$i$在$t$时刻的重力加速度。其中,

$$\dot{c}_{1i} = \frac{(I_{yi} - I_{zi})I_{zi} - I_{xzi}^2}{\sum_i}, c_{2i} = \frac{(I_{xi} - I_{yi} + I_{zi})I_{xzi}}{\sum_i},$$
$$\dot{c}_{3i} = \frac{I_{zi}}{\sum_i}, c_{4i} = \frac{I_{xzi}}{\sum_i}, c_{5i} = \frac{I_{zi} - I_{xi}}{I_{yi}}, c_{6i} = \frac{I_{xzi}}{I_{yi}}, \qquad (8-2)$$

$$\dot{c}_{7i} = \frac{1}{I_{yi}}, c_{8i} = \frac{I_{xi}(I_{xi} - I_{yi}) + I_{xzi}^2}{\sum_i}, c_{9i} = \frac{I_{xi}}{\sum_i}$$

$I_{xi} = \int (y_i^2 + z_i^2) \mathrm{d}m_i$ 为固定翼无人机 $i$ 在 $t$ 时刻的 $x$ 轴转动惯量，$I_{yi} = \int (x_i^2 + z_i^2) \mathrm{d}m_i$ 为固定翼无人机 $i$ 在 $t$ 时刻的 $y$ 轴转动惯量，$I_{zi} = \int (y_i^2 + x_i^2) \mathrm{d}m_i$ 为固定翼无人机 $i$ 在 $t$ 时刻的 $z$ 轴转动惯量，$I_{xzi} = \int x_i z_i \mathrm{d}m_i$ 表示惯性积，$\sum_i = I_{xi} I_{zi} - I_{xzi}^2$。

特别地，固定翼无人机的个体存在差异。也就是说，对于 $i, j = 1, 2, \cdots, N$，$i \neq j$，$m_i$ 可能与 $m_j$ 不相等。另外，由于燃料的燃烧，$m_i$ 的值可能随着时间 $t$ 发生改变。值得注意的是，$g_i$ 可能随着无人机 $i$ 的高度改变而改变。这里不考虑集群中每架固定翼无人机飞行高度的差异，因此，$g_i = g_j, i, j = 1, 2, \cdots, N$。

定义 $\boldsymbol{P}_i = [x_i, y_i, z_i]^\mathrm{T}$ 为位置向量，$\boldsymbol{\Theta}_i = [\phi_i, \theta_i, \psi_i]^\mathrm{T}$ 为姿态角向量，$\boldsymbol{Q}_i(t) = [u_i, v_i, \omega_i]^\mathrm{T}$ 为速度向量，$\boldsymbol{S}_i = [p_i, q_i, r_i]^\mathrm{T}$ 为姿态角速度向量。所以，式（8 - 1）可以合并为以下矩阵：

$$\dot{\boldsymbol{P}}_i = \boldsymbol{H}_i^\mathrm{T} \boldsymbol{Q}_i$$

$$\dot{\boldsymbol{Q}}_i = M_i \boldsymbol{Q}_i + \boldsymbol{G}_i g_i + \frac{1}{m_i} \boldsymbol{U}_i^F \qquad (8 - 3)$$

$$\dot{\boldsymbol{\Theta}}_i = \boldsymbol{D}_i^\mathrm{T} \boldsymbol{S}_i$$

$$\dot{\boldsymbol{S}}_i = \boldsymbol{K}_i \boldsymbol{U}_i^M + \boldsymbol{B}_i$$

在这里，$\boldsymbol{G}_i = [-\sin \theta_i, \cos \theta_i \sin \phi_i, \cos \theta_i \cos \phi_i]^\mathrm{T}, \boldsymbol{H}_i = [H_i^1, H_i^2, H_i^3]$，

$$\boldsymbol{M}_i = \begin{bmatrix} 0 & r_i & -q_i \\ -r_i & 0 & p_i \\ q_i & -p_i & 0 \end{bmatrix} \qquad (8 - 4)$$

$$\boldsymbol{D}_i = \begin{bmatrix} 1 & 0 & 0 \\ \sin\phi_i \tan\theta_i & \cos\phi_i & \dfrac{\sin\phi_i}{\cos\theta_i} \\ \cos\phi_i \tan\theta_i & -\sin\phi_i & \dfrac{\cos\phi_i}{\cos\theta_i} \end{bmatrix} \qquad (8 - 5)$$

$$\boldsymbol{K}_i = \begin{bmatrix} c_{3i} & 0 & c_{4i} \\ 0 & c_{7i} & 0 \\ c_{4i} & 0 & c_{9i} \end{bmatrix} \tag{8-6}$$

并且,

$$\boldsymbol{B}_i = \begin{bmatrix} (c_{1i}r_i + c_{2i}p_i)q_i \\ c_{5i}p_ir_i - c_{6i}(p_i^2 - r_i^2) \\ (c_{8i}p_i + c_{2i}r_i)q_i \end{bmatrix} \tag{8-7}$$

在这里,

$$\boldsymbol{H}_i^1(t) = \begin{bmatrix} \cos\theta_i\cos\psi_i \\ \sin\phi_i\sin\theta_i\cos\psi_i - \cos\phi_i\sin\psi_i \\ \sin\phi_i\sin\psi_i + \cos\varphi_i\sin\theta_i\cos\psi_i \end{bmatrix} \tag{8-8}$$

$$\boldsymbol{H}_i^2(t) = \begin{bmatrix} \cos\theta_i\sin\psi_i \\ \sin\phi_i\sin\theta_i\sin\psi_i + \cos\phi_i\cos\psi_i \\ -\sin\phi_i\cos\psi_i + \cos\phi_i\sin\theta_i\sin\psi_i \end{bmatrix} \tag{8-9}$$

并且,

$$\boldsymbol{H}_i^3(t) = \begin{bmatrix} \sin\theta_i \\ -\sin\phi_i\cos\theta_i \\ -\cos\phi_i\cos\theta_i \end{bmatrix} \tag{8-10}$$

施加在第 $i$ 架固定翼无人机上的力 $\boldsymbol{U}_i^F = [F_{xi}, F_{yi}, F_{zi}]^T$ 由气动力(包括升力 $L_i$、阻力 $D_i$ 和侧向力 $Y_i$)和推力 $T_i$ 组成,也就是

$$\vec{i}F_{xi} + \vec{j}F_{yi} + \vec{k}F_{zi} = L_i + D_i + Y_i + T_i \tag{8-11}$$

其中 $L_i = C_{Li}Q_iS_{wi}, D_i = C_{Di}Q_iS_{wi}, Y_i = C_{Yi}Q_iS_{wi}, T_i = C_{Ti}Q_iS_{Di}\delta_{Ti}, \vec{i}, \vec{j}, \vec{k}$ 分别是 $x$ 轴、$y$ 轴、$z$ 轴的单位向量,$C_{Li}, C_{Di}, C_{Yi}, C_{Ti}$ 分别是第 $i$ 架固定翼无人机的升力系数、阻力系数、侧向力系数、推力系数,动压 $Q_i = \dfrac{1}{2}\rho_iV_i^2$,空速 $V_i = (u_i^2 + v_i^2 + \omega_i^2)^{0.5}$,吸引角 $\alpha = \arctan\dfrac{\omega}{u}$,侧滑角 $\beta = \arctan\dfrac{v}{V}$,空气密度 $\rho_i = \rho_i^0(1 - 0.703 \times 10^{-5} \times z_i)^{4.14}$,$\rho_i^0$ 为初始时刻空气密度,$S_{wi}$ 是第 $i$ 架固定翼无人机机翼的参考面积,$S_{Di}$ 是第 $i$ 架固定翼无人机机翼的叶片面积,$\delta_{Ti}$ 是发动机加速器开度。

总转矩 $\boldsymbol{U}_i^M = [\overline{L}_i, \overline{M}_i, \overline{N}_i]^T$ 为

$$\overline{L}_i = C_{li} Q_i S_{wi} b_i \delta_{ai}$$

$$\overline{M}_i = C_{mi} Q_i S_{wi} C_{Ai} \delta_{ei} \qquad (8-12)$$

$$\overline{N}_i = C_{ni} Q_i S_{wi} b_i \delta_{ri}$$

其中,$C_{li}$,$C_{mi}$,$C_{ni}$分别是第 $i$ 架固定翼无人机的滚转力矩系数、俯仰力矩系数、偏航力矩系数;$C_{Ai}$ 是平均空气动力弦长;$b_i$ 是第 $i$ 架固定翼无人机的翼展长度;$\delta_{ai}$,$\delta_{ei}$,$\delta_{ri}$分别为副翼偏转角、升降舵偏转角和方向舵偏转角。

上述方程给出了第 $i$ 架固定翼无人机的状态向量 $\boldsymbol{FS}_i = [\boldsymbol{P}_i^{\mathrm{T}}, \boldsymbol{\Theta}_i^{\mathrm{T}}, \boldsymbol{Q}_i^{\mathrm{T}}, \boldsymbol{S}_i^{\mathrm{T}}]^{\mathrm{T}}$ 与控制输入向量 $[\delta_{ai}, \delta_{ei}, \delta_{ri}, \delta_{Ti}]^{\mathrm{T}}$ 之间的非线性关系。而式(8-11)和式(8-12)与所选择的固定翼无人机类型密切相关。为了使控制算法具有更多的应用场景,我们将 $\boldsymbol{U}_i^F$ 和 $\boldsymbol{U}_i^M$ 作为控制输入而非 $[\delta_{ai}, \delta_{ei}, \delta_{ri}, \delta_{Ti}]^{\mathrm{T}}$,根据式(8-11)和式(8-12),可以轻松获得时刻 $t$ 的 $\boldsymbol{FS}_i$、$\boldsymbol{U}_i^F$ 和 $\boldsymbol{U}_i^M$。

### 8.1.3 交互机制

由于其限的通信能力,每架固定翼无人机只能与它的邻居交互。邻居关系由一个节点集 $v = \{1, 2, \cdots, N\}$ 和一个时变边集 $\varepsilon \in v \times v$ 组成的动态无向图 $\xi$ 表示。其中,$v$ 表示固定翼无人机的集合,$\varepsilon$ 表示任意两架固定翼无人机之间的邻居关系。如果无人机 $i$ 和无人机 $j$ 是邻居关系,那么$(j, i) \in \varepsilon(t)$。注意,$v$ 是有限且非空的。

1. 基于尺度的邻居关系

如上所述,每架无人机只能在有限的区域内与相邻的无人机进行交互[32]。$t$ 时刻无人机 $i$ 的邻居集合用 $N_i(t)$ 表示。

首先,我们定义无人机 $i$ 在初始时刻的邻居集合为[14]

$$N_i(0) = \{j \mid \|\boldsymbol{P}_i(0) - \boldsymbol{P}_j(0)\| < D, i, j = 1, 2, \cdots, N, j \neq i\} \qquad (8-13)$$

其中,$\|\cdot\|$ 是欧几里得范数,$D > 2R$ 是交互半径。

其次,由于在系统稳定之前,任意两架无人机之间的距离会发生变化,因此两架无人机的邻居关系也会发生变化。假设交互网络 $\xi(t)$ 在 $t_p$ 发生切换,$p = 1, 2, \cdots$。为了保持交互网络 $\xi(t)$ 的连通性,引入如下磁滞[14]:

(1)若$(i, j) \in \varepsilon(t^-)$且$\|\boldsymbol{P}_i(t) - \boldsymbol{P}_j(t)\| < D - \varepsilon_0$,$\varepsilon_0 \in (0, D)$ 是一个定常数,$i = 1, 2, \cdots, N$,则$(i, j) \in \varepsilon(t)$,$t > 0$;

(2)若$\|\boldsymbol{P}_i(t) - \boldsymbol{P}_j(t)\| \geq D$,则$(i, j) \notin \varepsilon(t)$,则 $t > 0$。

因此,$\xi(t)$ 是一个在每个非空的、有界的、连续的时间间隔$[t_r, t_{r+1})$ 上固定的拓扑图,$r = 0,1,\cdots,N$。

2. 尺度交互网络

为了明确邻居关系,网络$\xi(t)$的耦合配置由下面的邻接矩阵$\boldsymbol{A}_N = [w_{ij}]_{N \times N}$ $\in M_N(R)$表示

$$w_{ij}(t) = \begin{cases} 1, & (j,i) \in \varepsilon(t) \\ 0, & \text{其他} \end{cases} \tag{8-14}$$

显而易见,一架无人机的不同邻居在决定其行为时应该有不同程度的影响,因此我们引入了一个参数$k_{ij}$。$k_{ij}$表示邻居$i$和$j$的耦合强度。因此,加权网络的邻居矩阵为

$$\boldsymbol{B}(t) = \begin{bmatrix} k_{11}w_{11} & k_{12}w_{12} & \cdots & k_{1N}w_{1N} \\ k_{21}w_{21} & k_{22}w_{22} & \cdots & k_{2N}w_{2N} \\ \vdots & \vdots & & \vdots \\ k_{N1}w_{N1} & k_{N2}w_{N2} & \cdots & k_{NN}w_{NN} \end{bmatrix} \tag{8-15}$$

其中$k_{ij} > 0, k_{ij} = k_{ji}, i,j \in v$,且耦合强度$k_{ij}$与无人机$i$和无人机$j$之间的距离有关。因此,

$$k_{ij} = \frac{k}{\| \boldsymbol{P}_i - \boldsymbol{P}_j \|} \tag{8-16}$$

$k > 0$,对于无人机$j$来说,无人机$i$的距离越小,$i$对其影响越大。

网络$\xi(t)$的拉普拉斯矩阵为

$$L_{ij}(t) = \begin{cases} -k_{ij}w_{ij}, i \neq j \\ \sum_{k=1,k \neq i}^{N} k_{ik}w_{ik}, i \neq j \end{cases} \tag{8-17}$$

## 8.1.4 协同策略设计

考虑一个由式(8-1)控制的$N$架固定翼无人机组成的系统。用无向图$\xi$描述它们的通信网络。协同控制问题是为固定翼无人机设计分布式控制协议,使多组固定翼无人机能够协同完成预定的集群任务。

集群算法的灵感来自群居动物的集体行为,如鱼类、鸟类等。经典的集群算法由两部分组成[33]:一致部分和基于梯度部分。第一部分的目标是使所有无人机以一致的方式移动。第二部分主要依靠吸引/排斥函数影响任意两架固定翼无人机之间的相对位置。

经典的集群算法主要针对一、二阶积分器模型[33]。由于固定翼无人机具有

复杂的运动学和动力学特性,且具有非完整约束,因此经典的集群算法不能直接应用于固定翼无人机。此外,固定翼无人机模型有一个额外的部分产生的非零姿态角速度,称为陀螺效应。为此,本章提出了一种新的分布式集群协同算法,通过添加第三部分来处理固定翼无人机的陀螺效应。本章给出了固定翼无人机的控制协议

$$\boldsymbol{U}_i^F(t) = -m_i \sum_{j \in N_i} k_{ij}(\boldsymbol{Q}_i - \boldsymbol{Q}_j) - m_i \boldsymbol{H}_i \sum_{j \in N_i} k_{ij}(\dot{\boldsymbol{P}}_i - \dot{\boldsymbol{P}}_j) -$$

$$m_i \boldsymbol{H}_i \sum_{j \in N_i(t)} \nabla_{\boldsymbol{P}_{ij}} V(\parallel \boldsymbol{P}_{ij} \parallel) - m_i \boldsymbol{G}_i g_i \qquad (8-18)$$

$$\boldsymbol{U}_i^M(t) = -K_i^{-1} \sum_{j \in N_i} k_{ij}(\boldsymbol{S}_i - \boldsymbol{S}_j) - K_i^{-1} D_i \sum_{j \in N_i} k_{ij}(\boldsymbol{\Theta}_i - \boldsymbol{\Theta}_j) - K_i^{-1} B_i$$

其中,$V(\parallel \boldsymbol{P}_{ij} \parallel)$是无人机$i$和$j$之间的势函数,$-m_i G_i g_i$是重力项,$-K_i^{-1} B_i$是陀螺效应项,当姿态角速度向量$\boldsymbol{S}_i$等于零时,它会消失。其中,势函数$V(\parallel \boldsymbol{P}_{ij} \parallel)$定义为[26]

**定义8.1(势函数一)**:$V(\parallel \boldsymbol{P}_{ij} \parallel)$是一个关于$i$和$j$之间的距离$\parallel \boldsymbol{P}_{ij} \parallel$的、可微的、非负的、径向无界的函数,满足如下约束条件:

(1)当$\parallel \boldsymbol{P}_{ij} \parallel \to 2R$时,$V(\parallel \boldsymbol{P}_{ij} \parallel) \to \infty$;

(2)当$\parallel \boldsymbol{P}_{ij} \parallel \to D$时,$V(\parallel \boldsymbol{P}_{ij} \parallel) \to \infty$;

(3)当$i$和$j$之间的距离为$2R$和$D$之间某一期望值时,$V(\parallel \boldsymbol{P}_{ij} \parallel)$取其唯一的最小值。

基于上述陈述,针对多架固定翼无人机提出以下定理。

**定理8.1**:考虑一个由$N$架固定翼无人机组成的系统,其运动学方程为式(8-1)。每架固定翼无人机的行为由协议(8-18)控制。如果初始交互网络$\xi(0)$为无向连通图,则有:

(1)任意两架无人机之间不会发生碰撞,即$\parallel \boldsymbol{P}_i - \boldsymbol{P}_j \parallel > 2R,i,j \in v$,且$i \neq j$。

(2)系统始终保持交互网络的连通性。

(3)所有固定翼无人机的速度、姿态角速度、滚转角、俯仰角和偏航角渐近一致,即$u_i = u_j, v_i = v_j, \omega_i = \omega_j, p_i = p_j, q_i = q_j, r_i = r_j, \phi_i = \phi_j, \theta_i = \theta_j, \psi_i = \psi_j$,并且$i, j \in v, i \neq j$。

(4)该系统逐渐趋向于一个聚合队形,使总势力最小化:即$\dfrac{\mathrm{d}V}{\mathrm{d}t} = 0$。

证明:根据式(8-3)和式(8-18),可以得到:

$$\dot{\boldsymbol{Q}}_i = m_i \boldsymbol{Q}_i - \sum_{j \in N_i} k_{ij}(\boldsymbol{Q}_i - \boldsymbol{Q}_j) - \boldsymbol{H}_i \sum_{j \in N_i} k_{ij}(\dot{\boldsymbol{P}}_i - \dot{\boldsymbol{P}}_j) - \boldsymbol{H}_i \sum_{j \in N_i} \nabla_{\boldsymbol{P}_{ij}} V(\parallel \boldsymbol{P}_{ij} \parallel)$$

$$\dot{\boldsymbol{S}}_i = -\sum_{j \in N_i} k_{ij}(\boldsymbol{S}_i - \boldsymbol{S}_j) - D_i \sum_{j \in N_i} k_{ij}(\dot{\boldsymbol{\Theta}}_i - \dot{\boldsymbol{\Theta}}_j) \qquad (8-19)$$

令 $\boldsymbol{P} = [\boldsymbol{P}_1^{\mathrm{T}}, \cdots, \boldsymbol{P}_N^{\mathrm{T}}]^{\mathrm{T}}$，$\boldsymbol{Q} = [\boldsymbol{Q}_1^{\mathrm{T}}, \cdots, \boldsymbol{Q}_N^{\mathrm{T}}]^{\mathrm{T}}$，$\boldsymbol{\Theta} = [\boldsymbol{\Theta}_1^{\mathrm{T}}, \cdots, \boldsymbol{\Theta}_N^{\mathrm{T}}]^{\mathrm{T}}$，$\boldsymbol{S} = [\boldsymbol{S}_1^{\mathrm{T}}, \cdots, \boldsymbol{S}_N^{\mathrm{T}}]^{\mathrm{T}}$，$\boldsymbol{m} = [\boldsymbol{m}_1^{\mathrm{T}}, \cdots, \boldsymbol{m}_N^{\mathrm{T}}]^{\mathrm{T}}$。根据所述的定义，拉普拉斯矩阵 $\boldsymbol{L}_N$ 是对称半正定的。给出如下能量函数作为公共李雅普诺夫函数：

$$\begin{aligned} E(P, \boldsymbol{\Theta}, Q, S, m) &= \frac{1}{2}V + \frac{1}{2}\sum_{i=1}^{N} \boldsymbol{Q}_i^{\mathrm{T}} \boldsymbol{Q}_i + \frac{1}{2}\sum_{i=1}^{N} \boldsymbol{S}_i^{\mathrm{T}} \boldsymbol{S}_i + \frac{1}{2}\boldsymbol{\Theta}^{\mathrm{T}}(\boldsymbol{L}_N \otimes \boldsymbol{I}_3)\boldsymbol{\Theta} \\ &= \frac{1}{2}V + \frac{1}{2}\sum_{i=1}^{N} \boldsymbol{Q}_i^{\mathrm{T}} \boldsymbol{Q}_i + \frac{1}{2}\sum_{i=1}^{N} \boldsymbol{S}_i^{\mathrm{T}} \boldsymbol{S}_i + \frac{1}{2}\sum_{i=1}^{N} \boldsymbol{\Theta}_i^{\mathrm{T}} \sum_{j \in N_i} k_{ij}(\boldsymbol{\Theta}_i - \boldsymbol{\Theta}_j) \end{aligned}$$

$$(8-20)$$

$\boldsymbol{I}_3$ 表示 $3 \times 3$ 的矩阵，$E(P, \boldsymbol{\Theta}, Q, S, m)$ 关于时间 $t \in [t_r, t_{r+1})$ 的导数

$$\begin{aligned} \frac{\mathrm{d}E}{\mathrm{d}t} &= \frac{1}{2}\sum_{i=1}^{N}\sum_{j \in N_i} \dot{\boldsymbol{P}}_i^{\mathrm{T}} \nabla_{P_{ij}} V(\|\boldsymbol{P}_{ij}\|) + \sum_{i=1}^{N} \boldsymbol{Q}_i^{\mathrm{T}} \dot{\boldsymbol{Q}}_i + \\ &\quad \sum_{i=1}^{N}\sum_{j \in N_i} \dot{\boldsymbol{\Theta}}_i^{\mathrm{T}} k_{ij}(\boldsymbol{\Theta}_i - \boldsymbol{\Theta}_j) + \sum_{i=1}^{N} \boldsymbol{S}_i^{\mathrm{T}} \dot{\boldsymbol{S}}_i \\ &= \sum_{i=1}^{N} \dot{\boldsymbol{P}}_i^{\mathrm{T}} \sum_{j \in N_i} \nabla_{P_{ij}} V(\|\boldsymbol{P}_{ij}\|) + \sum_{i=1}^{N} \boldsymbol{Q}_i^{\mathrm{T}} \dot{\boldsymbol{Q}}_i + \\ &\quad \sum_{i=1}^{N} \boldsymbol{S}_i^{\mathrm{T}} D_i \sum_{j \in N_i} k_{ij}(\boldsymbol{\Theta}_i - \boldsymbol{\Theta}_j) + \sum_{i=1}^{N} \boldsymbol{S}_i^{\mathrm{T}} \dot{\boldsymbol{S}}_i \end{aligned} \qquad (8-21)$$

因为 $\boldsymbol{m}_i$ 是反对称矩阵，可以得到 $\sum_{i=1}^{N} \boldsymbol{Q}_i^{\mathrm{T}} \boldsymbol{m}_i \boldsymbol{Q}_i = 0$，根据式（8-19）和式（8-21），我们可以得到：

$$\begin{aligned} \frac{\mathrm{d}E}{\mathrm{d}t} &= -\sum_{i=1}^{N} \boldsymbol{Q}_i^{\mathrm{T}} \sum_{j \in N_i} k_{ij}(\boldsymbol{Q}_i - \boldsymbol{Q}_j) - \sum_{i=1}^{N} \boldsymbol{S}_i^{\mathrm{T}} \sum_{j \in N_i} k_{ij}(\boldsymbol{S}_i - \boldsymbol{S}_j) - \sum_{i=1}^{N} \dot{\boldsymbol{P}}_i^{\mathrm{T}} \sum_{j \in N_i} k_{ij}(\dot{\boldsymbol{P}}_i - \dot{\boldsymbol{P}}_j) \\ &= -\boldsymbol{Q}^{\mathrm{T}}(\boldsymbol{L}_N \otimes \boldsymbol{I}_3)\boldsymbol{Q} - \boldsymbol{S}^{\mathrm{T}}(\boldsymbol{L}_N \otimes \boldsymbol{I}_3)\boldsymbol{S} - \boldsymbol{P}^{\mathrm{T}}(\boldsymbol{L}_N \otimes \boldsymbol{I}_3)\boldsymbol{P} \end{aligned} \qquad (8-22)$$

因此，

$$\frac{\mathrm{d}E}{\mathrm{d}t} \leqslant 0 \qquad (8-23)$$

系统的初始势能是有限的，所有无人机的初始速度和初始角度也是有限的。因此，系统的初始能量 $E(P(0), \boldsymbol{\Theta}(0), Q(0), S(0), m(0))$ 是有限的，因为对于任意时间间隔 $[t_r, t_{r+1})$，$r = 0, 1, \cdots$，都有 $\dfrac{\mathrm{d}E}{\mathrm{d}t} \leqslant 0$，因此 $E(t)$ 的上界很明显是它的初始时刻的值 $E(P(0), \boldsymbol{\Theta}(0), Q(0), S(0), m(0))$，因此，系统的势能 $V(t)$ 是有限的。无人机 $i$ 和 $j$ 之间的势能 $V(\|\boldsymbol{P}_{ij}\|)$ 也是有限的。

（1）**避免碰撞**：明显地，当 $\|\boldsymbol{P}_{ij}\| \to 2R$ 时，根据定义 8.1 的规则（1），$V(\|\boldsymbol{P}_{ij}\|)$ $\to \infty$，与 $V(\|\boldsymbol{P}_{ij}\|)$ 是有限地相矛盾，因此，$\|\boldsymbol{P}_{ij}\| > 2R$，该结论可以验证任意两架无人机彼此不会发生碰撞，定理 8.1 的结论（1）得到验证。

（2）**连通性保持**：根据定义 8.1 的规则（2），如果 $\|\boldsymbol{P}_{ij}\| \to D$，$i,j \in \varepsilon$，则 $V(\|\boldsymbol{P}_{ij}\|) \to \infty$，与 $V(\|\boldsymbol{P}_{ij}\|)$ 是有限地相矛盾，因此，$V(\|\boldsymbol{P}_{ij}\|) < D$。如果在 $\varepsilon$ 上添加一个边界 $i,j \notin \varepsilon$，相关势场 $V(\|\boldsymbol{P}_{ij}\|)$ 和新势场 $V$ 都是有界的。因此，交互网络的连通性可以得到保持。定理 8.1 的结论（2）得证。

（3）**速度一致**：证明了交互网络 $\xi(t)$ 最终是固定的，接下来的讨论限制在时间 $[t_f,\infty)$ 中，$t_f$ 是最后切换时间。

集合

$$B = \{P,\Theta,Q,S,m \mid E(P,\Theta,Q,S,m) \leqslant E(P(0),\Theta(0),Q(0),S(0),m(0))\}$$

$$(8-24)$$

是正不变的。而且，因为对于 $t \geqslant 0$，$G(t)$ 是连通的，可以得到对于所有的 $i$ 和 $j$，$\|\boldsymbol{P}_{ij}\| < (N-1)D$。因为 $E(P,\Theta,Q,S,m) \leqslant E(P(0),\Theta(0),Q(0),S(0),$ $m(0))$，可以得到：

$$QQ^{\mathrm{T}} \leqslant 2E[P(0),\Theta(0),Q(0),S(0),m(0) \qquad (8-25)$$

其中，$\|Q\| \leqslant \sqrt{2E(P(0),\Theta(0),Q(0),S(0),m(0))}$。另外，$\phi_i \in (-\pi,\pi)$，$\theta_i \in$ $(-\pi,\pi)$，$\psi_i \in (-\pi,\pi)$，$i = 1,2,\cdots,N$。因此，集合 $B$ 是封闭、有界、紧致的。作为时间间隔 $[t_f,\infty)$ 上的自治系统，根据 LaSalle – Krasovskii 不变性原理[34]，带有控制输入（8 – 18）的系统（8 – 1）会收敛于集合 $IS = \left\{P,\Theta,Q,S,m \,\middle|\, \dfrac{\mathrm{d}E}{\mathrm{d}t} = 0\right\}$。易知，当且仅当 $\boldsymbol{Q}_i = \boldsymbol{Q}_j$，$\dot{\boldsymbol{P}}_i = \dot{\boldsymbol{P}}_j$，$i = 1,2,\cdots,N$，$j \in N_i$。

根据式（8 – 1）和 $\boldsymbol{Q}_i = \boldsymbol{Q}_j$，$\dot{\boldsymbol{P}}_i = \dot{\boldsymbol{P}}_j$ 等价于 $\boldsymbol{H}_i = \boldsymbol{H}_j$，$i = 1,2,\cdots,N$。我们得到 $\boldsymbol{\Theta}_i = \boldsymbol{\Theta}_j$。

通过 $k_{ij} = k_{ji}$，可以得到 $\sum\limits_{i=1}^{N}\sum\limits_{j \in N_i} k_{ij}(\boldsymbol{\Theta}_i - \boldsymbol{\Theta}_j) = 0$，通过式（8 – 19）和 $\boldsymbol{S}_i = \boldsymbol{S}_j$，得出：

$$\dot{\overline{\boldsymbol{S}}}_i = \frac{1}{N}\sum_{i=1}^{N}\dot{\boldsymbol{S}}_i$$

$$= \frac{1}{N}\left[-\sum_{i=1}^{N}\sum_{j \in N_i} k_{ij}(\boldsymbol{S}_i - \boldsymbol{S}_j) - \sum_{i=1}^{N}\sum_{j \in N_i} k_{ij}(\boldsymbol{\Theta}_i - \boldsymbol{\Theta}_j)\right]$$

$$= -\frac{1}{N}\sum_{i=1}^{N}\sum_{j\in N_i}k_{ij}(\boldsymbol{\Theta}_i - \boldsymbol{\Theta}_j)$$

$$= 0 \tag{8-26}$$

因为 $\boldsymbol{S}_1 = \cdots = \boldsymbol{S}_N = \overline{\boldsymbol{S}}$，我们得到 $\dot{\overline{\boldsymbol{S}}}_i = \dot{\overline{\boldsymbol{S}}} = \boldsymbol{0}$；即 $\sum_{j\in N_i}k_{ij}(\boldsymbol{S}_i - \boldsymbol{S}_j) - \sum_{j\in N_i}k_{ij}(\boldsymbol{\Theta}_i - \boldsymbol{\Theta}_j) = 0$，$i = 1,2,\cdots,N$。通过 $\boldsymbol{S}_i = \boldsymbol{S}_j$ 和 $k_{ij} = k_{ji} > 0$，可以得到 $\boldsymbol{\Theta}_i = \boldsymbol{\Theta}_j$，$i = 1,\cdots,N$。因此，定理 8.1 的结论(3)得证。

（4）**集群中心**：$\nabla_{\boldsymbol{P}_{ij}}V(\|\boldsymbol{P}_{ij}\|)$ 是奇函数。通过式(8-19)，可得：

$$\dot{\overline{\boldsymbol{Q}}} = \frac{1}{N}\sum_{i=1}^{N}\dot{\boldsymbol{Q}}_i$$

$$= \frac{1}{N}\Big[-\sum_{i=1}^{N}\sum_{j\in N_i}k_{ij}(\boldsymbol{Q}_i - \boldsymbol{Q}_j) - \sum_{i=1}^{N}\boldsymbol{H}_i\sum_{j\in N_i}k_{ij}(\dot{\boldsymbol{P}}_i - \dot{\boldsymbol{P}}_j) -$$

$$\sum_{i=1}^{N}\boldsymbol{H}_i\sum_{j\in N_i}\nabla_{\boldsymbol{P}_{ij}}V(\|\boldsymbol{P}_{ij}\|)\Big]$$

$$= \frac{1}{N}\Big(-\sum_{i=1}^{N}\boldsymbol{H}_i\sum_{j\in N_i}\nabla_{\boldsymbol{P}_{ij}}V(\|\boldsymbol{P}_{ij}\|)\Big) = 0 \tag{8-27}$$

因为 $\boldsymbol{Q}_1 = \cdots = \boldsymbol{Q}_N = \overline{\boldsymbol{Q}}$，我们得到 $\dot{\overline{\boldsymbol{Q}}}_i = \dot{\overline{\boldsymbol{Q}}} = 0$，即 $-\sum_{j\in N_i}k_{ij}(\boldsymbol{Q}_i - \boldsymbol{Q}_j) - \boldsymbol{H}_i\sum_{j\in N_i}k_{ij}(\dot{\boldsymbol{P}}_i - \dot{\boldsymbol{P}}_j) - \boldsymbol{H}_i\sum_{j\in N_i}\nabla_{\boldsymbol{P}_{ij}}V\|\boldsymbol{P}_{ij}\| = 0$，$i = 1,2,\cdots,N$。通过 $\boldsymbol{Q}_i = \boldsymbol{Q}_j$ 和 $\dot{\boldsymbol{P}}_i = \dot{\boldsymbol{P}}_j$，可以得到 $\nabla_{\boldsymbol{P}_{ij}}V(\|\boldsymbol{P}_{ij}\|) = 0$，$i = 1,\cdots,N, j\in N_i$。无人机系统的总势场是 $V(t) = \sum_{i=1}^{N}\sum_{j\in N_i}V(\|\boldsymbol{P}_{ij}\|)$，所以可以得到 $\dfrac{dV}{dt} = 0$。定理 8.1 的结论(4)得证。

## 8.1.5　仿真验证

在这部分，我们讨论了水平翼型无人机的稳定飞行场景，附加约束条件为

$$\dot{\phi}_i = \dot{\phi}_i = \dot{\theta}_i = \dot{\psi}_i, i = 1,2,\cdots,N \tag{8-28}$$

因此，当固定翼无人机到达稳定状态时，期望 $\phi_i = p_i = q_i = r_i = 0$，然后，固定翼无人机 $i$ 的简化控制协议表示为

$$\boldsymbol{U}_i^F(t) = -\boldsymbol{m}_i\sum_{j\in N_i}k_{ij}(\boldsymbol{Q}_i - \boldsymbol{Q}_j) - \boldsymbol{m}_i\boldsymbol{H}_i\sum_{j\in N_i}k_{ij}(\dot{\boldsymbol{P}}_i - \dot{\boldsymbol{P}}_j) -$$

$$\boldsymbol{m}_i\boldsymbol{H}_i\sum_{j\in N_i(t)}\nabla_{\boldsymbol{P}_{ij}}V(\|\boldsymbol{P}_{ij}\|) - \boldsymbol{m}_i\boldsymbol{G}_i g_i$$

$$\boldsymbol{U}_i^M(t) = -\boldsymbol{K}_i^{-1}\sum_{j\in N_i}k_{ij}(\boldsymbol{S}_i - \boldsymbol{S}_d) - \boldsymbol{K}_i^{-1}\sum_{j\in N_i}k_{ij}(\boldsymbol{S}_i - \boldsymbol{S}_j) -$$

$$K_i^{-1} \sum_{j \in N_i} k_{ij}(\boldsymbol{\Theta}_i - \boldsymbol{\Theta}_d) - K_i^{-1} \sum_{j \in N_i} k_{ij}(\boldsymbol{\Theta}_i - \boldsymbol{\Theta}_j) - K_i^{-1} \boldsymbol{B}_i \qquad (8-29)$$

所需的角速度矢量 $\boldsymbol{S}_d = [p_d, q_d, r_d]^{\mathrm{T}} = 0$ 且 $\boldsymbol{\Theta}_d = [\phi_d, \theta_d, \psi_d]^{\mathrm{T}}$,所需的滚转角 $\phi_d = 0$。

为了验证本章算法(8-29)的有效性,我们采用式(8-1)控制的6架固定翼无人机。随机生成6架无人机的初始条件,但满足初始通信网络连通的条件。设定通信半径 $D = 10$ m,根据6架无人机的初始位置和通信半径,得到无人机系统的初始交互拓扑为

$$\boldsymbol{A}(0) = \begin{bmatrix} 0 & 0 & 1 & 1 & 1 & 1 \\ 0 & 0 & 0 & 0 & 1 & 1 \\ 1 & 0 & 0 & 1 & 0 & 0 \\ 1 & 0 & 1 & 0 & 0 & 0 \\ 1 & 1 & 0 & 0 & 0 & 1 \\ 1 & 1 & 0 & 0 & 1 & 0 \end{bmatrix} \qquad (8-30)$$

它是连通的,但不是全连通。

势函数由吸引势能和排斥势能两部分组成。$a \in \mathbb{R}$ 表示吸引势能系数,而 $b \in \mathbb{R}$ 表示排斥势能系数。

每架无人机的物理直径 $2R = 9.45$ m,排斥势能系数 $b = 1$,模拟时间 $t_{\mathrm{f}} = 500$ s。式(8-16)制定了耦合强度 $k_{ij}$,其中 $k = C_k \dfrac{D}{\sqrt{a}}$。这里 $C_k$ 是正常数,$C_k = 1.5$。

吸引势能系数 $a$ 是决定理想平衡距离 $d_{dir}$ 的因素之一[35]。同时,$a$ 影响了整个系统的收敛速度。如果 $a$ 值较小,则整个系统以较慢的速度收敛到一致状态。为了缩短收敛时间,我们希望 $a$ 具有较大的值。但是大的值可能会导致最终的平衡距离不能满足我们的要求。因此,$a$ 用线性时变函数表示。根据这个时变函数,$a$ 开始时有一个初值,然后随着时间的推移逐渐变小。最后 $a$ 得到一个由理想的平衡距离决定的合适的值。$a(t)$ 可以表示为

$$a(t) = 2500 - (2500 - d_{\mathrm{dir}})\frac{t}{t_{\mathrm{f}}} \qquad (8-31)$$

因为 $d_{\mathrm{dir}} \ll 2500$,所以 $a(t)$ 可以近似表示为

$$a(t) = 2500 - 5t \qquad (8-32)$$

然后,在式(8-29)控制协议下,由式(8-1)控制的6架固定翼无人机的仿真结果如图8-1所示。

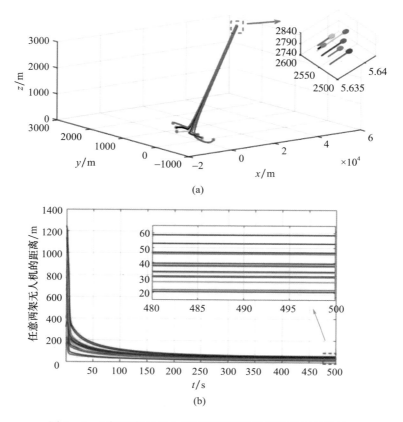

(a)

(b)

图 8-1　6 架固定翼无人机可变高度稳定集群飞行的轨迹

(a)无人机轨迹；(b)任意两架无人机的距离

　　第一,图 8-1(a)展示了 6 架无人机在该算法下的轨迹。绿色星点表示每架无人机的初始位置,彩色小球表示每架无人机在时间 $t=500$ s 时最终位置。图 8-1(a)还给出了 6 架无人机在时间 $t=500$ s 时最终配置的一个更清晰的展示,这是一个三维聚合队形。第二,图 8-1(b)表示任意两架无人机之间的距离。因为这些距离收敛到稳定,这也进一步证明了系统的构型是稳定的。任意两架无人机之间的最小距离均大于安全距离 $2R=9.45$ m;因此,任意两架无人机之间都不会发生碰撞。第三,图 8-2 给出了每架固定翼无人机的滚转角、俯仰角、偏航角、$x$ 轴速度分量、$y$ 轴速度分量和 $z$ 轴速度分量随时间的变化。这些图像告诉我们,每架固定翼无人机的姿态角和速度与其他无人机的变量一同收敛。

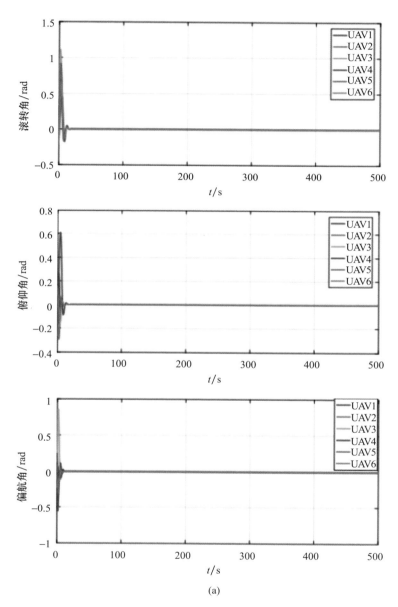

(a)

图 8 - 2  6 架固定翼无人机可变高度稳定飞行集群的状态变量仿真结果

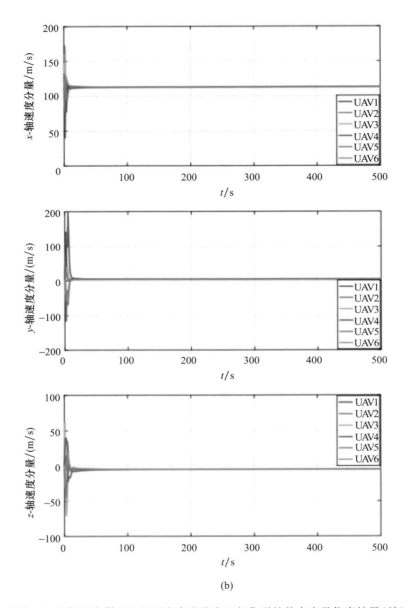

(b)

图 8-2　6 架固定翼无人机可变高度稳定飞行集群的状态变量仿真结果(续)

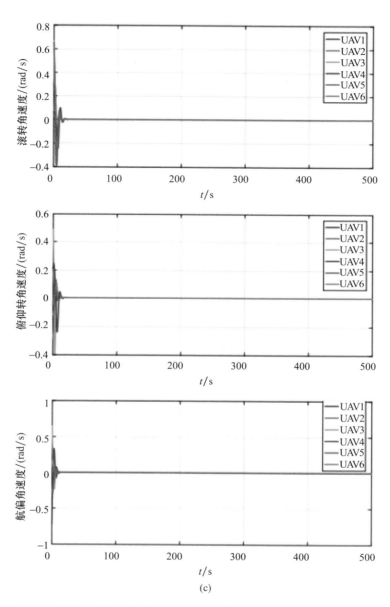

(c)

图8-2 6架固定翼无人机可变高度稳定飞行集群的状态变量仿真结果(续)

通常情况是,我们期望这些固定翼无人机在固定高度形成一个密集的集群。因此,我们可以进一步简化固定翼无人机的控制协议(8-29)如下:

$$U_i^F(t) = -m_i \sum_{j \in N_i} k_{ij}(Q_i - Q_d) - m_i \sum_{j \in N_i} k_{ij}(Q_i - Q_j) -$$
$$m_i H_i \sum_{j \in N_i} k_{ij}(\dot{P}_i - \dot{P}_j) - m_i H_i \sum_{j \in N_i(t)} \nabla_{P_{ij}} V(\|P_{ij}\|) - m_i G_i g_i$$
$$U_i^M(t) = -K_i^{-1} \sum_{j \in N_i} k_{ij}(S_i - S_d) - K_i^{-1} \sum_{j \in N_i} k_{ij}(S_i - S_j) -$$
$$K_i^{-1} \sum_{j \in N_i} k_{ij}(\Theta_i - \Theta_j) - K_i^{-1} B_i \qquad (8-33)$$

所需的速度矢量 $Q_d = [u_i, v_i, \omega_d]^T$。这里,$\omega_d = 0$。这里,6 架固定翼无人机(8-1)在控制协议(8-33)下的轨迹仿真结果如图 8-3(a)所示。图 8-3(b)给出了任意两架固定翼无人机之间的距离。图 8-3(c)和图 8-3(d)验证了 6 架固定翼无人机在稳定飞行过程中飞行高度是固定的。

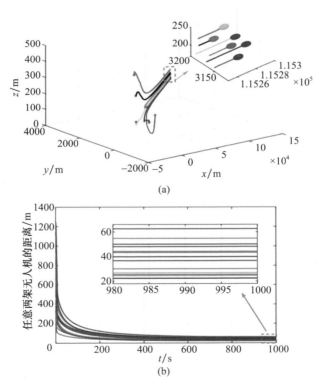

图 8-3 6 架固定翼无人机在固定高度稳定飞行时的飞行轨迹

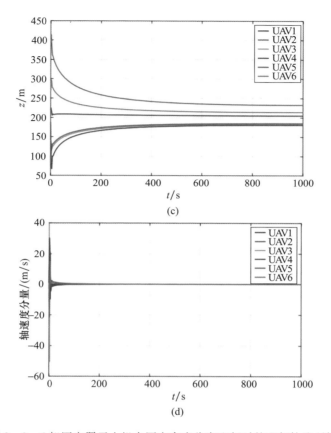

图 8 – 3　6 架固定翼无人机在固定高度稳定飞行时的飞行轨迹(续)

## 8.1.6　讨论与分析

在这一部分中,我们重点讨论了耦合强度系数$C_k$。首先,我们解释如何求$C_k$的值;其次,讨论了$C_k$的值对协同系统演化过程的影响。

确定$C_k$值的首要准则是保证任意两架无人机避免碰撞。令$P_{min}$表示演化过程中任意两架无人机之间的最小距离。那么,$P_{min}$只需大于安全距离$2R =$9.45 m 即可避免碰撞。但相邻无人机之间存在着气流扰动。因此,为了避免气流扰动对无人机行为的影响,我们考虑满足以下约束(8 – 34):

$$P_{min} \leqslant 20 \text{ m} \tag{8 – 34}$$

然后,我们从 0.5 到 10 给$C_k$设定了 20 个样本值,然后,在$C_k$的每个采样值下,记录系统在控制协议(8 – 29)作用下演化过程中的$P_{min}$值。结果如图 8 – 4(a)所示。很明显，$P_{\min}$随着$C_k$的增加而增加。当$C_k \geqslant 1.5$，$P_{\min} \geqslant 50$时，这些数据告诉我们一个初步结论：在一定的时间间隔内，较大的$C_k$可能产生较大的$P_{\min}$。这一结论对于调整协同系统，保证安全飞行具有重要的意义。

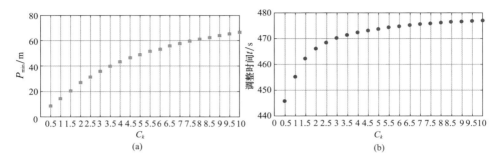

图 8 – 4   结果分析

我们希望能够迫使系统尽快达到稳定状态。因此，调整时间$t^*$成为选择参数$C_k$的第二个标准。调整时间$t^*$通常用来描述一个系统从初始条件到稳定所用的时间，它也是评估协同算法控制效果的一个重要指标。设误差范围$e_{ss} = 0.1$ m。那么，调整时间 $t^*$ 的最小值 $T$ 满足式（8 – 35）：

$$\{ \parallel \boldsymbol{P}_{ij}(t) - \boldsymbol{P}_{ij}(t_f) \parallel \leqslant e_{ss} \} \tag{8 – 35}$$

对于所有的$i,j \in \varepsilon, T \leqslant t \leqslant t_f$。此外，调整时间$t^*$越小，系统达到稳态的速度越快，协同算法的控制效果也越好。

同样，对于$C_k$从0.5到10的每个取值，我们也记录了系统在控制协议（8 – 29）作用下演化过程中的$t^*$值。结果如图8 – 4(b)所示。

显然，$t^*$随着$C_k$从0.5增加到10而增长。这些数据告诉我们另一个初步结论：在某一区间内，$C_k$越小，收敛速度越大。这个结论对$C_k$的值给出了一个完全相反的期望。根据图8 – 5，前进运动标记均为1，即在不同$C_k$值下，可获得每架固定翼无人机每次飞行的前进速度。似乎每架无人机的前进速度取决于6架固定翼无人机的起始值，而与$C_k$值的选择无关。

当$C_k$处于0.5到10之间时，$i = 1,2,\cdots,6$，我们还记录了速度矢量$\boldsymbol{q}_i$的最大值（见图8 – 6），姿态角矢量$\boldsymbol{\Theta}_i$的最大值（见图8 – 7），姿态角速度矢量$\boldsymbol{S}_i$的最大值（见图8 – 8）。显然，最大值随着$C_k$值的增加而减小。因此，对于速度、姿态角或姿态角速度上界较小的固定翼无人机，$C_k$值越高越好。

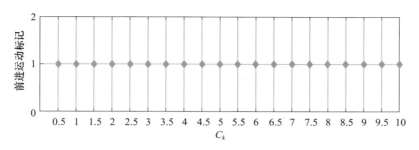

图 8 - 5    $C_k$ 与前进运动标记的关系

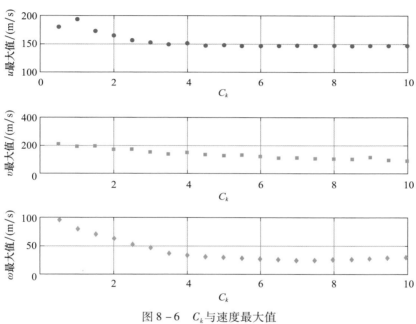

图 8 - 6    $C_k$ 与速度最大值

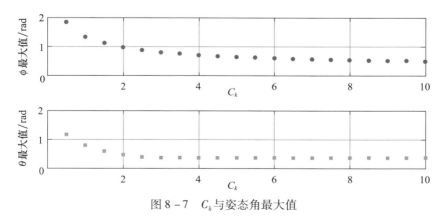

图 8 - 7    $C_k$ 与姿态角最大值

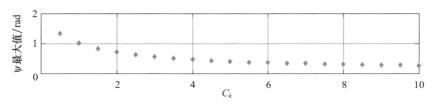

图 8 - 7　$C_k$ 与姿态角最大值(续)

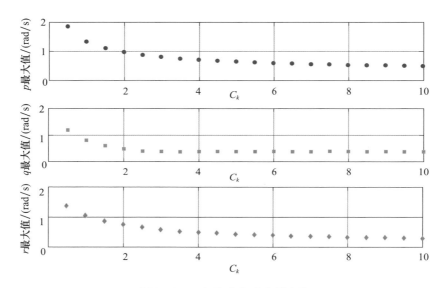

图 8 - 8　$C_k$ 与姿态角速度最大值

综上所述,我们可以根据所选固定翼无人机的具体约束,从调整时间 $t^*$、最小间隔距离 $P_{min}$ 和 $\boldsymbol{\Theta}_i$、$\boldsymbol{Q}_i$、$\boldsymbol{S}_i$ 的边界等方面来选择合适的 $C_k$ 值。为了满足约束条件(8 - 34),对于变高度集群,我们选择 $C_k = 1.5$,而对于定高度集群,我们选择 $C_k = 2.5$。

## 8.1.7　结论

本节解决了固定翼无人机在完整六自由度模型控制下的固定翼无人机的集群问题。根据个体间的最近邻居规则,将无人机系统的加权通信拓扑结构视为时变的。基于所提出的模型和通信机制,设计了一种分布式协同方法,使固定翼无人机群像鸟群一样协同完成提前设定好的集群任务。系统满足 Reynolds 定义的三个基本属性:分离、对齐和内聚,也得到了证明。在此基础上,该系统考虑了四个限制条件,包括姿态角、速度和姿态角速度、最小间隔距离、向前运动和调整时间。巧妙地将这些约束条件作为评价标准来指定通信网络耦合强度的值。最后,分别在 6 架固定翼无人机上进行了两种仿真,验证了所提出的算法对变高度稳定集群任务和定高度稳定集群任务的有效性。

## 8.1.8　参考文献

[1] ARENAS A,DIAZ – GUILERA A,KURTHS J,MORENO Y,ZHOU C. Synchronization in complex networks[J]. Phys. Rep. ,2008,469:93 – 153.

[2] LIU Z X,GUO L. Synchronization of multi – agent systems without connectivity assumptions [J]. Automatica,2009,45:2744 – 2753.

[3] CHAPMAN A,MESBAHI M. UAV flocking with wind gusts:Adaptive topology and model reduction[C]. IEEE Proceedings of the American Control Conference,June 2011:1045 – 1050.

[4] SASKA M,VAKULA J,PREUCIL L. Swarms of micro aerial vehicles stabilized under a visual relative localization[C]. IEEE International Conference on Robotics and Automation,May 2014:3570 – 3575.

[5] REYNOLDS C W. Flocks,herds,and schools:A distributed behavioral model[J]. Comput. Graph. ,1987,21(4):25 – 34.

[6] VICSEK T,CZIROOK A,BEN – JACOB E,COHEN O,SHOCHET I. Novel type of phase transitions in a system of self – driven particles[J]. Phys. Rev. Lett. ,1995,75:1226 – 1229.

[7] MCCUNE R,PURTA R,DOBSKI M,JAWORSKI A. Investigations of DDDAS for command and control of UAV swarms with agent – based modeling[C]. IEEE Proceedings of the Winter Simulations Conference,2013:1467 – 1478.

[8] BUSCARINO A,FORTUNA L,FRASCA M,RIZZO A. Dynamical network interactions in distributed control of robots[J]. Chaos,2006,16:015116.

[9] BEN – ASHER Y,FELDMAN S,GURL P,FELDMAN M. Distributed decision and control for cooperative uavs using ad – hoc communication[J]. IEEE Trans. Control Syst. Technol. ,2008,16(3):511 – 516.

[10] HAUERT S,LEVEN S,VARGA M,RUINI F. Reynolds flocking in reality with fixed – wing robots:Communication range vs maximum turning rate[C]. IEEE/RSJ International Conference on Intelligent Robots and Systems,September,2011:5015 – 5020.

[11] CHEN C,CHEN G,GUO L. Consensus of flocks under M – nearest neighbor rules[J]. J. Syst. Sci. Complex. ,2015,28:1 – 15.

[12] BAYEZIT I,FIDAN B. Distributed cohesive motion control of flight vehicle formations[J].

IEEE Trans. Ind. Electron. ,2013,60(12):5763 – 5772.

[13] SUN Y,LI W,ZHAO D. Realization of consensus of multi – agent systems with stochastically mixed interactions[J]. Chaos,2016,26:073112.

[14] JIA Y. Swarming coordination of multiple unmanned aerial vehicles in three – dimensional space[C]. AIAA Modeling and Simulation Technologies Conference,2016.

[15] HUNG S M,GIVIGI S N. A q – learning approach to flocking with UAVs in a stochastic ENVIRONMENT[J]. IEEE Trans. Cybern. ,2017,47(1):186 – 197.

[16] CORNER J J,LAMONT G B. Parallel simulation of UAV swarm scenarios[C]. Proceedings of the Winter Simulation Conference,2004:363 – 371.

[17] MENDEZ L,GIVIGI S N,SCHWARTZ H M,BEAULIEU A,PIERIS G,FUSINA G. Validation of swarms of robots:Theory and experimental results[C].7th International Conference on System of Systems Engineering,Genoa,2012:332 – 337.

[18] CIARLETTA L,GUENARD A,PRESSE Y,GALTIER V,SONG Y Q,PONSART J C,ABERKANE S,THEILLIOL D. Simulation and platform tools to develop safe flock of UAVS:A CPS application – driven research[C]. International Conference on Unmanned Aircraft Systems, May,2014:95 – 102.

[19] GIL A E,PASSINO K M,GANAPATHY S,SPARKS A. Cooperative task scheduling for networked uninhabited air vehicles[J]. IEEE Trans. Aerosp. Electron. Syst. ,2008,4 (2):561 – 581.

[20] JOELIANTO E,SAGALA A. Swarm tracking control for flocking of a multi – agent system[C]. IEEE Conference on Control,Systems,& Industrial Informatics,Bandung, 2012:75 – 80.

[21] VASARHELYI G,VIRAGH C,SOMORJAI G,TARCAI N,SZORENYI T,NEPUSZ T,VICSEK T. Outdoor flocking and formation flight with autonomous aerial robots[C]. IEEE/RSJ International Conference on Intelligent Robots and Systems,September,2014:3866 – 3873.

[22] JING G,ZHENG Y,WANG L. Flocking of multi – agent systems with multiple groups[J]. Int. J. Control,2014,87:2573 – 2582.

[23] SASKA M. MAV – swarms:Unmanned aerial vehicles stabilized along a given path using on-board relative localization[C]. International Conference on Unmanned Aircraft Systems,June, 2015:894 – 903.

[24] CUCKER F,SMALE S. Emergent behavior in flocks[J]. IEEE Trans. Autom. Control,2007, 52(5):852 – 862.

[25] OLFATI – SABER R. Flocking for multi – agent dynamic systems:Algorithms and theory[J]. IEEE Trans. Autom. Control,2006,51(3):401 – 420.

[26] SU H S,WANG X F,CHEN G R. A connectivity – preserving flocking algorithm for

multi – agent systems based only on position measurements［J］. Int. J. Control,2009,82（7）:1334 – 1343.

［27］ VANUALAILAI J,SHARAN A,SHARMA B. A swarm model for planar formations of multiple autonomous unmanned aerial vehicles［C］. IEEE International Symposium on Intelligent Control,Hyderabad,August,2013:206 – 211.

［28］ BEARD R W,MCLAIN T W,NELSON D B,KINGSTON D,JOHANSON D. Decentralized cooperative aerial surveillance using fixed – wing miniature UAVs［J］. Proc. IEEE,2006,94（7）:1306 – 1324.

［29］ JADBABAIE A,LIN J,MORSE A S. Coordination of groups of mobile autonomous agents using nearest neighbor rules［J］. IEEE Trans. Autom. Control,2003,48（6）:988 – 1001.

［30］ JIA Y,ZHANG W. Distributed adaptive flocking of robotic fish system with a leader of bounded unknown input［J］. Int. J. Control Autom. Syst. ,2014,12（5）:1049 – 1058.

［31］ WU S. Flight Control System［M］. 2nd edition. Beijing:Beijing University of Aeronautics and Astronautics Press,2013.

［32］ WANG L,CHEN G. Synchronization of multi – agent systems with metric topological interactions［J］. Chaos,2016,26:094809.

［33］ TANNER H G,JADBABAIE A,PAPPAS G J. Flocking in fixed and switching networks［J］. IEEE Trans. Autom. Control,2007,52（5）:863 – 868.

［34］ KHALIL H K. Nonlinear Systems ［M］. 3rd ed. . Prentice Hall:Upper Saddle River,NJ,2002.

［35］ JIA Y,WANG L. Leader – follower flocking of multiple robotic fish. IEEE/ASME Trans［J］. Mechatron. ,2015,20（3）:1372 – 1383.

## 8.2 通信半径的优化

在此,我们提出了一种方法和框架,以开发某些跨学科研究,特别是可以从系统化的整合研究中受益的情况。本部分将控制理论的严格推导和仿真结果的统计分析有机地统一起来,以证明和优化自由边界条件下空中集群场景中有序现象的出现。利用简化的数学模型对每架无人机进行控制,在此基础上针对空中集群问题提出了一种可行的分布式协同控制协议。在初始交互网络连通的条件下,采用 LaSalle – Krasovskii 不变性原理验证上述算法的有效性。

现有的大多数关于集群的研究结果还远远没有达到工程应用的程度。针对这些无人机有限的飞行能力和实时操作的需求,如何提出一个低耗能和节省时间的解决方案是一个基本的挑战。众所周知,如果能够消除集群个体之间不必要的交互,那么就可以减少系统的能源消耗。因此,本节的另一个贡献是针对现有的无人机集群算法的交互需求,提出了一种精确优化的算法。我们从统计重要性和强度来评估了能量和时间的测量以及可伸缩性效果。结果表明,最小交互的集群控制协议是最有效的。

## 8.2.1 引言

在过去的几十年里,空中集群被认为是机器人领域中最具挑战性、最令人兴奋和涵盖最多学科的领域之一[1-9]。与单机器人系统相比,空中集群系统预计将具有更强的抗故障/失效能力,并拥有更快的响应能力,以完成复杂的任务,如大范围的巡逻、探索、搜索和救援。集群是一种集体行为,由一组只依赖于简单规则和局部感知的个体产生。近年来,集群技术作为一种高效、低成本的空中集群方法得到了广泛的研究。然而,随着集群规模的扩大,计算复杂度和计算量将急剧增加。因此,有必要探讨如何加速集群结构的出现。

关于集群的文献可以总结为两类。第一类是通过严格的数学分析来讨论集群问题[10-14]。这类集群行为的研究主要有三个基本要素:模型、交互规则和分布式控制协议。以往对群体的研究主要是基于简单的一阶或二阶积分器模型或一般的动态模型[15-17]。无人机系统固有的非线性动力(的研究)是稀少的,这在很大程度上导致了所提出的控制算法在解决无人机集群协调控制问题时的失效。现有的研究通常采用一种尺度相关的交互规则,称为最近邻居交互规则[18]。交互网络的机制取决于通信半径。受自然界的欧椋鸟的启发,我们提出一种结合一致性和人工势场法的集群算法,以揭示一组个体在形成一个动态的队形模式时一致移动的集体行为出现的潜在机制。已经有学者研究了轮式移动机器人[19]和水下机器人[14,20]的集群控制,但这些研究只考虑了个体的二维运动。Jia 对非线性动力学模型控制下的无人机三维集群问题进行了研究,但对于如何加速集群行为的出现,以及如何将所提出的控制算法应用于大规模的系统,并没有做进一步的分析和讨论[21]。

第二类采用统计方法对仿真结果进行分析。这些仿真主要是根据动物集群的真实实验数据设计的。Ballerini 等人跟踪和分析了这些鸟群的运动[22]。在这项研究中,他们发现在这个群体中没有任何领导者。此外,尽管每只鸟只遵守局部规则并只与 6~7 只邻居鸟交互,但在一个鸟群中,个体的数量可以多达数千只。一般来说,更大的互动网络(指更多的交互)更快达成一致。然而,欧椋鸟只依赖于较小的交互网络,就能表现出快速、灵活的动态聚合。因此,交互网络的规模如何影响集群行为的出现是一个问题。根据经济学家的提议,Rybski 等人发现了一种被称为收益递减的现象,这种现象是由部署的机器人数量的增加引起的[23]。Rosenfeld 等人也发现,当他们专注于搜索任务的可扩展性研究时,额外的机器人通常会在性能峰值后产生负回报[24]。此外,Timothy 等利用统计分析方法对基于能量 – 时间效率的空中集群部署任务的三种策略进行了比较[25]。本节应用统计方法分析了空中集群交互网络中是否存在收益递减问题。

从以上研究结果来看,严谨的理论分析可以提供严谨的数学证明,但这些结论往往局限于一些不合理的假设。同时,虽然可以尽可能地贴近实际情况进行仿真,但由于某些特殊情况,这些结论容易受到质疑和争论。因此,我们的目标是通过控制理论和统计方法的结合,设计一个研究集群行为的通用方法和框架。

首先,无人机系统是一个具有两个基本属性的平等主义系统:一是每个个体在整个飞行过程中遵循相同的控制协议来调整自己的运动,二是每个个体使用相同的通信半径来识别其邻居进行信息交换。因此,可以认为通信半径是描述交互网络规模的唯一因素。其次,对每架无人机提出一种集群协议,以形成一致的三维聚合构型。将每架无人机简化为现有文献中常用来描述无人机的非线性动态模型,而不是简单的一阶或二阶积分器[26,27]。根据 LaSalle – Krasovskii 不变性原理[28],只要初始交互网络连通,就会出现无人机集群。在演化过程中,避免了两架无人机之间的碰撞。最后,评估了不同通信半径下的系统能量/时间消耗,并通过增加集群规模来检验可伸缩性性能。应用统计方法分析能量/时间测量和可伸缩性效果,结果表明,采用最小交互半径的集群协议从节能和收敛速度的角度来看是最佳的集群协议。这一结论巧妙地呼应了生物学证据,即每只欧椋鸟在同一时间最多只能与六七个最近的邻居相互作用。

## 8.2.2　材料和方法

1. 无人机模型

由 $N$ 个同种无人机在三维空间中飞行来完成的任务为一个集群任务。每架无人机都有相同的硬件和软件配置,并拥有相同的通信能力。每架无人机的通信能力可以通过其通信半径 $D$ 来描述($D$ 是一个正常数)。根据现有关于无人机的文献,每架无人机的动力学由以下微分方程描述[26,27]:

$$\dot{x}_i(t) = \theta_i(t)\cos\gamma_i(t)\cos\psi_i(t)$$

$$\dot{y}_i(t) = \theta_i(t)\cos\gamma_i(t)\sin\psi_i(t)$$

$$\dot{h}_i(t) = \theta_i(t)\sin\gamma_i(t)$$

$$\dot{\theta}_i(t) = g \cdot (n_{ti}(t) - \sin\gamma_i(t)) \tag{8-36}$$

$$\dot{\psi}_i(t) = g \cdot n_{hi}(t) / (\theta_i(t)\cos\gamma_i(t))$$

$$\dot{\gamma}_i(t) = g \cdot (n_{vi}(t) - \cos\gamma_i(t)) / \theta_i(t), i = 1, 2, \cdots, N$$

其中 $i$ 表示对第 $i$ 架无人机的索引，$\dot{x}_i(t)$ 是无人机的航向距离，$\dot{y}_i(t)$ 是无人机的横向距离，$h_i(t)$ 是第 $i$ 架无人机的高度，$\theta_i(t) > 0$ 是第 $i$ 个无人机的速度，$\psi_i(t) \in \left(-\dfrac{\pi}{2}, \dfrac{\pi}{2}\right)$ 是第 $i$ 架无人机的航向角，$\gamma_i(t) \in \left(-\dfrac{\pi}{2}, \dfrac{\pi}{2}\right)$ 是第 $i$ 架无人机的航迹角，$n_{hi}(t)$ 是第 $i$ 架无人机的水平荷载因素，$n_{vi}(t)$ 是第 $i$ 架无人机的垂直荷载因素，$n_{ti}(t)$ 是第 $i$ 架无人机的切向荷载因素，$g$ 是恒定的重力加速度。

为方便起见，本节提出的无人机 $i$ 简化模型(8-36)如图 8-9 所示。一般来说，无人机 $i$ 的运动由四种力控制：升力、阻力、重力和推力。$T_i(t)$ 表示推力的大小，$L_i(t)$ 表示升力的大小，$D_i(t)$ 表示阻力的大小，$W_i(t)$ 表示重力的大小。航向角 $\psi_i(t)$ 表示飞机是左转还是右转。飞行路线角 $\gamma_i(t)$ 描述飞机是在爬升还是下降。倾斜角 $\mu_i(t) = \arctan\dfrac{n_{hi}(t)}{n_{vi}(t)}$ 表示飞机是顺时针还是逆时针转动。三维飞机模型不仅考虑了纵向平面，还考虑了横向平面，因此在模型(8-36)中控制变量由 $[L_i(t), D_i(t), T_i(t)]$ 替换为 $[n_{ti}(t), n_{hi}(t), n_{vi}(t)]$。

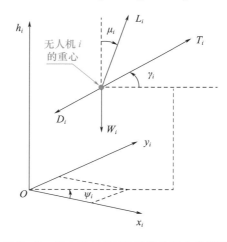

图 8-9　无人机 $i$(UAV)的简化动力学模型

无人机 $i$ 在 $t$ 时刻的状态可以由它的位置矢量 $\boldsymbol{P}_i(t) = [x_i(t), y_i(t),$

$h_i(t)]^T$ 和它的速度矢量表示:

$$\boldsymbol{q}_i(t) = \begin{bmatrix} v_i(t)\cos\gamma_i(t)\cos\psi_i(t) \\ v_i(t)\cos\gamma_i(t)\sin\psi_i(t) \\ v_i(t)\sin\gamma_i(t) \end{bmatrix} \qquad (8-37)$$

因此,我们有:

$$\dot{\boldsymbol{q}}_i(t) = \begin{bmatrix} \dot{v}_i\cos\gamma_i\cos\psi_i - \dot{\gamma}_i v_i\sin\gamma_i\cos\psi_i - \dot{\psi}_i v_i\cos\gamma_i\sin\psi_i \\ \dot{v}_i\cos\gamma_i\sin\psi_i - \dot{\gamma}_i v_i\sin\gamma_i\sin\psi_i + \dot{\psi}_i v_i\cos\gamma_i\cos\psi_i \\ \dot{v}_i\sin\gamma_i + \dot{\gamma}_i v_i\sin\gamma_i \end{bmatrix} \qquad (8-38)$$

在这里,由于空间的限制,我们使用 $q_i, v_i, \gamma_i, \psi_i$ 代替 $q_i(t), v_i(t), \gamma_i(t), \psi_i(t)$,将式(8-36)的后三个方程代入式(8-38),得到:

$$\dot{\boldsymbol{q}}_i = g \begin{bmatrix} n_{ti}\cos\gamma_i\cos\psi_i - n_{hi}\sin\psi_i - n_{vi}\sin\gamma_i\cos\psi_i \\ n_{ti}\cos\gamma_i\sin\psi_i + n_{hi}\sin\psi_i \\ n_{ti}\sin\gamma_i + n_{vi}\cos\gamma_i - 1 \end{bmatrix} \qquad (8-39)$$

将无人机 $i$ 在 $t$ 时刻的控制输入表示为 $\boldsymbol{\mu}_i(t) = [n_{ti}(t), n_{hi}(t), n_{vi}(t)]^T$。然后,公式(8-39)可以被写为

$$\dot{\boldsymbol{q}}_i = g \begin{bmatrix} \cos\gamma_i\cos\psi_i & -\sin\psi_i & -\sin\gamma_i\cos\psi_i \\ \cos\gamma_i\sin\psi_i & \cos\psi_i & -\sin\gamma_i\sin\psi_i \\ \sin\gamma_i & 0 & \cos\gamma_i \end{bmatrix} \begin{bmatrix} n_{ti}(t) \\ n_{hi}(t) \\ n_{vi}(t) \end{bmatrix} - G_r \qquad (8-40)$$

其中 $\boldsymbol{G} = [0, 0, g]^T$。然后,将简化后的无人机模型改写为

$$\dot{\boldsymbol{p}}_i(t) = \boldsymbol{q}_i(t)$$

$$\boldsymbol{q}_i(t) = g\,\boldsymbol{H}_i^T(t) u_i(t) - \boldsymbol{G}_r, i = 1, 2, \cdots, N \qquad (8-41)$$

其中,$\boldsymbol{H}_i(t) = [\boldsymbol{t}_i(t), \boldsymbol{n}_i(t), \boldsymbol{h}_i(t)]^T, \boldsymbol{t}_i(t), \boldsymbol{n}_i(t), \boldsymbol{h}_i(t)$ 的定义分别是:

$$\boldsymbol{t}_i(t) = \begin{bmatrix} \cos\gamma_i\cos\psi_i \\ \cos\gamma_i\sin\psi_i \\ \sin\gamma_i \end{bmatrix} \qquad (8-42)$$

$$\boldsymbol{n}_i(t) = \begin{bmatrix} -\sin\psi_i \\ \cos\psi_i \\ 0 \end{bmatrix} \qquad (8-43)$$

$$\boldsymbol{h}_i(t) = \begin{bmatrix} -\sin\gamma_i\cos\psi_i \\ -\sin\gamma_i\sin\psi_i \\ \cos\gamma_i \end{bmatrix} \qquad (8-44)$$

很明显,$\boldsymbol{H}_i(t)$是一个正交矩阵,$\boldsymbol{t}_i(t)$,$\boldsymbol{n}_i(t)$,$\boldsymbol{h}_i(t)$是正交单位矩阵。

2. 交互机制

如上所述,本节所涉及的无人机系统应该是一个平等的系统。在平等主义体系中,任何两个个体之间的互动都是无向的。因此,无人机系统的尺度交互网络 $\xi(t)$ 显然是由一个顶点集 $v=\{1,2,\cdots,N\}$ 以及一个时变边集 $\varepsilon(t)=\{(i,j)\,|\,(i,j)\in v\times v,j\in N_i(t)\}$ 组成的动态无向图。其中,每个顶点代表一架无人机,而每条边表示两架无人机之间相互作用的关系。$N_i(t)$ 表示无人机 $i$ 在时刻 $t$ 的邻居集,$i=1,2,\cdots,N$,$N_i(t)$ 的初始值描述如下:

$$N_i(0) = \{j\,|\,\|\boldsymbol{P}_{ij}(0)\| < D, j=1,2,\cdots,N, j\neq i\} \qquad (8-45)$$

在这里,$\boldsymbol{P}_{ij}(t)=\boldsymbol{P}_i(t)-\boldsymbol{P}_j(t)$,$\|\cdot\|$ 表示欧几里得范数。也就是说,假设每架无人机与其相邻的无人机交互。

相互作用网络 $\zeta(t)$ 应在 $t_p$ 处切换,$p=1,2,\cdots$。因此,$\zeta(t)$ 在每个时间间隔 $[t_r,t_{r+1})$ 中是固定的,其中 $r=0,1$,$\zeta(0)$ 被假定为连通的。在整个演化过程中,满足以下时滞条件[29]:

(1)当 $(i,j)\notin\varepsilon(t^-)$ 时,如果 $\|\boldsymbol{P}_{ij}(t)\| < D-\zeta,\zeta\in(0,D)$,则 $(i,j)\in\varepsilon(t)$,$t>0$;

(2)当 $(i,j)\notin\varepsilon(t^-)$ 时,如果 $\|\boldsymbol{P}_{ij}(t)\| < D$,则 $(i,j)\in\varepsilon(t)$,$t>0$。

3. 控制协议和稳定分析

1987 年,Reynolds 提出了一个计算模型来模拟鸟群的聚集[30]。该模型包括三种转向运动:避碰、速度一致和聚集靠拢,描述了个体如何基于邻居同伴的相对位置和相对速度进行运动。在此工作之后,人们提出了几个关于集群模型的变量[11,14,18,31,32],并推导出由一致性算法和人工势场组成的分布式集群协同控制器,可证明这些群体现象的产生。根据具体的无人机模型(8-36),提出每架无人机 $i,i=1,2,\cdots,N$ 的控制协议如下:

$$\boldsymbol{n}_{ti}(t) = -\frac{1}{g}\boldsymbol{t}_i^{\mathrm{T}}(t)\sum_{j\in N_i(t)}(q_i(t)-q_j(t)) + \frac{1}{g}\boldsymbol{t}_i^{\mathrm{T}}(t)G -$$

$$\frac{1}{g}\boldsymbol{t}_i^{\mathrm{T}}(t)\sum_{j\in N_i(t)}\nabla_{\boldsymbol{P}_{ij}(t)}V(\|\boldsymbol{P}_{ij}(t)\|)$$

$$\boldsymbol{n}_{hi}(t) = -\frac{1}{g}\boldsymbol{n}_i^{\mathrm{T}}(t)\sum_{j\in N_i(t)}(q_i(t)-q_j(t)) + \frac{1}{g}\boldsymbol{n}_i^{\mathrm{T}}(t)G -$$

$$\frac{1}{g} \boldsymbol{n}_i^{\mathrm{T}}(t) \sum_{j \in N_i(t)} \nabla_{\boldsymbol{P}_{ij}(t)} V(\|\boldsymbol{P}_{ij}(t)\|)$$

$$\boldsymbol{n}_{\mathrm{v}i}(t) = -\frac{1}{g} \boldsymbol{h}_i^{\mathrm{T}}(t) \sum_{j \in N_i(t)} (q_i(t) - q_j(t)) + \frac{1}{g} \boldsymbol{h}_i^{\mathrm{T}}(t) G -$$

$$\frac{1}{g} \boldsymbol{h}_i^{\mathrm{T}}(t) \sum_{j \in N_i(t)} \nabla_{\boldsymbol{P}_{ij}(t)} V(\|\boldsymbol{P}_{ij}(t)\|) \qquad (8-46)$$

控制协议(8-46)中有三个方程。方程的第一部分是一致项,目的是使所有无人机以一致的速度飞行。方程的第二部分是重力项。第三部分是势函数 $V(\|\boldsymbol{P}_{ij}(t)\|)$ 的负梯度,用于调整任意两个无人机之间的相对位置。势函数可分为排斥项和吸引项,其定义如下:

**定义8.2(势函数二)**: $V(\|\boldsymbol{P}_{ij}(t)\|)$ 是一个可微的、非负的、径向无界的函数,它是个体 $i$ 和 $j$ 之间距离 $\|\boldsymbol{P}_{ij}(t)\|$ 的函数。满足如下约束:

(1)当 $\|\boldsymbol{P}_{ij}(t)\| \to 0$ 时,$V(\|\boldsymbol{P}_{ij}(t)\|) \to \infty$;

(2)当 $\|\boldsymbol{P}_{ij}(t)\| \to D$ 时,$V(\|\boldsymbol{P}_{ij}(t)\|) \to \infty$;

(3)当个体 $i$ 和 $j$ 位于 0 和 $D$ 之间的某个距离时,$V(\|\boldsymbol{P}_{ij}(t)\|)$ 可以达到其唯一的最小值。

定义8.2中的约束(1)与排斥项有关,排斥项使无人机避免相互碰撞。定义8.2的约束(2)与吸引项有关,吸引项主要影响无人机的聚合行为。定义8.2的约束(3)决定了个体间的平衡距离。然后,可以得到下面的定理。

**定理8.2(聚合集群)**: 存在由式(8-36)控制的 $N$ 架无人机组成的系统,每架无人机的运动由协议(8-46)控制。假设无人机系统的交互网络在初始时刻是无向且连通的。可以得出以下结论:

(1)每架无人机避免与其他无人机发生碰撞;

(2)尺度交互网络总是连通的;

(3)系统渐近收敛到一个一致的配置,即每个无人机具有相同的速度、相同的航向角和相同的航迹角;

(4)该系统渐近稳定到一个聚合构型,其总势能最小。

总之,对于这些时变变量,在接下来的证明过程中,我们可以忽略时间变量。例如,我们可以用 $N_i$ 代替 $N_i(t)$。

定理8.2的证明:根据 $\boldsymbol{\mu}_i = [n_{\mathrm{t}i}, n_{\mathrm{h}i}, n_{\mathrm{v}i}]^{\mathrm{T}}$ 和 $\boldsymbol{H}_i = [t_i, n_i, h_i]^{\mathrm{T}}$,控制协议(8-46)可以被写为

$$\boldsymbol{u}_i(t) = -\frac{1}{g} \boldsymbol{H}_i \sum_{j \in N_i} (q_i - q_j) + \frac{1}{g} \boldsymbol{H}_i G - \frac{1}{g} \boldsymbol{H}_i^{\mathrm{T}} \sum_{j \in N_i} \nabla_{\boldsymbol{P}_{ij}} V(\|\boldsymbol{P}_{ij}\|) \qquad (8-47)$$

由于 $\boldsymbol{H}_i$ 是一个正交矩阵, $\boldsymbol{H}_i^{\mathrm{T}}\boldsymbol{H}_i = \boldsymbol{I}$。由式(8-41)式(8-47)可以得到:

$$\dot{\boldsymbol{Q}}_i = -\sum_{j \in N_i}(\boldsymbol{Q}_i - \boldsymbol{Q}_j) - \sum_{j \in N_i}\nabla_{\boldsymbol{P}_{ij}}V(\|\boldsymbol{P}_{ij}\|), i = 1,2,\cdots,N \qquad (8-48)$$

令 $\boldsymbol{P} = [\boldsymbol{P}_1^{\mathrm{T}},\cdots,\boldsymbol{P}_N^{\mathrm{T}}]^{\mathrm{T}}$ 且 $\boldsymbol{Q} = [\boldsymbol{Q}_1^{\mathrm{T}},\cdots,\boldsymbol{Q}_N^{\mathrm{T}}]^{\mathrm{T}}$,根据式(8-41)和式(8-48),可以得到:

$$\dot{\boldsymbol{Q}} = -(\boldsymbol{L}_N \otimes \boldsymbol{I}_3)\boldsymbol{Q} - \sum_{i=1}^{N}\sum_{j \in N_i}\nabla_{\boldsymbol{P}_{ij}}V(\|\boldsymbol{P}_{ij}\|) \qquad (8-49)$$

其中 $\boldsymbol{I}_3$ 表示 $3 \times 3$ 的矩阵, $\boldsymbol{L}_N(t) = [l_{ij}]_{N \times N}$ 为 $\zeta(t)$ 的拉普拉斯矩阵。

令 $\boldsymbol{\psi} = [\boldsymbol{\psi}_1^{\mathrm{T}},\cdots,\boldsymbol{\psi}_N^{\mathrm{T}}]^{\mathrm{T}}$ 且 $\boldsymbol{\gamma} = [\boldsymbol{\gamma}_1^{\mathrm{T}},\cdots,\boldsymbol{\gamma}_N^{\mathrm{T}}]^{\mathrm{T}}$。把以下能量函数作为公共李雅普诺夫函数:

$$E(p,q) = \frac{1}{2}V + \frac{1}{2}\boldsymbol{Q}^{\mathrm{T}}\boldsymbol{Q} \qquad (8-50)$$

$E(p,q,\psi,\gamma)$ 对于时间 $t \in [t_r,t_{r+1})$ 的导数为

$$\begin{aligned}
\frac{\mathrm{d}E}{\mathrm{d}t} &= \frac{1}{2}\sum_{i=1}^{N}\sum_{j \in N_i}\dot{\boldsymbol{P}}_{ij}^{\mathrm{T}}\nabla_{\boldsymbol{P}_{ij}}V(\|\boldsymbol{P}_{ij}\|) + \boldsymbol{Q}^{\mathrm{T}}\dot{\boldsymbol{Q}} \\
&= \sum_{i=1}^{N}\dot{\boldsymbol{P}}_i^{\mathrm{T}}\sum_{j \in N_i}\nabla_{\boldsymbol{P}_{ij}}V(\|\boldsymbol{P}_{ij}\|) + \boldsymbol{Q}^{\mathrm{T}}\left(-(\boldsymbol{L}_N \otimes \boldsymbol{I}_3)\boldsymbol{Q} - \sum_{i=1}^{N}\sum_{j \in N_i}\nabla_{\boldsymbol{P}_{ij}}V(\|\boldsymbol{P}_{ij}\|)\right) \\
&= \sum_{i=1}^{N}\boldsymbol{Q}_i^{\mathrm{T}}\sum_{j \in N_i}\nabla_{\boldsymbol{P}_{ij}}V(\|\boldsymbol{P}_{ij}\|) - \boldsymbol{Q}^{\mathrm{T}}(\boldsymbol{L}_N \otimes \boldsymbol{I}_3)\boldsymbol{Q} - \boldsymbol{Q}_i^{\mathrm{T}}\sum_{i=1}^{N}\sum_{j \in N_i}\nabla_{\boldsymbol{P}_{ij}}V(\|\boldsymbol{P}_{ij}\|) \\
&= -\boldsymbol{Q}^{\mathrm{T}}(\boldsymbol{L}_N \otimes \boldsymbol{I}_3)\boldsymbol{Q} \qquad (8-51)
\end{aligned}$$

无向图 $\zeta(t)$ 的拉普拉斯矩阵 $\boldsymbol{L}_N$ 是对称且正半定的,因此我们有:

$$\mathrm{d}E/\mathrm{d}t \leqslant 0 \qquad (8-52)$$

系统在初始时刻的势能是有限的,所有无人机在初始时刻的速度和姿态也是有限的。因此, $E(\boldsymbol{P}(0),\boldsymbol{Q}(0))$(系统在初始时刻的能量)是有限的。因为对于任意时间间隔 $[t_r,t_{r+1})$ 都有 $\dfrac{\mathrm{d}E}{\mathrm{d}t} \leqslant 0, r = 0,1,\cdots$,对于所有时刻 $t$, $E(t)$ 的上界显然都是它的初值 $E(p(0),q(0))$。而且, $V(t) = \displaystyle\sum_{i=1}^{N}\sum_{j \in N_i}V(\|\boldsymbol{P}_{ij}\|)$ 和 $V(\|\boldsymbol{P}_{ij}\|)$ 都是有界的。

定义 8.2 的约束(1)说明如果 $\|\boldsymbol{P}_{ij}\| \to 0$,可以得到 $V(\|\boldsymbol{P}_{ij}(t)\|) \to \infty$,违反上述结论 $[V(\|\boldsymbol{P}_{ij}(t)\|)$ 是有界的]。因此,可以得到 $\|\boldsymbol{P}_{ij}\| > 0$,也就是说,任何两个无人机之间都不会发生碰撞。

根据定义8.2的约束(2),如果$\|\boldsymbol{P}_{ij}\| \to D$,$(i,j) \in \varepsilon$,可以得到$V(\|\boldsymbol{P}_{ij}\|) \to \infty$,这也与上述结论[即$V(\|\boldsymbol{P}_{ij}\|)$是有界的]不一致。因此,我们有$\|\boldsymbol{P}_{ij}\| < D$。一个新边$(i,j) \notin \varepsilon$,则由于$\|\boldsymbol{P}_{ij}(t)\| < D - \zeta$,相关势能$V(\|\boldsymbol{P}_{ij}\|)$仍然是有限的。因此,新的势能$V$也是有限的。也就是说,保持了交互网络的连通性。

假设交互网络在切换时刻$t_r(r = 1, 2, \cdots)$增加了$m_r \in N$条新边。UAV系统在初始时刻的交互拓扑应该是连通的。$\zeta_1$表示系统初始时刻的相互作用拓扑,$\zeta_c$表示顶点上无向连通图的集合。在$[t_r, t_{r+1})$内的切换拓扑序列$\zeta_{r+1}$由满足$\zeta_{r+1} \in \zeta_c$的图组成。$\zeta_c$是一个有限集,因为顶点的数量是有限的。假设最多$m \in N$条新边可以添加到$\zeta_1$的初始相互作用拓扑中,可见$0 < m_r \leq M$,$r \leq M$,即开关时间的数量是有限的。因此,$\zeta(t)$最终稳定下来。然后,我们将进一步讨论限制在时间区间$[t_f, \infty)$,其中$t_f$是最后的切换时间。

由于两个邻居之间的距离不大于$D$,故集合$B = \{p, q | E(\boldsymbol{P}, \boldsymbol{Q}) \leq E(\boldsymbol{P}(0), \boldsymbol{Q}(0))\}$是正不变的。因为$G(t)$对于所有$t \geq 0$是连通的,所以对于所有$i$和$j$,有$\|\boldsymbol{P}_{ij}\| < (N-1)D$。根据$E(p, q) \leq E(p(0), q(0))$,我们可以得到$\boldsymbol{Q}^T \boldsymbol{Q} \leq 2E(\boldsymbol{P}(0), \boldsymbol{Q}(0))$,即$\|\boldsymbol{Q}\| \leq \sqrt{2E(\boldsymbol{P}(0), \boldsymbol{Q}(0))}$。因此,集合$B$是紧致的(即有界和封闭的)。在连通时间区间$[t_f, \infty)$上,控制输入为$(8-46)$的系统$(8-36)$是一个自治系统。因此,无人机的轨迹收敛于不变集$S = \left\{\boldsymbol{P}, \boldsymbol{Q} \left| \dfrac{\mathrm{d}E}{\mathrm{d}t} = 0 \right.\right\}$,当且仅当$\dfrac{\mathrm{d}E}{\mathrm{d}t} = 0$,$i \in N$,$j \in N$时,$\boldsymbol{Q}_i = \boldsymbol{Q}_j$。

根据式$(8-37)$,$\boldsymbol{Q}_i = \boldsymbol{Q}_j$等价于

$$\begin{cases} \theta_i \cos\gamma_i \cos\psi_i = \theta_j \cos\gamma_j \cos\psi_j \\ \theta_i \cos\gamma_i \sin\psi_i = \theta_j \cos\gamma_j \sin\psi_j \\ \theta_i \sin\gamma_i = \theta_j \sin\gamma_j \end{cases} \tag{8-53}$$

即,$\theta_i = \theta_j$,$\psi_i = \psi_j$,$\gamma_i = \gamma_j$。

通过$\boldsymbol{P}_{ij} = -\boldsymbol{P}_{ji}$,可以得到$\sum\limits_{i=1}^{N} \sum\limits_{j \in N_i} \nabla_{\boldsymbol{P}_{ij}} V(\|\boldsymbol{P}_{ij}\|) = 0$,从控制输入$(8-46)$和$\boldsymbol{Q}_i = \boldsymbol{Q}_j$得到:

$$\begin{aligned} \dot{\boldsymbol{Q}} &= \frac{1}{N} \sum_{i=1}^{N} \dot{\boldsymbol{Q}}_i \\ &= \frac{1}{N} \left[ -\sum_{i=1}^{N} \sum_{j \in N_i} (\boldsymbol{Q}_i - \boldsymbol{Q}_j) - \sum_{i=1}^{N} \sum_{j \in N_i} \nabla_{\boldsymbol{P}_{ij}} V(\|\boldsymbol{P}_{ij}\|) \right] \end{aligned}$$

$$= \frac{1}{N} \left( - \sum_{i=1}^{N} \sum_{j \in N_i} \nabla_{\boldsymbol{P}_{ij}} V(\|\boldsymbol{P}_{ij}\|) \right)$$

$$= 0 \qquad\qquad (8-54)$$

因为 $\boldsymbol{Q}_1 = \cdots = \boldsymbol{Q}_N = \overline{\boldsymbol{Q}}$，我们得到 $\dot{\boldsymbol{Q}}_i = \dot{\overline{\boldsymbol{Q}}} = 0$，即 $g\boldsymbol{H}_i^{\mathrm{T}} u_i + \boldsymbol{G} = 0, i = 1, 2, \cdots, N$。因此，我们得到 $- \sum_{j \in N_i} (\boldsymbol{Q}_i - \boldsymbol{Q}_j) - \sum_{j \in N_i} \nabla_{\boldsymbol{P}_{ij}} V(\|\boldsymbol{P}_{ij}\|) = 0, i = 1, 2, \cdots, N$。通过 $\boldsymbol{Q}_i = \boldsymbol{Q}_j$，可以得到 $\sum_{j \in N_i} \nabla_{\boldsymbol{P}_{ij}} V(\|\boldsymbol{P}_{ij}\|) = 0$。$V$ 的最小值由

$$\frac{\mathrm{d}V}{\mathrm{d}t} = \sum_{i=1}^{N} \dot{\boldsymbol{P}}_{ij}^{\mathrm{T}} \sum_{j \in N_i} \nabla_{\boldsymbol{P}_{ij}} V(\|\boldsymbol{P}_{ij}\|) = 2 \sum_{i=1}^{N} \dot{\boldsymbol{P}}_i^{\mathrm{T}} \sum_{j \in N_i} \nabla_{\boldsymbol{P}_{ij}} V(\|\boldsymbol{P}_{ij}\|) = 0$$

$$(8-55)$$

得到。

综上，定理 8.2 的四个结论都得到了证明。

## 8.2.3 结果

以 80 架无人机为例，在 MATLAB 中进行了数值仿真，验证了定理 8.2 的四个结论。此外，从节省能量和时间的角度，对 80 架无人机在不同交互需求下的集群场景进行了定量分析和统计比较。然后进一步讨论了不同集群规模下的集体效应，即可扩展性效应。

1. 初始条件

$N$ 架无人机在自由边界条件下飞行。每架无人机由协议（8-36）控制，每架 UAV 在长度为 $L$ 的立方体区域内随机生成初始位置，其初始速度在区间（0，0.5）随机生成。其初始航向角和航迹角在区间 $\left( -\frac{\pi}{2}, \frac{\pi}{2} \right)$ 随机生成。

为了保持不同集群规模下仿真结果的连续性和可比性，这些无人机系统的初始密度 $\rho = \dfrac{N}{L^3}$ 是一个常数。即集群规模 $N$ 的比例与 $L$ 的三次方成正比。在下面的仿真中，初始密度 $\rho = 0.1$，每个实验的仿真时间 $T = 100 \text{ s}$。

控制协议（8-46）中的特定势能函数为[14]

$$V(\|\boldsymbol{P}_{ij}(t)\|) = \frac{b}{\|\boldsymbol{P}_{ij}(t)\|^2} - a\ln(D^2 - \|\boldsymbol{P}_{ij}(t)\|^2) \qquad (8-56)$$

其中第一部分是排斥项，第二部分是吸引项；$a$ 是吸引系数，$b$ 是排斥系数。存在唯一距离 $\|d^*\| = \sqrt{\dfrac{\sqrt{b^2 + 4abD^2} - b}{2a}}$，使吸引项和排斥项平衡。不失一般性，选

择参数为 $a=1$，$b=1$，因此 $\|d^*\| = \sqrt{\dfrac{\sqrt{1+4D^2}-1}{2}}$。

最重要的初始条件之一是初始通信网络必须连通。要满足这一条件，应采取三个步骤。首先，这些无人机的初始位置是随机生成的。其次，基于上述初始位置检查交互网络的连通性。如果网络是连通的，那么这些无人机在控制协议（8-46）下实现仿真；否则，这些无人机将随机生成一组新的初始位置。最后，重复上述过程，直到找到一个连通的初始通信网络。

2. 仿真例子

为了验证定理 8.2 结论的有效性，我们以 80 架无人机为例来执行聚合集群任务。由式（8-36）控制的每架无人机根据控制协议（8-46）调整其运动。通信半径 $D$ 为 4 m。

图 8-10 可以让读者对本节所提出的仿真结果有一个清晰的直观认识。如图 8-10(a)所示，80 架无人机从这些绿色星点开始飞行，仿真时间 $T=100$ s，它们的最终位置用彩色球表示。每条曲线表示一架无人机的飞行轨迹。不同颜色的曲线表示不同无人机的飞行轨迹。图 8-10(a)清楚地显示了 80 架无人机在集群中渐近收敛飞行。在该仿真中考虑了 80 架无人机，因此在图 8-10(b)中有 $N(N-1)/2=80\times79/2=3160$ 条曲线。每条曲线表示两架无人机之间的距离。根据图 8-10(b)所示的仿真结果，任意两个无人机之间的距离最终趋于稳定。在演化过程中，任意两架无人机之间的距离都大于零，也就是说，任意两架无人机之间不存在碰撞。更重要的是，通过调节排斥项，如增大排斥系数 $b$ 的值，可以减少无人机之间的干扰。图 8-10(c)~(e)分别给出了 80 架无人机的速度、航向角和航迹角随时间的变化情况。

上述仿真结果明确证明，这些无人机将形成一个聚合一致的构型，且任意两架无人机之间不会发生碰撞。

## 8.2.4 讨论

根据上面的分析，我们已经知道在初始交互网络连通的情况下，无人机系统最终会收敛成一个集群。那么，一个更重要的问题就随之而来了，那就是如何加速集群的形成。在接下来的内容中，我们将从统计重要性和强度的角度，定量地评价一个集群形成的能量和时间的消耗，以及可扩展性效果。

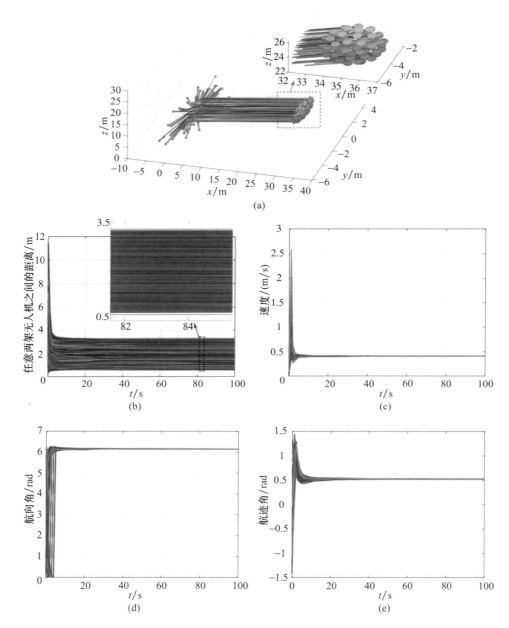

图 8 - 10　80 架无人机的三维集体协作仿真结果

（a）80 架无人机的飞行轨迹和最终配置的细节；（b）任意两架无人机的距离随时间的变化情况；

（c）80 架无人机的速度随时间的变化情况；（d）80 架无人机的航向角随时间的变化情况；

（e）80 架无人机的航迹角随时间变化的情况

　　为了保证所有无人机最终收敛到集群中,必须满足一个条件,即无人机的初始交互拓扑是连通的。由于采用了最近邻居交互规则,且每架无人机具有相同的通信半径,那么共同的通信半径成为改变网络连通性的唯一因素。通信半径的大小决定了交互网络的规模,也决定了每架无人机的邻居数量。

　　该系统的初始状态应该是已知的。设 $D_{min}$ 表示使交互网络连通的通信半径的最小值。对于这些连接的通信半径 $D \in [D_{min}, \infty)$,值越小意味着每个无人机的邻居越少。进一步令整个系统的计算复杂度和计算量降低,能耗降低。

　　任意两个无人机群之间的距离是确定无人机群收敛速度的合适变量之一,也反映了无人机系统的稳定性。如果任意两架无人机之间的距离趋于稳定,则系统趋于稳定。因此,能量测量可以简单地用以下序参数来计算:

$$EE(t) = \frac{\sum_{i=1}^{N-1} \sum_{j=i+1}^{N} d_{ij}(t)}{N(N-1)/2} \tag{8-57}$$

其中, $d_{ij}(t) = \|\boldsymbol{P}_i(t) - \boldsymbol{P}_j(t)\|, i, j \in v$。

　　为了评估集群的能量和时间消耗,在一系列连接通信半径下对 80 架无人机进行了数值仿真。主要有三个步骤:首先,80 架无人机的初始状态是随机产生的。其次,从区间 [2.8, 8] 中线性选取连通通信半径的采样值。最后,从 80 架无人机相同的初始状态开始,在每个样本通信半径下进行实验。图 8-11(b) 为这些样本通信半径下的具体势能函数,仿真结果如图 8-11(a) 所示。不同的颜色描述了在不同的采样通信半径下的仿真结果。可以清楚地看到,在较小的通信半径下,系统以更快的速度收敛成一个集群,尽管需要经过较长的路程(等于初始个体距离减去稳定个体距离)才能到达稳定个体距离 $d^* = \sqrt{D}$。

　　此外,上述结论是根据固定的初始状态和固定的集群大小得出的。为了使结论更严谨、更精确,每次实验都在不同的初始条件下重复超过 100 次。采用收敛时间 $t_c$ 作为序参数,评估每次实验的时间消耗。收敛时间 $t_c$ 为 $t_k$ 的最小值,并满足以下约束条件:

$$\frac{EE(t_k) - EE(T)}{EE(T)} \leqslant K \tag{8-58}$$

　　其中 $K = 0.01$,标准差为

$$\sigma = \frac{1}{\sqrt{n}} t_c \tag{8-59}$$

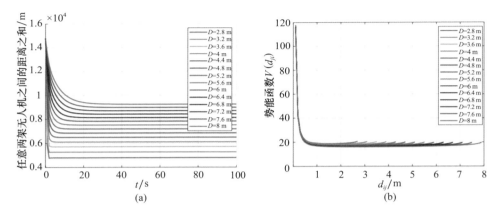

图 8-11 在不同的连通半径和对应势能函数下,80 架无人机的能量消耗随时间的变化

(a)能源消耗;(b)势能函数

其中 $n=100$ 为实验次数。

在不同集群规模下,收敛时间与样本通信半径的关系如图 8-12 所示。在所有图中,系统在仿真时间内均收敛为一个集群。对于给定的集群规模,当 $D \geqslant D_{min}$ 时,大部分时间收敛时间随着通信半径的增大而增大。也就是说,在初始通信网络无向连通的前提下,最小的通信半径使收敛速度最大。最小通信半径是

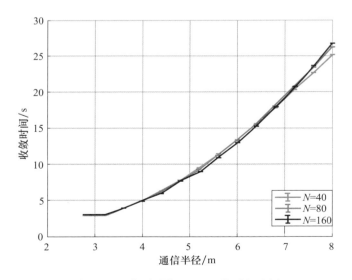

图 8-12 集群系统(8-36)的时间消耗

指无人机系统连通的交互网络的最小边缘集,同时在整个进化过程中对每个无人机的计算能力要求最小。这一结论可以很容易地将分布式控制算法从小集群扩展到大集群,并且可以很好地避免由于集群规模增加而引起的指数增长的尴尬。

可扩展性性能是通过增加机器人集群大小来检验的。在本例中,通信半径 $D$ 固定为 4 m。当无人机的数量从 40 增加到 160 时,能量消耗 $EE(t)$ 随时间的增加而增加。图 8-13 显示了控制协议(8-46)下的集群系统(8-36)良好的可扩展性性能,随着集群大小的增加,收敛时间几乎相同。图 8-13 上标记了三条曲线上三个稳态点的坐标值。对于由 $N$ 架无人机组成的系统,任意两架无人机之间有 $N(N-1)/2$ 条边。当 $N=40$ 时,有 $N(N-1)/2=780$ 条边,任意两架无人机之间的平均距离是 $1493.6695/780=1.915≈2$。同样,当 $N=80$ 时,有 $N(N-1)/2=3160$ 条边,任意两架无人机之间的平均距离为 $6107.8093/3160=1.93≈2$;当 $N=160$ 时,有 $N(N-1)/2=12720$ 条边,任意两架无人机之间的平均距离为 $24788.5314/12720=1.95≈2$。它们都等于通信半径 $D$ 的平方根。因此,图 8-13 证明了稳定个体距离 $d^*=\sqrt{D}$ 的结论。此外,图 8-13 进一步说明了当通信半径足够小时,不同集群规模下的收敛时间几乎相同。

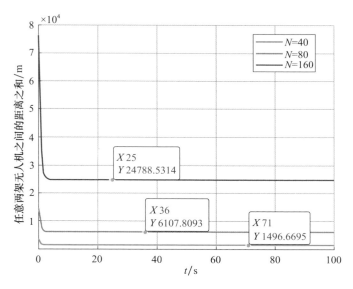

图 8-13 控制协议(8-46)下的集群系统(8-36)的可扩展性效果

## 8.2.5　结论

综上所述,我们介绍了一个系统且逻辑严谨的研究方法来研究这些跨学科的课题,如集群。本节主要是将控制理论和仿真结果的统计分析相结合,解决了集群优化问题。无人机系统应该是一个遵循最近邻居交互规则的平等系统。其中,每架无人机都由一个带有非线性约束的简化数学模型来描述。理论分析了在初始通信网络连通的情况下,如何设计分布式协同控制算法解决无人机集群问题。通信半径被认为是描述交互拓扑的唯一尺度。因此在上述理论框架的基础上,提出了一种统计方法来考察各个无人机的通信半径与这些无人机的收敛速度之间的关系。收敛时间是评价集群收敛效果的一个标准。通过对大量仿真结果的统计分析,来评估能量/时间度量和可扩展性效果,以优化集群行为。研究结果表明,通信半径越小,空中集群的收敛速度越快。在某种程度上,这一结论与生物学证据相呼应,即每只椋鸟最常同时与六七个邻居相互作用。更重要的是,这一结论为从尺度相关相互作用向拓扑相关相互作用的转变提供了经验证据。

## 8.2.6　参考文献

[1] CHUNG S J,PARANJAPE A A,DAMES P,SHEN S J,KUMAR V. A survey on aerial swarm robotics[J]. IEEE Trans. Robot. ,2018,34:837 – 855.

[2] BERRONDO M,SANDOVAL M. Defining emergence:Learning from flock behavior[J]. Complexity,2016,21:69 – 78.

[3] BRAMBILLA M,FERRANTE E,BIRATTARI M,DORIGO M. Swarm robotics:A review from the swarm engineering perspective[J]. Swarm Intell. ,2013,7:1 – 41.

[4] ARAFAT M Y,MOH S. Localization and Clustering Based on Swarm Intelligence in UAV Networks for Emergency Communications[J]. IEEE Internet Things J. ,2019,6:8958 – 8976.

[5] VASARHELYI G,VIRAGH C,SOMORJAI G,NEPUSZ T,EIBEN A E,VICSEK T. Optimized flocking of autonomous drones in confined environments[J]. Sci. Robot. 2018,3(20):eaat3536.

[6] LIAO F,TEO R,WANG J L,DONG X,LIN F,PENG K. Distributed formation and reconfiguration control of VTOL UAV Optimized flocking of autonomous drones in confined environments [J]. IEEE Trans. Control Syst. Technol. ,2017,25:270 – 277.

[7] MORAES R S D,FREITAS E P D. Distributed control for groups of unmanned aerial vehicles performing surveillance missions and providing relay communication network services[J]. J. Intell. Robot. Syst. ,2017,3:1 – 12.

［8］ TANG Y,HU Y,CUI J,LIAO F,LAO M,LIN F,TEO R S H. Vision－aided multi－UAV autonomous flocking in GPS－denied environment［J］. IEEE Trans. Ind. Electron. ,2019,66,616－626.

［9］ MUKHERJEE A,MISRAA S,SUKRUTHA A,RAGHUWANSHIC N S. Distributed aerial processing for IoT－based edge UAV swarms in smart farming［J］. Comput. Netw. ,2020,167:107038.

［10］ OLFATI－SABER R,MURRAY R M. Consensus problems in networks of agents with switching topology and time－delays［J］. IEEE Trans. Autom. Control,2004,49:1520－1533.

［11］ OLFATI－SABER R. Flocking for multi－agent dynamic systems:Algorithms and theory［J］. IEEE Trans. Autom. Control,2006,51:401－420,

［12］ TANNER H G,JADBABAIE A,PAPPAS G J. Flocking in fixed and switching networks［J］. IEEE Trans. Autom. Control,2007,52:863－868.

［13］ SU H,WANG X F,CHEN G R. Rendezvous of multiple mobile agents with preserved network connectivity［J］. Syst. Control Lett. 2010,59:313－322.

［14］ JIA Y,WANG L. Leader－follower flocking of multiple robotic fish［J］. IEEE/ASME Trans. Mechatron. ,2015,20:1372－1383.

［15］ YANG Z Q,ZHANG Q,CHEN Z Q. Distributed Constraint Optimization with Flocking Behavior［J］. Complexity,2018,3:1579865.

［16］ MOSHTAGH N,JADBABAIE A. Distributed geodesic control laws for flocking of nonholonomic agents［J］. IEEE Trans. Autom. Control,2007,52:681－686.

［17］ JING G,ZHENG Y,WANG L. Group flocking of multiple mobile agents［C］. Proceedings of the 33rd Chinese Control Conference,Nanjing,China,2014,7:1156－1161.

［18］ JADBABAIE A,LIN J,MORSE A S. Coordination of groups of mobile autonomous agents using nearest neighbor rules［J］. IEEE Trans. Autom. Control,2002,48:988－1001.

［19］ GU D,WANG Z. Leader－follower flocking:Algorithms and experiments［J］. IEEE Trans. Control. Syst. Technol. ,2009,17:1211－1219.

［20］ JIA Y,ZHANG W. Distributed adaptive flocking of robotic fish system with a leader of bounded unknown input［J］. Int. J. Control Autom. Syst. ,2014,12:1049－1058.

［21］ JIA Y. Swarming coordination of multiple unmanned aerial vehicles in three－dimensional space［C］. Proceedings of the AIAA AVIATION Forum:Modeling and Simulation Technologies Conference,Washington,DC,USA,2016,6:13－17.

［22］ BALLERINI M,CABIBBO N,CANDELIER R,CAVAGNA A,CISBANI E,GIARDINA I,LECOMTE V,ORLANDI A,PARISI G,PROCACCINI A. Interaction ruling animal collective behavior depends on topological rather than metric distance:Evidence from a field study［J］. Proc. Natl. Acad. Sci. USA,2008,105:1232－1237.

［23］ RYBSKI P,LARSON A,LINDAHL M,GINI M. Performance evaluation of multiple robots in a search and retrieval task［C］. Proceedings of the Artificial Intelligence and Manufacturing

Workshop；AAAI Press：Menlo Park，CA，USA，1998：153 – 160.

[24] ROSENFELD A，KAMINKA G A，KRAUS S. A study of scalability properties in robotic teams [M]. In Coordination of Large – scale Multiagent Systems Part 1；Springer：Berlin/Heidelberg，Germany，2006.

[25] TIMOTHY S，DARIO F. Energy – time efficiency in aerial swarm deployment[J]. Springer Tracts Adv. Robot. 2010，83：934 – 939.

[26] WANG Z，LIU L，LONG T. Minimum – time trajectory planning for multi – unmanned – aerial – vehicle cooperation using sequential convex programming[J]. J. Guid. Control Dyn. ，2017，40：1 – 7.

[27] DAI R，COCHRAN J E. Three – dimensional trajectory optimization in constrained airspace [J]. J. Aircr. ，2009，46：627 – 634.

[28] KHALIL H K. Nonlinear Systems[M]. 3rd ed.. Prentice – Hall：Upper Saddle River，NJ，USA，2002.

[29] JIA Y，WANG L. Experimental implementation of distributed flocking algorithm for multiple robotic fish[J]. Control Eng. Pract. ，2014，30：1 – 11.

[30] REYNOLDS C. Flocks，herds，and schools：A distributed behavioral model[J]. Comput. Graph. ，1987，21：25 – 34.

[31] GAZI V，PASSINO K M. Stability analysis of swarms[J]. IEEE Trans. Autom. Control，2003，48：692 – 696.

[32] OLFATI – SABER R，FAX J A，MURRAY R M. Consensus and Cooperation in Networked Multi – Agent Systems[C]. Proc. IEEE，2007，95：215 – 233.

# 8.3 平等系统与不平等系统的对比

本节主要提出一种自由边界的条件下通用的框架,用来对广泛存在的集群场景进行建模。我们考虑了几种集群模型的变体,包括广泛观察到的层级化交互行为。我们所模拟的模型对应于各种真实的集群场景。我们的主要目标是研究存在噪声的情况下集群的稳定性。起初,我们的一些发现是违反直觉的,例如,如果等级制度纯粹是基于支配地位(在决定一个特定个体的飞行方向时,邻居的贡献不均衡),那么在与标准的平等集群进行比较时,鸟群由于干扰的作用而变得更容易发散掉。因此,我们专注于建立基于领导者 – 跟随者关系的模型。事实上,我们的研究结果支持这样一个概念,即等级组织在重要的实际案例中非常有效,特别是当领导者 – 追随者架构(对应于有向网络)包含多个层次的时候。即使存在随机扰动的情况下,基于领导者 – 跟随者架构的多层级化集群系统的稳定性比平等集群系统更不容易被破坏。我们提出的这个统一的研究框架,可以支持更复杂的交互和集群模型的研究。

### 8.3.1 引言

集体行为是一个非常重要的组织方式和行为策略,无论小规模的生物群体还是大规模的生物群体,都依赖它去提升生活品质[1]。它还包含在各种情境下的集体决策,如寻找食物、导航到一个遥远的目标[2-5]或决定何时去哪里[4-8]。集群可能是集体行为最常见和最壮观的表现,不仅在自然界,近年来,集群机器人也受到了极大关注[9-11]。

大多数的实验和建模方法旨在通过假设群体成员之间的平等互动来描述集群。然而,正如集群是一种普遍存在的集体行为模式一样,群体成员之间相互作用的等级结构也非常普遍[12]。因此,从 Couzin 等人的一篇引领潮流的论文开始,集群中的领导问题吸引了人们的目光。早期的研究假设了两层级结构,而最近关于一些复杂的动物群体(如鸽子或灵长类动物)的实验观察表明,在群体运动中可能存在更为复杂的内部组织机制[2,8,14,15]。在超过给定规模(几十个左右)的社会高组织度的群体中,与领导相关的角色似乎不是简单的二元性,而是可以确定的多等级制度。少数可用的实验结果表明,许多群居动物有一个相互作用的内部系统,这可以很好地解释成对的相互作用的存在。目前支持定量评估层级集群运动的数据主要来自鸽群[2,16],利用 GPS 轨迹和速度相关延迟方法展示出鸽子之间分层分布的交互[2]。

尽管存在关联性,但是目前还没有实际的模型和研究提出何种条件下,层级化集群可以达到最优或者至少优于平等集群模型。唯一与之稍微相关的原始模型出现在 Shen[17]的早期工作中。但该工作中,Shen 主要从数学的角度追求可证明的结论,故其假设相当武断,而且没有研究等级对集群表现的影响。

因此,我们的目标是设计一个总体框架,使得集群中个体可以在指定边界条件下自由运动(目前是在二维空间中展开研究),并且可以以一般性的视角研究以领导者-追随者为代表的层级化交互集群模型。我们第一次将灵活可行的框架引入等级集群模型的研究中。事实证明,引入能够满足现实需要的配对交互机制很重要。在引入该机制之后,我们主要研究了无边界二维空间中集群自由运动的稳定性问题。我们还讨论了方法中所涉及的各种变量,给出了存在干扰条件下定量评价系统稳定性的方法,即将稳定性与群体在外界干扰下不分裂的趋势关联在一起。仿真结果表明,等级制度普遍存在,因为它可以被证明具有更高效、更稳定的集群行为[8,12]。

## 8.3.2 模型中的定义

在平等系统中，每个粒子都被认为是相同的，而在层级化系统中，个体差异是存在的。根据任何两个智能体之间的成对关系，任何复杂的多智能体系统都可以分为平等系统和层级化系统。对于平等系统中的每一对智能体，它们在做出下一个时刻的决策时具有相同的能力（指相同的贡献强度和双向信息流）。同时，对于层级化系统中的每一对智能体，在做决策时，它们可能对决策有不同程度的贡献（权重），抑或是具有定向的信息流关系，如领导者－跟随者机制（跟随者对领导者的行为没有影响）。

图和网络提供了一种可视化这些属于同一个群体的个体成对交互关系的方式。因此，我们定义了几个矩阵，从不同的角度来描述等级机制的内部性质，以清楚地表达平等系统和层级化系统之间的差异。

1. 贡献矩阵

贡献矩阵 $C_N = [c_{ij}]_{N \times N}(c_{ij} > 0)$ 用来描述在决策过程中每个智能体对于新方向的贡献强度（权值）。

（1）对于平等系统，每个智能体都有相同的贡献值，即 $c_{ij} = q(q > 0)$，$i, j = 1$，$2, \cdots, N$，$q$ 是一个常数。

（2）对于层级化系统，不是所有的 $c_{ij}(i, j = 1, 2, \cdots, N)$ 都有相同的正值，例如，$c_{ij} = q(q > 0)$，$i, j = 1, 2, \cdots, N$，抑或是 $c_{ij}$ 满足某种概率分布（如对数正态分布），$i, j = 1, 2, \cdots, N$。我们将这种分层称为贡献驱动的层级化系统。

2. 控制矩阵

控制矩阵 $B_N = [b_{ij}]_{N \times N}$ 用来描述每对智能体之间信息流的方向，信息流的方向决定了成对智能体之间，由谁决定下一个时间步长的方向。

（1）在平等系统中，对于每对智能体 $i$ 和 $j$，$i \neq j$，它们的行为可以相互影响，也就是说，每对智能体之间的信息是双向传输的（对应于无向图）。因此，在一个平等系统中，互动都是成对的，$b_{ij} = b_{ji} = 1$，$\forall i, j = 1, 2, \cdots, N, i \neq j$。

（2）如果成对智能体的信息流是定向的，即只有一个智能体可以获得另一个智能体的信息（有向图），那么我们就有一种控制驱动机制，这是另一种层级化结构，称为控制层级化系统。对于成对的智能体 $i$ 和 $j$，如果 $i$ 被 $j$ 领导，那么 $b_{ij} = 1$ 且 $b_{ji} = 0$，$\forall i, j = 1, 2, \cdots, N, i \neq j$。

（3）如果 $b_{ii} = 1(i = 1, 2, \cdots, N)$，$B_N$ 叫作控制矩阵；如果 $b_{ii} = 0(i = 1, 2, \cdots,$

$N$),$\boldsymbol{B}_N$叫作严格控制矩阵,我们把满足$b_{ii}=0(i=1,2,\cdots,N)$的平等系统称为严格平等系统。本节所讨论的平等系统是指$b_{ii}=1(i=1,2,\cdots,N)$的情况。我们称满足$b_{ii}=0(i=1,2,\cdots,N)$的控制层级化系统为严格控制层级化系统。

领导者 – 跟随者机制是层级化组织中的一种典型支配关系。对于每对智能体,领导者粒子不考虑跟随者的影响,跟随者在下一步对自己的行为做决策时考虑领导者的行为。这个特性由矩阵$\boldsymbol{B}_N$不对称这一事实来表示。我们根据支配能力的高低将智能体编号为 1 到 $N$,粒子 1 是整个系统中最强的,而粒子 $N$ 是最弱的。因此,对于平等系统,控制矩阵$\boldsymbol{B}_N$是完全对称的;对于控制层级化系统,具有非零对角元素的$\boldsymbol{B}_N$是一个下三角矩阵;对于严格控制层级化系统,它是一个严格的下三角矩阵(严格的三角矩阵是指对角元素都为零的三角矩阵)。

3. 平均主义与等级主义系统

现在我们可以给出平等系统和几种层级化系统的正式定义。

(1)平等系统

对于每一对智能体,如果它们都用相同的权重使用对方的信息来决定自身下一步的行为,我们说这是一个平等系统。平等系统满足以下两条规则:

1)$c_{ij}=q$,$\forall i,j=1,2,\cdots,N$,$q$ 是一个正值常数;

2)$b_{ij}=1$,$\forall i,j=1,2,\cdots,N$。

(2)贡献驱动的层级化系统

贡献驱动的层级化系统满足以下两条规则:

1)$c_{ij}$满足一些分布规律,$i,j=1,2,\cdots,N$(因此,不是所有的$c_{ij}$都有相同正值);

2)$b_{ij}=1$,$\forall i,j=1,2,\cdots,N$。

(3)单层领导者 – 跟随者层级化系统(控制驱动层级化机制)

单层领导者 – 跟随者层级化系统满足以下两个规则:

1)$c_{ij}=q$,$\forall i,j=1,2,\cdots,N$,$q$ 是一个常数;

2)$b_{ij}=1$,$i\geqslant j$,$i,j=1,2,\cdots,N$。

(4)单层领导者 – 跟随者严格层级化系统(控制驱动严格层级化机制)

单层领导 – 跟随者(主从)严格层级化系统满足以下两条规则:

1)$c_{ij}=q$,$\forall i,j=1,2,\cdots,N$,$q$ 是一个正值常数;

2)$b_{ij}=1$,$i>j$,$i,j=1,2,\cdots,N$。

(5)双层领导者 – 跟随者层级化系统(贡献驱动控制层级化机制)

当贡献矩阵中的权值不相等时,我们将贡献与控制权(支配权)联系起来

（权重较大的个体的贡献优于权重较小的个体的贡献）。我们认为这种系统的行为是通过贡献驱动机制决定的。将贡献较大的智能体命名为领导者，贡献较小的智能体命名为跟随者。双层领导者－跟随者层级系统满足以下两条规则：

1）$c_{ij}$遵循一些分布规律，$i,j=1,2,\cdots,N$，但是不是所有的$c_{ij}$有相同的正值；

2）$b_{ij}=1,i\geqslant j,i,j=1,2,\cdots,N$。

（6）双层领导者－跟随者严格层级化系统（贡献驱动严格控制层级化机制）

双层领导者－跟随者（主从）严格层级化系统满足以下两条规则：

1）$c_{ij}$遵循一些分布规律，$i,j=1,2,\cdots,N$，但是不是所有的$c_{ij}$有相同的正值；

2）$b_{ij}=1,i\geqslant j,i,j=1,2,\cdots,N$。

上述系统可以用它们的交互矩阵$c_{ij}\times b_{ij}$来表示，$i,j=1,2,\cdots,N$。对于一个平等系统来说，它是一个包含相同元素的完全图。对于贡献层级化系统来说，它是一个包含各种元素的完全图。对于单层领导者－跟随者层级化系统来说，它是一个具有相同下三角元素的下三角矩阵。对于单层领导者－跟随者严格层级化系统来说，它是一个具有相同的下三角元素的严格下三角矩阵。对于双层领导者－跟随者层级化系统来说，它是一个具有可变的下三角元素的下三角矩阵。对于双层领导者－跟随者严格层级化系统来说，它是一个严格的下三角矩阵，其下三角元素是可变的。

另外，在更普遍的系统中，$c_{ij}$和$b_{ij}$可以是时变的。如果$c_{ij}$和$b_{ij}$不是时变的，那么意味着每个个体在系统中都有一组固定的关系。如果$c_{ij}(t)$和$b_{ij}(t)$是时变的，那么这些智能体之间的关系随时间而变化。在本节，我们只讨论$c_{ij}$和$b_{ij}$是常值的情况。关于$c_{ij}$和$b_{ij}$是时变的情况，感兴趣的读者可以自己去推演和仿真。

### 8.3.3 集群层级化模型

本节考虑了智能体在自由区域内不受边界限制的连续运动。如图8－14所示，一开始$n$个智能体的位置和方向是随机生成的，随着时间的推移，这些智能体的运动达到一致（有序状态）。本次实验基于无噪声的情况。

假设方向更新和位置更新的时间间隔是$\Delta t=1$。当$t=0$时，在一定大小的区域内，$n$个智能体是随机分布的，且它们的绝对速度$v_d$和方向角$\theta$都是随机分布的。在每一个时间步中，第$i$个智能体的位置更新如下：

$$\boldsymbol{x}_i(t+1)=\boldsymbol{x}_i(t)+\boldsymbol{v}_i(t) \tag{8-60}$$

在每一个时间步，粒子的速度$v_i(t+1)$由如下等式进行更新：

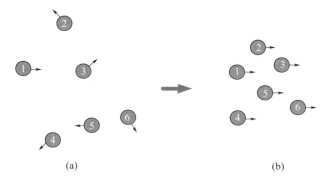

图 8 - 14　初始构型与集体运动的有序阶段

（a）初始状态（随机生成）；（b）期望状态（有序配置）

$$\boldsymbol{v}_i(t+1) = \boldsymbol{v}_i^{\mathrm{align}}(t) + \boldsymbol{v}_i^{\mathrm{rep}}(t) + \boldsymbol{v}_i^{\mathrm{adh}}(t) \tag{8-61}$$

其中，$\boldsymbol{v}_i^{\mathrm{align}}(t)$ 是对准项，$\boldsymbol{v}_i^{\mathrm{rep}}(t)$ 是排斥项，$\boldsymbol{v}_i^{\mathrm{adh}}(t)$ 是吸引项。

对准项由 $\boldsymbol{v}$ 的绝对值和 $\theta_i^{\mathrm{align}}(t+1)$ 的方向共同决定，后者可由等式计算得到：

$$\theta_i^{\mathrm{align}}(t+1) = \langle \theta_i(t) \rangle + \Delta\theta(t) \tag{8-62}$$

$\Delta\theta(t)$ 表示噪声，它是从 $[-\eta/2, \eta/2]$ 区间中以均匀概率选取的随机数，$\langle \theta_i(t) \rangle$ 表示给定智能体的相邻个体速度的平均方向。平均方向由如下等式计算得到：

$$< \theta_i(t) > = \arctan\left( \frac{\displaystyle\sum_{j=1}^{N} l_{ij}(t)\sin(\theta_j(t))}{\displaystyle\sum_{j=1}^{N} l_{ij}(t)\cos(\theta_j(t))} \right) \tag{8-63}$$

邻居矩阵 $\boldsymbol{L}_{ij}(t) = [l_{ij}(t)]_{N\times N}$ 描述了在时间 $t$ 智能体之间的邻居关系：

$$l_{ij}(t) = c_{ij} \times b_{ij} \times a_{ij}(t), \ \forall i,j = 1,2,\cdots,N \tag{8-64}$$

其中，邻接矩阵 $\boldsymbol{A}_N(t) = [a_{ij}(t)]_{N\times N}$ 满足

$$a_{ij}(t) = \begin{cases} 1, & i = 1,2,\cdots,N, j \in N_i(t) \\ 0, & \text{其他} \end{cases} \tag{8-65}$$

此时，$N_i(t) = \{j \mid \|x_i(t) - x_j(t)\| \leqslant r\}$，$r$ 表示交互半径。使用上述表达式，对准项可以写成

$$\boldsymbol{v}_i^{\mathrm{align}}(t+1) = c^{\mathrm{align}}\boldsymbol{v}\, \boldsymbol{e}_i(t) \tag{8-66}$$

$c^{\text{align}}$ 是对准项的系数,$e_i(t)$ 是方向角 $\theta_i^{\text{align}}(t)$ 的单位矢量。

当任意两个智能体之间的距离小于排斥力半径时,才存在排斥项。排斥项被定义为

$$v_i^{\text{rep}}(t+1) = c^{\text{rep}} \sum_{j=1}^{N} l_{ij}(t)\left(\frac{r_{\text{rep}} - \|x_{ij}(t)\|}{r_{\text{rep}}} \cdot \frac{x_{ij}(t)}{\|x_{ij}(t)\|}\right) \tag{8-67}$$

其中,$\|x_{ij}(t)\| < r_{\text{rep}}$,$c^{\text{rep}}$ 是排斥项的系数。

当两个智能体之间的距离在 $r_{\text{rep}}$ 和 $r_{\text{adh}}$ 之间时,才考虑边界粒子的吸引项[18]。

$$v_i^{\text{adh}}(t+1) = c^{\text{att}} \sum_{j=1}^{N} l_{ij}(t)\left(\frac{r_{\text{rep}} - \|x_{ij}(t)\|}{r_{\text{att}} - r_{\text{rep}}} \cdot \frac{x_{ij}(t)}{\|x_{ij}(t)\|}\right) \tag{8-68}$$

$r_{\text{rep}} \leqslant \|x_{ij}(t)\| \leqslant r_{\text{adh}}$,$c^{\text{att}}$ 是吸引项的系数,引入该项是为了防止集群因扰动而发散。

图 8-15 展示了上述若干集群模型的邻居矩阵,同时可视化了平等系统和层级化系统的区别。

## 8.3.4 仿真与讨论

仿真在自由的二维空间内进行。我们考虑了从 10 到 1280 的不同规模的多智能体系统。在这里,不失一般性,随机初始位置是在长为 $L$、宽为 $0.6L$ 的矩形区域内生成的。为了保持不同群体大小的仿真结果的连续性和可比性,假设随机初始位置占用的面积与集群规模 $N$ 成正比,并从区间 $(-\pi, \pi)$ 生成初始姿态角。因此,系统的初始密度为 $\rho = N/(0.6L^2)$,这对于不同的群体规模来说是常数。我们的目标是在不同的外部干扰水平(噪声)和不同的群体规模下,比较平等系统和不同层级化系统的稳定性。

平等集群模型的对准项与 Vicsek 等人在 1995 年中提出的自驱动粒子模型非常相似[19],粒子的邻居的定义包括它自己,且粒子的贡献是相同的。因此,我们称平等集群模型为 VEM(E 代表平等,M 代表模型)。贡献驱动的层级化模型称为 CHM(C 代表贡献,H 代表层级化)。

根据严格控制矩阵 $B_N$ 的定义,与支配相关的严格层级化系统的邻接矩阵具有零值对角元素,也就是说,对于所有的与支配(或控制)相关的严格层级化系统,都有 $l_{ii} = 0$,$\forall i = 1, 2, \cdots, N$。$l_{ii} = 0$ 意味着粒子 $i$ 的邻居不包括它自己。在下面的层级化结构中,我们通常指的是领导者-跟随者的分层结构。因此,我们将单层领导者-跟随者分层模型($l_{ii} \neq 0$,$\forall i = 1, 2, \cdots, N$)命名为 SHM(S 表示单层

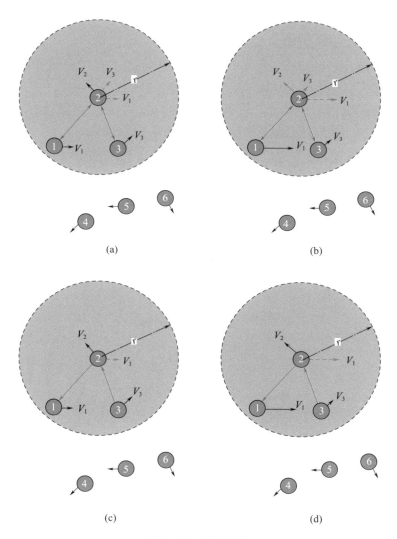

图 8 - 15　邻居矩阵

（a）平等模型，$c_{ij} = q, b_{ij} = 1, \forall i, j$；（b）贡献驱动的层级化模型，$c_{ij}$ 满足某种分布，$b_{ij} = 1, \forall i, j$；

（c）单层严格的主从层级化模型，$c_{ij} = q, b_{ij} = 1, \forall i, j, i > j$；

（d）双层严格的主从层级化模型，$c_{ij}$ 满足某种分布，$b_{ij} = 1, \forall i, j, i > j$

注：对于每个图形，在下一时间步中，只有那些用红色箭头标记的速度向量将用于计算智能体 2 的速度。

领导者 - 跟随者），我们称单层领导者 - 跟随者严格分层模型为 SHMZ（S 表示单层领导者 - 跟随者，Z 表示 $l_{ii} = 0, \forall i = 1, 2, \cdots, N$）。同样地，我们称双层领导者 - 跟随者严格层级化模型（$l_{ii} = 0, \forall i = 1, 2, \cdots, N$）为 DHMZ，当 $l_{ii} \neq 0, \forall i = 1,$

$2,\cdots,N$ 时,我们称它为 DHM。

### 1. VEM 和 CHM/SHM

在该仿真中,我们令 $\rho=0.5$,$v=0.1$,$r_{\mathrm{rep}}=0.1$,$r_{\mathrm{adh}}=1.1$,$c^{\mathrm{align}}=1$,$c^{\mathrm{rep}}=0.1$,$c^{\mathrm{adh}}=0.0002$,交互半径为 $r=1.1$。

（1）序参数

对于这种情况,我们使用平均归一化速度作为序参数,定义为

$$\phi^{\mathrm{ave}}=\frac{1}{T}\frac{1}{N}\int_0^T\Big\|\sum_{i=1}^N v_i(t)\Big\|\mathrm{d}t \tag{8-69}$$

这里 $T=2000\ \mathrm{s}$ 为每次实验的仿真时间。

误差带被定义为

$$\sigma=\frac{1}{\sqrt{n}}\overline{\phi} \tag{8-70}$$

其中,$\overline{\phi}$ 为序参数值的标准差,$n>0$ 是给定系统的仿真次数,$n$ 的经典取值如下:

$$n=\begin{cases}1000,\text{当}\ N=10\\1000,\text{当}\ N=20\\500,\text{当}\ N=40\\200,\text{当}\ N=80\\100,\text{当}\ N=160\end{cases} \tag{8-71}$$

（2）仿真结果分析与讨论

首先,我们比较了 VEM 和一些简单的层级化集群系统(如 CHM 和 SHM)的稳定性。根据仿真结果(见图 8-16 和图 8-17),一个简单的控制(支配)驱动的集群系统并不比研究的平等集群模型表现得更好。值得注意的是,对于比 $N=160$ 更大的集群规模,我们没有将 VEM 与 CHM/SHM 进行比较,因为我们猜测 CHM/SHM 仍然没有比 VEM 表现得更好,但欢迎对集群规模感兴趣的读者进行研究。

图 8-16 和图 8-17 都表明,平等系统比简单的基于支配地位(指贡献)的层级化系统更稳定。

### 2. VEM 和 DHM/DHMZ

在该仿真中,令 $\rho=0.4$,$v=0.1$,$r_{\mathrm{rep}}=0.5$,$r_{\mathrm{adh}}=2.2$,$c^{\mathrm{align}}=1$,$c^{\mathrm{rep}}=0.1$,$c^{\mathrm{adh}}=0.00006$,交互半径为 $r=2.2$。

（1）序参数

如上所述,我们将把稳定性与群体在外界扰动下不分裂的趋势联系起来。

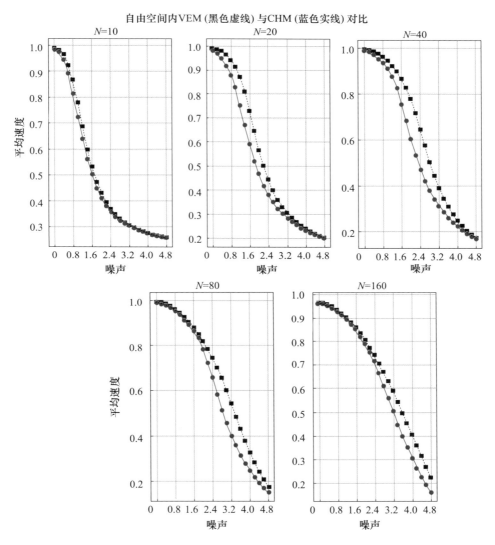

图 8 - 16　对于不同种群规模,VEM 与 CHM 的定量比较($l_{ii} \neq 0$, $\forall i = 1, 2, \cdots, N$),

对于 CHM 系统,参数 $c_{ij}$ 满足正态分布(均值为 0,标准差为 1)

为了测量多智能体系统的稳定性,我们使用如下的速度相关公式作为序参数:

$$\phi^{\text{corr}} = \frac{1}{T} \frac{1}{N(N-1)} \int_0^T \sum_{i=1}^{N} \sum_{j \in N_i(t)/i} \frac{\boldsymbol{v}_i(t)\, \boldsymbol{v}_j(t)}{\|\boldsymbol{v}_i(t)\| \|\boldsymbol{v}_j(t)\|} \mathrm{d}t \qquad (8-72)$$

其中,$j \in N_i(t)/i$ 表示 $j \in N_i(t)$ 且 $j \neq i$。这里没有使用平均速度作为序参数,因为速度相关(作为序参数)可以在系统被一分为二或更多群体时提供更严格的

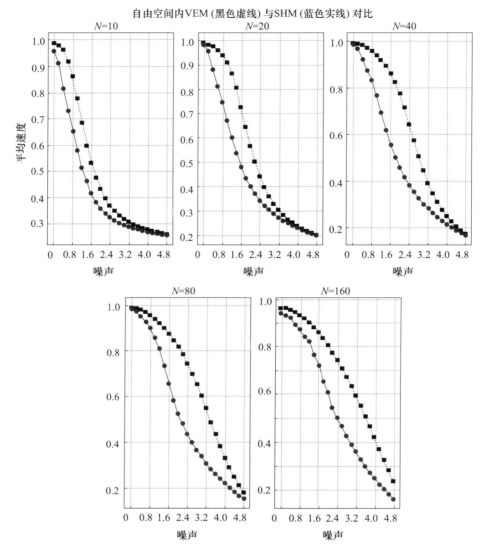

图 8-17　对于不同种群规模,VEM 和 SHM 的定量对比,在 SHM 系统中 $c_{ij}=q(q>0)$ 稳定性描述。

（2）仿真结果分析与讨论

我们分别比较了 VEM、DHM 和 DHMZ。图 8-18 为 VEM 与 DHM 的比较结果,图 8-19 为 VEM 与 DHMZ 的比较结果。

从图 8-18 中我们可以看出,在低噪声下,对于不同的群体大小,VEM 比 DHM 更好一点（更好的意思是在相同的噪声量下,它更有序）;而在较大的噪声

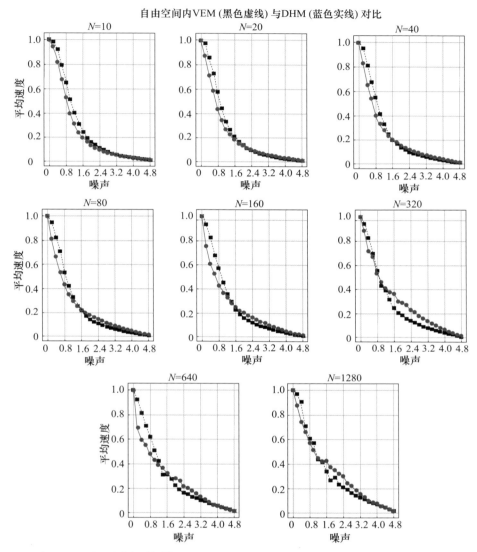

自由空间内VEM (黑色虚线) 与DHM (蓝色实线) 对比

图 8 − 18　在不同种群规模下 VEM 和 DHM 的定量分析($l_{ii} \neq 0, \forall i = 1, 2, \cdots, N$)，

对于 DHM 系统, $c_{ij}$ 满足正态分布（均值为 0, 标准差为 1）

下，DHM 似乎比 VEM 更好一点。然而，优势小到可以忽略。同时，在不同的种群规模下的仿真结果似乎并不存在相关性。

图 8 − 19 表明，DHMZ 层级化模型明显比平等模型更稳定。而且随着系统规模的增加，优势越来越明显。然而，平等模型和层级化模型之间的稳定性差距从 320 个粒子开始停止增长，直到 1280 个粒子。也就是说，平等系统和层级化

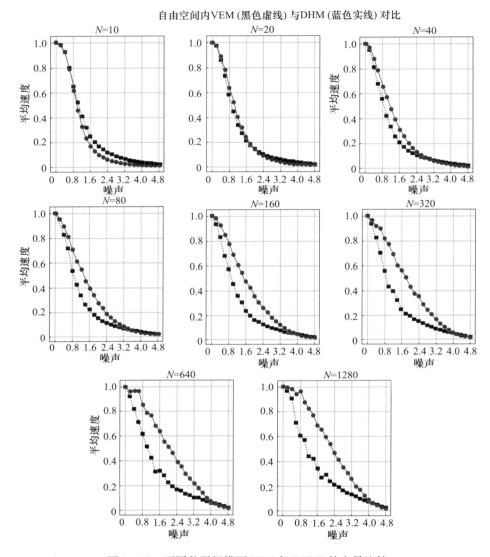

图 8 – 19　不同种群规模下 VEM 与 DHMZ 的定量比较

系统在稳定性上的差异随着系统规模的增大而增大,直到一个给定的种群规模,并且当集群规模到达一定的阈值后不会再改变。这很符合直觉,它表明,层级化制度可能只在至多几百个成员中发挥相关作用。

起初,我们对 DHMZ 的性能比 DHM 好得多的结果感到困惑。然而,有一个合理的解释,对角线上的零表示一个智能体在决定每一步的方向时不考虑它自己的决定(方向)。对角线上的元素不为零意味着当一个智能体做出一个决策时,它将执行它自己和它的邻居的平均决策。简言之,对角线上为零的交互矩阵意味着"服从领导"原则以某种方式增强了。即使在其他互动中,当领导者智能体(拥有相对较大的$b_{ij}$或$c_{ij}$)决定如何前进时,它也会成为与其他智能体相关的追随者。

图 8 – 20 以 28 个粒子为例显示了合过程中的一些重要片段。颜色条显示了给定智能体贡献的权重。例如,红色的粒子是最强的,而紫色的粒子是最弱的。这些属于 DHMZ 系统的智能体的贡献值满足对数正态分布。即$c_{ij}$,$i,j = 1$,$2,\cdots,N$,$i > j$ 满足正态分布。同时,属于 VEM 系统的每个粒子的贡献值相等,VEM 系统的贡献值之和等于 DHMZ 系统的贡献值之和。在 VEM 中,28 个粒子的初始状态与 DHMZ 中相同。图 8 – 20 中,边界粒子的尺寸比内部粒子的尺寸大,图 8 – 20(a)显示了所有智能体的初始状态。图 8 – 20(b)的左半部分描述了 VEM 集群的结构,它的黏性比 DHMZ(右边)要小,并且有几个智能体已经从 VEM 集群中分离出来了。图 8 – 20(c)和(d)显示了演化过程中的两个关键时刻,即 VEM 分离成三个部分而 DHMZ 仍然是单个集群。这可以作为一个重要的证据来证明,领导者 – 追随者层级化系统在对抗扰动方面具有更好的系统稳定性。

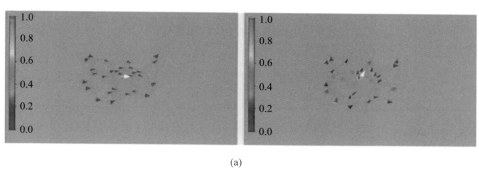

(a)

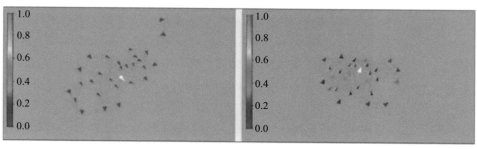

(b)

图 8 – 20　28 个粒子群的 VEM 和 DHMZ 仿真

(对于每个场景,左边的是 VEM,右边的是 DHMZ)

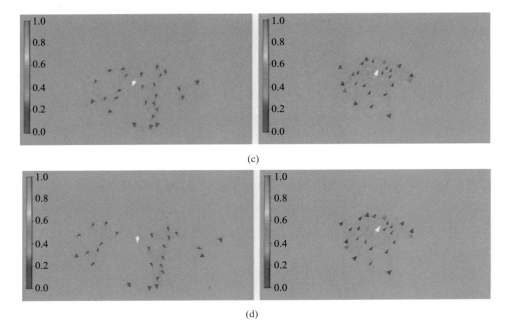

图 8 - 20　28 个粒子群的 VEM 和 DHMZ 仿真

（对于每个场景，左边的是 VEM，右边的是 DHMZ）（续）

（a）时间 $t = 1$ s 时的情景；（b）第一个分离时刻 $t = 27$ s 时的情景；

（c）时间 $t = 53$ s 时的情景；（d）第二个分离时刻 $t = 56$ s 时的情景

## 8.3.5　结论

　　本节针对鸟群、鱼群或是人群等相互交互、共同行动的多智能体系统的集群行为给出了一个比之前我们所认知的一切模型都更普遍的解释。我们采用的方法的主要特点是，它将先验模型和观察的结果以及假设统一成一个整体。我们得到了一些可信的结论：当对系统稳定性水平的考察集中在对内外扰动的测量时，简单地对邻居运动方向求平均的方法非常有效。本节的主要观点是关于层级化机制在集群中的作用。我们已经确定了两个重要的模型：模型一在求邻居的平均方向时，邻居的贡献是考虑权重的；模型二给定的智能体在每个时间步长更新其方向时，处于完全"跟随模式"（DHMZ）。数值仿真结果发现：模型一是低效的；模型二表现最好。这些结果看起来令人惊讶，但我们能够从自然界和人类社会的集群现象中为这些结果提供合理的解释。我们所提出的研究架构具有普适性，可以用它来引入一大批更具体的集群模型进行更深入的研究。

## 8.3.6 参考文献

[1] SUMPTER D J T. Collective Animal Behavior［M］. Princeton，NJ：Princeton University Press，2010.

[2] NAGY M，AKOS Z，BIRO D，VICSEK T. Hierarchical group dynamics in pigeon flocks［J］. Nature，2010，3：464890.

[3] VICSEK T，ZAFEIRIS A. Collective motion［J］. Phys. Rep. ，2012，517：71 − 140.

[4] PETIT O，BON R. Decision − making processes：the case of collective movements［J］. Behav. Process，2010，47：84635.

[5] OZOGANY K，VICSEK T. Modeling the emergence of modular leadership hierarchy during the collective motion of herds made of harems［J］. J. Stat. Phys. ，2015，46：158628.

[6] KING A J，DOUGLAS C M S，HUCHARD E，ISAAC N J B，COWLISHAW G. Dominance and affiliation mediate despotism in a social primate［J］. Curr. Biol. ，2008，8：181833.

[7] SEELEY T D. Honeybee Democracy［M］. New Jersey：Princeton University Press，2010.

[8] ZAFEIRIS A，VICSEK T. Group performance is maximized by hierarchical competence distribution［J］，Nat. Commun. ，2013：42484.

[9] VASARHELYI G，VIRAGH C，SOMORJAI G，NEPUSZ T，EIBEN A E，VICSEK T. Optimized flocking of autonomous drones in confined environments［J］. Sci. Robot. ，2018，3 ：3536.

[10] FLOREANO D，WOOD R J. Science，technology and the future of small autonomous drones ［J］. Nature，2015，C466：521460.

[11] BRAMBILLA M，FERRANTE E，BIRATTARI M，DORIGO M. Swarm robotics：a review from the swarm engineering perspective［J］. Swarm Intell. 2013，7：1 − 41.

[12] ZAFEIRIS A，VICSEK T. 2018 Why We Live in Hierarchies? A Quantitative Treatise［M］. Berlin：Springer，2018.

[13] COUZIN I D，KRAUSE J，FRANKS N R，LEVIN S A. Effective leadership and decision making in animal groups on the move［J］. Nature，2005，433：513 − 516.

[14] SUEUR C，PETIT O. Organization of group members at departure is driven by social structure in macaca［J］. Int J. Primatol. 2008，29：1085 − 1098.

[15] SAROVA R，SPINKA M，PANAMA J L A，SIMECEK P. Graded leadership by dominant animals in a herd of female beef cattle on pasture［J］. Animal Behav. ，2010，79：1037 − 1045.

[16] NAGY M，VASARHELYI G，PETTIT B，ROBERTS − MARIANI I，VICSEK T，BIRO D. Context − dependent hierarchies in pigeons［J］. Proc. Natl Acad. Sci. ，2013，110：13049 − 13054.

[17] SHEN J. Cucker − Smale flocking under hierarchical leadership［J］. SIAM J. Appl. Math. ，2007，68：694 − 719.

[18] PEARCE D J G，TURNER M S. Density regulation in strictly metric − free swarms［J］. New J.

Phys. ,2014,16:07.

［19］ VICSEK T,CZIROK A,BEN－JACOB E,COHEN I,SHOCHET O. Novel type of phase transition in a system of self－driven particles[J]. Phys. Rev. Lett. ,1995,75:1226.

# 8.4  个体视角的优化

事实证明,集群模型有助于揭示鸟群、鱼群、昆虫以及哺乳动物群落背后的行为机制。生物学家发现,椋鸟集群个体之间的交互作用取决于拓扑机制而不是标度距离。大多数无标度的集群模型赋予集群中单个粒子全局视野,以便为每个粒子提供足够的环境信息。然而在自然界当中,生物集群中个体的视野通常是有限的,如椋鸟的视角就是 143°。在这里,我们主要研究集群中的个体是否具备全局视野才能使得整体达到更好的一致性。为了解决这个问题,我们在 Pearce 和 Turner 研究成果的基础之上提出了有限视野下的三维无边界集群(RVFMF)模型。此外,通过大量的数值模拟,我们讨论了影响 RVFMF 模型一致性的几个重要因素。根据仿真结果,我们得出如下结论:粒子的最佳视野角度会随着种群规模的不断扩大而相应增大,且当种群规模达到 1000 时最佳视野角度趋于 155°达到稳定不再变化。同时我们提供了大量的数据,分析证明相比于全局视野,鸟群可以在有限视野下达到更好的协同。

## 8.4.1  引言

生物聚集成群完成迁徙、觅食、躲避捕食者,这些过程中蕴含着复杂的群体智能,尤其是对于那些无法独自生存的个体。科学家运用高速摄影机和软件模拟的方法试图揭开生物体集群行为的潜在原理。事实证明,许多集群模型有助于揭示鸟群、鱼群、昆虫以及哺乳动物群落背后的行为机制。

1986 年,Reynolds 为了揭示鸟群中真实集群行为的产生原理,提出了计算机动画仿真 Boid 模型,该模型也被认为是集群模型研究领域的开端[1]。此后出现了大量的集群模型以及对于集群行为内在机制的讨论,如 Vicsek 模型[2,3]、Cucker－Smale(CS)模型[4,5]、存在内部等级划分的集群模型[6-8],以及无标度模型[9-12]。

Vicsek 模型是最简单和最经典的集群模型,它展示了集群从随机状态到协同状态的动力学相变[2]。随后的许多研究都对这种动力学相变的内在特性进行了更深层次的挖掘[13-20]。集群行为的基本原则包括集群中个体如何聚集形成稳定的群体结构。大多数研究为了使集群达到整体协同,要么引入周期边界条件(PBC)[2],要么引入吸引项或排斥项[21,22],或者向群体引入一些内在势场[23]。然而,Pearce 和 Turner 发现,尽管这些方法能够产生群体聚集,但它们也向系统引入了一个标度[12]。这些方法通常会产生恒定的且与群体规模不相关的特征密度[24]。

大多数集群模型,如 Boid 模型和 Vicsek 模型,都表明个体之间仅遵循简单的局部相互作用规则就可以产生复杂的集群行为。然而,由于人们对这种相互作用机制的原理知之甚少,大多数的研究结果都依赖于先前的假设[14,25,26]。Ballerini 等人通过重建大型鸟群飞行中的三维位置信息,证明了这种相互作用并不依赖于标度距离而是拓扑交互模式[27]。实验数据表明,鸟类相互作用的另一个重要拓扑特征是,每个个体只与六七个邻居相互作用,无论它们之间的标度距离大小。大量数值表明,拓扑相互作用能使群体达到更协同的状态。而且这种交互方式更符合自然界中鸟群的实际情况。此外,Francesco 等人发现,自组织粒子系统中拓扑邻居间的对齐方式不同于传统的标度模型,在实验当中粒子只选择泰森多边形第一层的粒子作为交互目标[10]。

此外,Cavagna 等人通过重建大型欧椋鸟三维集群,测量了每只鸟的位置和速度从而得出个体间速度波动的相关程度,测量结果也证实了这种行为相关性是无标度的[9]。Wolfe 等人基于一种新的 Enskog 型理论提出了无标度的 Vicsek 模型。他们的仿真结果表明,集群从随机状态到协同状态的相变过程是连续的,这与传统基于标度的 Vicsek 模型不同[11]。Camperi 等人还对比了基于拓扑交互的模型与基于标度的模型二者之间的稳定性。他们得出结论,由于采取拓扑方式的粒子相互作用的邻居的数量是恒定的,这使得这种模式更好地避免了粒子间信号的相互干扰[28]。

然而,大多数基于拓扑交互的模型在空间不断扩大时,密度逐渐趋于零。针对这个问题,Pearce 和 Turner 提出了一个严格无标度(SMF)的集群模型,该模型对集群边界上的个体引入一种无标度的内向运动偏差[12]。该模型可以改变粒子系统的密度,运动偏差使系统能在三维无边界空间中达到聚集状态。在后来的研究中,Turner 进一步改进了这一模型,赋予群体边缘的个体向内运动偏差,而群体内部的个体则被赋予向外的运动偏置。他们发现外围区域的粒子比中心区域的粒子分布更密集[29]。

Couzin 等人认为,集群中的每个个体在做出集体决策时,都将视觉信息作为相互交流的主要方式[30,31]。大多数现有的集群模型都假设群体中的粒子拥有全局视野[2,12]。然而,在自然界中,群体中的个体的视野通常是有限的。例如,欧椋鸟的视野角度为143°,鸽子的视野角度为 158°,而猫头鹰的视野角度是100.5°[32-34]。尽管很难推断这种有限视野是如何在进化过程中通过自然选择形成的,我们可以定量地分析有限视野相比全局视野所带来的优势。

在上述背景下,后续的研究主要集中于理解自然界中集群行为的内在生物学机制[35-38],以及进一步提高这种集群协同行为的收敛特性[39-45]。在大多数文献中,研究人员都是从交互规则或受限视野的角度探究如何使得类 Vicsek 模型更快地达到协同状态。例如,Wang 等人主要研究利用改变指数邻域权重和引入受限视野来最小化二维 Vicsek 模型中方向达到一致的收敛时间[41]。此外,Nguyen 等人还研究了视角对二维 Vicsek 模型中相变过程的影响。他们发现在相变发生时粒子的视角大于 $\frac{\pi}{2}$[42]。Durve 等人认为,相变的性质是由相互作用的方向性和径向范围共同决定的[43]。此外,李等人对三维 Vicsek 模型进行了优化,他们发现最佳视野角度与粒子绝对速度和集群密度有关[44]。

鉴于上述问题,本节提出了有限视野下的三维无标度集群模型(RVFMF)。与之前大多数的模型相比,RVFMF 模型是严格无度量的,并且粒子视野角度有限。每个粒子选择自己视野内位于泰森多边形第一层上的粒子作为自己的拓扑邻居。这保证了 RVFMF 模型是严格无标度的。此外我们还定义位于集群凸包上的粒子为边界粒子,其余的粒子为内部粒子,由此引入了一个只作用于边界粒子的无标度边界特征值。该特征值赋予边缘粒子无标度的向内运动偏置。"向内"是指目标粒子指向其位于边界的拓扑邻居的向量平均值。在运动偏置的影响下,边缘粒子可以控制整个集群的密度。在集群遭遇捕食者时,群体最外侧的个体最容易被捕食,从而自发地靠近群体。同时集群内部个体相对安全,并且不会移动到危险的集群边缘地区,这些个体会尽可能地保持现有的位置和速度。RVFMF 模型可用于模拟大型鸟类(如椋鸟)的集群协同过程。我们通过 RVFMF 模型生动地再现了欧椋鸟群达到协同的过程,并探讨了视角对系统一致性的影响。我们还试图描述在不同种群规模下个体的最佳视野角度,并阐明使集群达到协同全局视野的必要性。

## 8.4.2 有限视野下的严格无标度模型

RVFMF 模型定义如下。我们设定 $N$ 个粒子在三维无边界区域中以相同的速度运动。该模型的主要贡献是考虑了集群从初始无序状态向最终有序状态演化过程中每个粒子的视角。在初始时刻 $t=0$ 时,$N$ 个独立粒子随机分布在边长为

L 的立方体中,每个粒子的速度方向随机分布在 $[0,2\pi]$ 之间,在离散时刻 $t$,一个粒子 $i$ 的位置记为 $r_i^t$,速度为 $\underline{v}_i^t$,$\overline{r}_{i,j}^t$ 代表在 $t$ 时刻从粒子 $i$ 指向粒子 $j$ 的单位向量。

如图 8 - 21 所示,我们将每个粒子的视野定义为粒子形成的锥形散射柱区域。假设集群中的每个粒子都有相同的视角。让 $\theta \in (0,\pi]$ 表示每个粒子的视角,当 $\theta = \pi$ 时,意味着每个粒子都有全局视野,模型就随之转变为 SMF 模型。

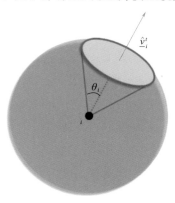

图 8 - 21　粒子 $i$ 的视角 $\theta$ 示意

根据式(8 - 73)~(8 - 76),所有粒子的位置和速度方向每个时间步长更新一次。粒子 $i$ 的拓扑邻居属于集合 $B_{iv}$,它会根据 $t$ 时刻粒子 $i$ 的位置不断更新。集群凸包上的所有粒子构成集合 $C$,如果粒子 $i$ 在集合 $C$ 当中,那么粒子 $i$ 位于集群凸包上的所有拓扑邻居构成集合 $S_{iv}$,即 $S_{iv} = B_{iv} \cap C$。这个模型有两个控制变量:第一个参数 $\phi_e$ 代表边缘强度,它是边界粒子向内运动偏差的相对权重;第二个参数 $\phi_n$ 代表噪声强度。

$$\underline{\boldsymbol{r}}_i^{t+1} = \underline{\boldsymbol{r}}_i^t + v_0 \hat{\underline{\boldsymbol{v}}}_i^t \tag{8 - 73}$$

$$\underline{\boldsymbol{v}}_i^{t+1} = (1 - \phi_n)\hat{\underline{\boldsymbol{u}}}_i^t + \phi_n \hat{\underline{\boldsymbol{\eta}}}_i^t \tag{8 - 74}$$

$$\underline{\boldsymbol{u}}_i^t = (1 - f_i)\frac{\langle \hat{\underline{\boldsymbol{v}}}_j^t \rangle_{j \in B_{iv}}}{|\langle \hat{\underline{\boldsymbol{v}}}_j^t \rangle_{j \in B_{iv}}|} \tag{8 - 75}$$

$$f_i = \begin{cases} \phi_e, \underline{r}_i^{t+1} \\ 0, 其他 \end{cases} \tag{8 - 76}$$

对于粒子 $i$ 在 $t$ 时刻,$\hat{\underline{\boldsymbol{\eta}}}_i^t$ 代表一个随机的单位向量,$v_0$ 表示粒子运动速度,^ 表示对向量进行归一化,尖括号 < > 表示平均子集。当粒子 $i$ 位于集群内部时,$f_i = 0$,代表个体不受边缘强度的影响,即粒子 $i$ 下一时刻的运动方向为拓扑邻居的平均运动方向。当粒子 $i$ 处于集群边界时,$f_i = \phi_e$,表示粒子运动方向等于其拓扑邻居平均运动方向与$(1-\phi_e)$的乘积和无标度边界特征值与$\phi_e$的乘积二者的线性叠加。

由于模型是在三维空间,为了更好地解释以帮助可视化,图 8-22 给出了式 (8-74) 和式 (8-75) 中拓扑结构的示意图。紫色的点表示粒子 $r'_j$ 位于凸包上,而红色的点表示粒子 $r'_i$ 位于集群内部。为构建集群整体的泰森多边形,首先要进行 Delaunay 三角剖分,在这里用红线表示。点集 $B_{iv}$ 表示目标粒子视野内拓扑邻域的集合,包括通过红色和紫色线与目标粒子相连的所有粒子。紫色线连接凸包上的邻居粒子,共同构成集合 $S_{iv}=B_{iv}\cap C$,粉色箭头表示通过这些边缘粒子向目标粒子引入的无标度向内运动偏置。图 8-23 展示了式 (8-74) 和式 (8-75) 边界粒子上无标度内向偏置的细节,该偏置等于其同样位于凸包上的拓扑邻居的单位向量均值($\langle \hat{r}'_{ij}\rangle_{j\in S_{iv}}$),即相邻粒子 $a$ 的单位向量 $\hat{r}'_{ia}$ 与相邻粒子 $b$ 的单位向量 $\hat{r}'_{ib}$ 的平均值。该值大小在 $[0,1]$ 之间,当粒子 $i$ 与 $j$ 之间的角度越小,箭头越长,数值就越大。因此,凸包上最外层粒子的表面项越大,重新进入集群的趋势越强。此外,为了更清楚地显示集群的凸包结构和拓扑邻居结构,图 8-24 展示了三维空间中群凸包的结构和空间中拓扑邻域的组成结构。其中,目标粒子视野内外的邻居由不同颜色表示,以此突出了我们模型的视野限制条件。

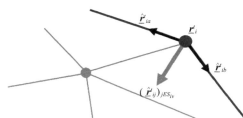

图 8-22　粒子拓扑结构示意　　　图 8-23　凸包上边缘粒子的拓扑结构细节

为了描述群体中所有个体的位置及速度方向的一致性程度,本节引入了有序程度的概念:

$$P = \left| \frac{1}{N}\sum_{i=1}^{N} v_i \right| \qquad (8-77)$$

有序程度 $P$ 代表着集群中所有个体的一致性程度,等于所有个体在那一时刻平均速度的绝对值。$P$ 值在 $[0,1]$ 之间,$P$ 值越大,这些粒子的一致性程度越高。当 $P=1$ 时,所有粒子的运动方向相同;同样在初始时刻,所有粒子随机分布时,集群整体的 $P=0$。

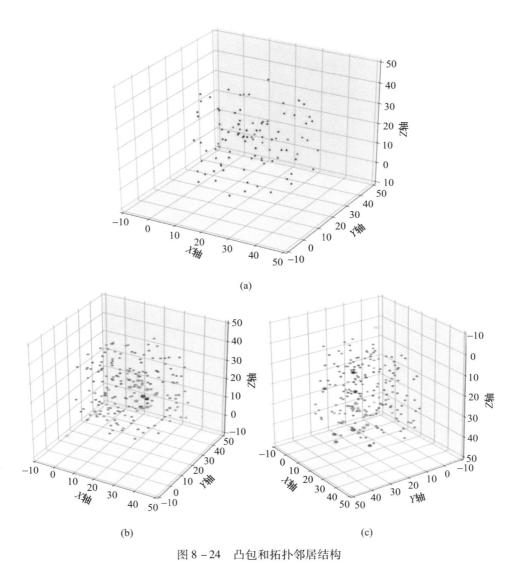

(a)

(b)                                                  (c)

图 8 - 24    凸包和拓扑邻居结构

(a)红色粒子位于集群凸包上,蓝色粒子位于集群内部;

(b)如果所选目标粒子本身位于凸包上,则其在凸包上的拓扑邻居为绿色,其他邻居颜色与(c)中相同;

(c)随机选取目标粒子为红色,蓝色粒子为其普通邻居,视野内部拓扑邻居为黄色

## 8.4.3    仿真分析与结果

欧椋鸟是一种雀形目白天飞行的地面捕食型鸟类[46]。受到集群行为的启发,我们利用有限视野下的严格无标度集群模型探究视野角度对欧椋鸟集群系

统带来的影响。为了展示系统从无序状态到有序状态的演化,我们设计了人机交互界面用来展示 RVFMF 模型随某些参数变化的仿真过程,如种群规模 $N$、噪声强度、边界强度。图 8 – 25 展示了仿真平台的主要界面,从中我们可以观察到集群从初始状态[见图 8 – 25(a)]到稳定状态[见图 8 – 25(b)]的变化过程。粒子的颜色表示其速度方向。相同的颜色意味着粒子朝向相同的方向。图 8 – 25(c)展示了有序程度 $P$ 随时间的变化情况。

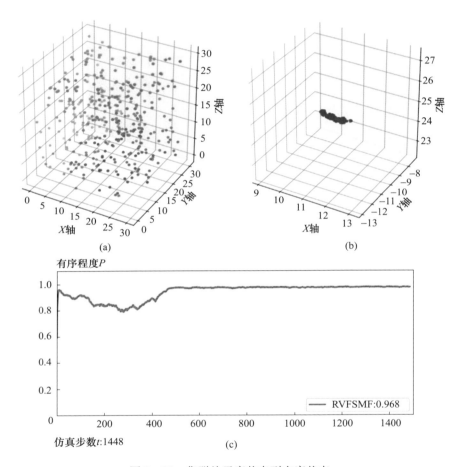

图 8 – 25　集群从无序状态到有序状态

(a)随机分布的初始状态;(b)整体速度一致性达到稳定状态;(c)集群有序程度 $P$ 从 0 到 0.968 趋于稳定

注:系统设置为全局视野,即 $\theta_i = \pi (i = 1,2,\cdots N)$。其他参数分别为 $N = 400, \phi_e = 0.2, \phi_n = 0.5$。

图中粒子的颜色代表粒子的速度方向,整体颜色越接近,集群有序程度 $P$ 越高。

1. 两个控制参数

我们的主要目的之一是研究粒子的视角对集群系统稳定性的影响,为了探究这一点,我们需要令其他变量保持不变。我们的模型有两个控制参数:边界上的粒子向内运动偏差的权重 $\phi_e$ 和噪声的大小 $\phi_n$。

首先,我们分别改变两个控制参数,相应的保持其他变量不变。目的是观察这两个参数对有序程度 $P$ 的影响。我们假定每个粒子都具备全局视野。我们得到在不同种群规模下噪声强度 $\phi_n$ 对有序程度 $P$ 的影响如图 8 – 26 所示。结果表明,只有在噪声干扰较小的情况下,群体才能达到较高的一致性。噪声越大,群体的一致性程度越低;种群规模的改变不会影响这一趋势。这一结果与之前的研究成果相同[12],也从一定程度上证明了我们模型的正确性。即,当每个粒子都有全局视野时,RVFMF 模型就转化成了 SMF 模型。此外,我们可以从图 8 – 26 中看到,当 $\phi_n$ 约为 0.7 时发生相变。

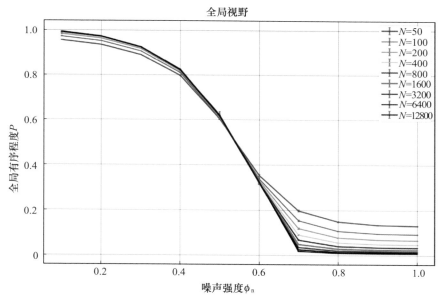

图 8 – 26  在全局视野下,集群受不同程度噪声干扰,

有序程度 $P$ 随种群规模 $N$ 变化的图例

注:令 $\phi_e = 0.5$,使得每个粒子所受协同作用和内向偏置作用相同。

接下来,在全局视野下,观察在不同种群规模下边缘强度 $\phi_e$ 对集群有序程度的影响,模拟结果如图 8 – 27 所示。结果表明,当种群规模未达到 1000 时,$\phi_e$ 值的变化对 $P$ 有明显的影响。但随着种群规模的不断扩大,$\phi_e$ 值的变化对 $P$ 的影响逐渐变小。因此当种群规模较小时，$\phi_e$ 值越高，集群能够达到的有序程度越低。根据式(8-75)，邻居个体的交互作用和重新进入集群的趋势分别由因子$(1-\phi_e)$和$\phi_e$加权。$\phi_e$值越大，粒子间交互作用的权重越小，因此集群有序程度 $P$ 值越小。此外，在相同的种群规模和相同的噪声强度下，边缘强度越大，系统稳定性越差。当边缘强度不大于0.5时，不同种群规模的系统稳定性几乎相同。相反，当边缘强度大于0.5时，在同等边缘强度下，系统种群规模越大，系统稳定性越好。因此，我们将主要讨论当边缘强度大于0.5时，如何根据系统稳定性优化视角。

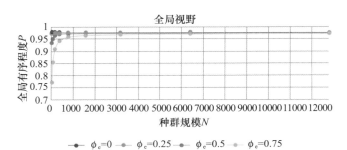

图 8-27　全局视野下，种群在不同程度的强度下保持 $\phi_n=0.2$，
全局有序程度 $P$ 随种群规模变化的图例

### 2. 有限视野的影响

总的来说，人们通常认为全局视野能够为个体提供关于周围环境的足够信息，因此当 $\theta=\pi$ 时，系统可以实现最高程度的协同。然而，对欧椋鸟的生物学研究表明，这些鸟的眼球在飞行过程中具有特定的有限视野，而不是全局视野，当椋鸟处于休息状态时，它的视角在垂直方向的130°和160°之间[46]。这些特征可能是由复杂的生物机制决定的。在本节中，我们通过定量的仿真分析来研究有限视野是否有利于群体的稳定性。

考虑到欧椋鸟的眼球在飞行过程中可以旋转，这将导致视角在垂直方向上有20°偏差，所以我们假设欧椋鸟的视角在110°到180°之间。为了观察视角对群体有序程度的影响，我们保持其他参数不变，以10°为间隔将视角范围设置为110°~180°。

基于前面的分析，我们首先要讨论边缘强度 $\phi_e$ 和噪声强度 $\phi_n$ 的选择。在参数 $\phi_n$ 的选择上，我们分别进行了实验，使 $N=500$，$\phi_n=0.2,0.3$，我们可以看到全局阶数随边缘强度的不同而变化（$\phi_n=0.2,0.3$ 可以确保群的噪声干扰不是太小或太大)。通过对比实验结果,我们选择 $\phi_n = 0.3$,与 $\phi_n = 0.2$ 的实验数据相比,它能更好地反映不同边缘强度选择引起的 $P$ 值变化。最后,假设种群规模为 $N = 500$,噪声强度 $\phi_n = 0.3$。图 8-28 显示了在不同边缘强度 $\phi_e$ 和不同视角下的全局有序程度 $P$ 曲线。当 $\phi_e = 0.25, 0.35, 0.4$ 时,即 $\phi_e \leqslant 0.5$ 时,全局有序程度 $P$ 随着视角 $\theta$ 的增加而增加。这表明,当共对准比例较高时,视角似乎对椋鸟群没有任何影响。相反,当 $\phi_e > 0.5$ 时,$P$ 值波动明显,在一定视角下有一个最大值。通过进一步分析图 8-28 中的数据,当 $\phi_e = 0.75$ 时,$P$ 的最大值最为显著。因此,我们在下面的实验中选择 $\phi_e = 0.75$。

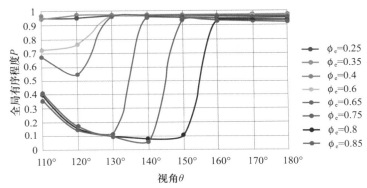

图 8-28　取不同值,全局有序程度 $P$ 随视角变化情况(其他参数为 $N = 500, \phi_n = 0.3$)

不失一般性,我们最终选择 $\phi_e = 0.75$ 和 $\phi_e = 0.3$ 作为实验参数,这使得我们能够更直观地观察到在受限视野下集群是否能达到更高的有序程度。根据之前的分析,我们保持其他参数不变,以 $10°$ 为间隔,将视角范围设置为 $110° \sim 180°$。在每种情况下,系统都多次模拟相变过程,最终得到有序程度 $P$ 的平均值,保证了数据的可靠性。得到结果后,为了进一步探索某些视角区间内的有序程度,我们使用二分法在 $130°$ 到 $150°$ 之间进行插值,间隔为 $5°$。最后,我们得到了一个有趣的发现,在不同的种群规模之下,欧椋鸟集群系统存在一个视角,最终赋予该集群最高的有序程度。结果如图 8-29 所示。我们将这个角度定义为最佳视角。最佳视角均小于 $180°$,即非全局视角。

为了进一步探索最佳视角 $\theta_{opt}$ 与系统 $N$ 的总体规模之间的关系,特别是在某些总体规模下,全局有序程度 $P$ 在 $[150°, 160°]$ 内增加。为了了解 $P$ 值是否在该范围内达到最大值,在 $\phi_e = 0.75$ 和 $\phi_n = 0.3$ 的条件下,以 $5°$ 为间隔进行了大量模拟实验。图 8-30 显示了不同种群规模下蜂群的最佳视角。由模拟结果可以得出结论,随着种群规模的增大,欧椋鸟群的最佳视角几乎呈线性增加,当种群规模大于 1000 时,趋于稳定。种群规模 1000 是一个关键的拐点,值得进一步研究。

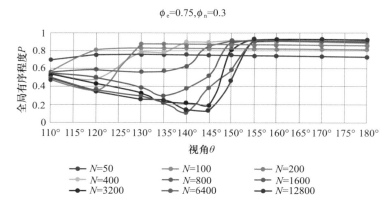

图 8 - 29　N 取不同值,全局有序程度 P 随视角变化

注:当值较大时,迭代步数过少,系统很难达到稳定状态。因此,在 10000 个预平衡迭代步数之后,选择 1000 步的有序程度 P 的平均值作为实验数据,并且重复实验 150 次求最终平均值,使数据更具说明性。

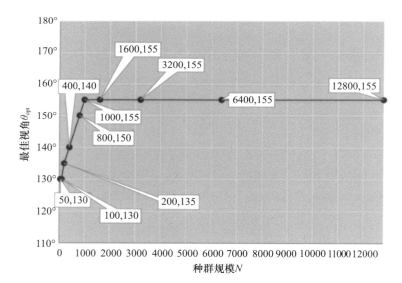

图 8 - 30　最佳视角随着种群规模 N 的变化情况

注:该系统在每个种群规模的不同视野下进行了 150 个实验,每个实验的全局 有序程度 P 对应于 10000 个时间步预平衡期后平均 1000 多个时间步。

## 8.4.4　探讨与分析

在图 8 − 26 中,我们观察到在不同程度的噪声干扰下,不同种群规模的集群能达到相同程度的序参数。在自然界中,经常能够观察到一大群欧椋鸟在飞行过程中突然分成两群,同时保持相同的有序状态飞行。图 8 − 26 中的结果解释了这一现象。在同等程度的噪声干扰下,集群中的个体可以保持其聚集状态不变而不受种群规模变化的影响。很明显,当噪声强度 $\phi_n$ 大于 0.5 时,系统不能表现出一致性运动。随着噪声的增加,蜂群经历了从有序到无序的相变。

图 8 − 27 显示,当系统种群规模足够小时(如种群规模≤1000),系统的有序程度与处于边界个体的向内偏差程度相关。这也很容易理解,随着向内作用权重的增加,相互协同的倾向更低,群体更难达到速度的整体一致性。同时我们发现,随着种群规模的增加,$\phi_e$ 的影响变得越来越小。也就是说,一个群体的种群规模越大就越稳定,对内向作用的依赖就越小。这解释了为什么欧椋鸟在觅食或迁徙时往往会形成更大的群体,这更安全和稳定。

在一篇文献当中,欧椋鸟的眼球被描述为在飞行过程中具有特定的有限视野,而不是全局视野[46]。如图 8 − 28 所示,$\phi_e > 0.5$ 时的实验结果与这一结论完全一致。在某种程度上,图 8 − 28 中的实验数据也证实,在实际的欧椋鸟集群中,位于边缘的个体更倾向于回到群中,而不是以它们的邻居决定的方向移动。这种趋势有效地保证了这些个体不脱离群体。

由图 8 − 29 的实验结果我们得出结论,欧椋鸟拥有最佳视角。图 8 − 30 的实验结果表明,该最佳视角将随着种群规模的增加而增加,并且当种群规模达到 1000 左右时,最佳视角趋于收敛并稳定在 155°左右。当种群规模没有达到阈值 1000 时,个体需要适当地增大和调整它们的视野以保持与增加的群体规模的有效互动。

我们从图 8 − 26 中得到了临界边缘强度 $\phi_e = 0.5$。考虑到视角的影响,我们想知道这个临界值是否与视角有关。因此,我们增加了实验,使视角分别等于 120°、140°和 160°,实验结果如图 8 − 31、图 8 − 32 和图 8 − 33 所示。

根据上述实验结果,临界噪声值与视角无关。此外,我们如图 8 − 34 所示重新组织了上述数据,在每个种群规模下,噪声强度 $\phi_n$ 较小时,视角 140°和 160°下的全局有序程度 $P$ 的值明显高于视角 120°和 180°,这也意味着可能存在最佳视角。

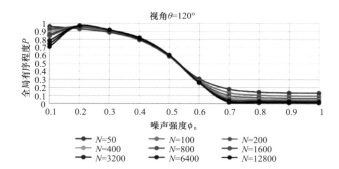

图 8-31　设定粒子拥有 120°视角,全局有序程度 P 在
不同程度噪声强度扰动之下,随种群规模 N 的变化情况

注:这里,$\phi_e = 0.5$。为边界上的每个粒子提供相同重量的协同效应和向内偏移。

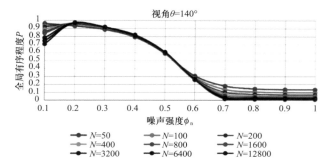

图 8-32　在 140°视角下,蜂群受到不同程度的噪声干扰,
全局有序程度随种群规模 N 的变化趋势

注:这里,$\phi_e = 0.5$。为边界上的每个粒子提供相同重量的协同效应和向内偏移。

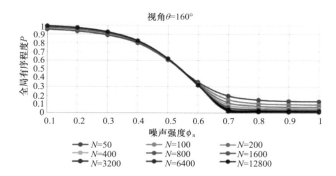

图 8-33　设定粒子拥有 160°视角,全局有序程度 P 在不同程度噪声
强度扰动之下,随种群规模 N 的变化情况

注:这里,$\phi_e = 0.5$。为边界上的每个粒子提供相同重量的协同效应和向内偏移。

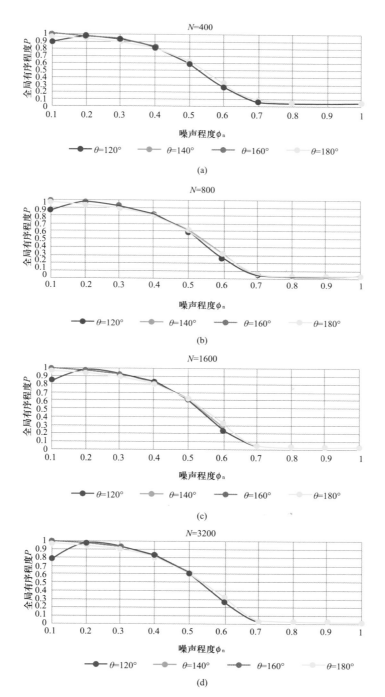

图 8-34　在不同视角 $\theta$ 和不同种群规模 $N$ 下，全局有序程度 $P$ 随噪声强度 $\phi_n$ 变化

分布式协同控制系统应用场景及对策

假设每个粒子采用最佳视角(见图 8-30)。如图 8-35 所示,具有不同规模的群的全局有序程度的变化受噪声强度 $\phi_n$ 的影响。此外,我们还比较了全局视角和最佳视角下的全局有序程度 $P$。图 8-36 显示了实验结果。显然,当噪声强度 $\phi_n < 0.5$ 时,具有最佳视角的系统最终接近更高的一致性。

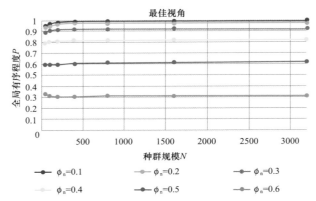

图 8-35　考虑每个粒子拥有最佳视角,全局有序程度 $P$、
噪声强度 $\phi_n$ 和种群规模 $N$ 之间的关系($\phi_e = 0.75$)

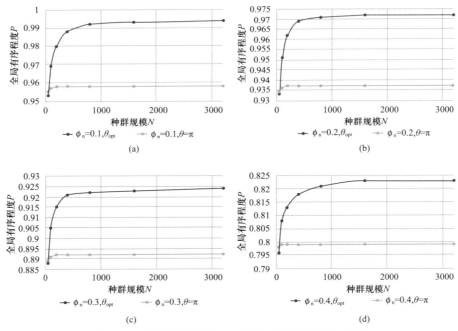

图 8-36　根据蜂群系统在不同噪声强度下的稳定性,
对最佳视角和全局视角进行定量比较

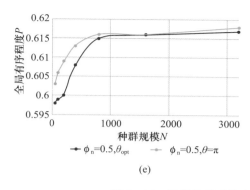
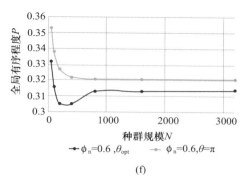

(e)                                    (f)

图 8 - 36    根据蜂群系统在不同噪声强度下的稳定性,
对最佳视角和全局视角进行定量比较(续)

然而,当噪声强度 $\phi_n > 0.5$ 时,全局视角更好。考虑到噪声强度通常不超过 0.5,个体倾向于在群体飞行期间进化出一个最佳视角,以保持超过 320 个群体的稳定性,这涉及更复杂的生物学机制。此外,最佳视角似乎是定向集群行为的更好解决方案。

## 8.4.5  结论

本节研究了有限视角下的三维集群的建模、分析和优化。RVFMF 模型适用于研究视角对于集群形成一致性程度的影响。此外,我们依赖于控制收敛一致性的几个重要因素,采用统计物理的方法对上述群体模型进行了优化。仿真结果表明,群体中每个粒子的最佳视角随着群体规模的增加而增加。同时当种群规模大于 1000 时,最佳视角逐渐稳定在 155°左右。此外,定量分析表明,鸟群在最佳受限视角下比在全局视角下能获得更好的协同模式。

## 8.4.6  参考文献

[1] REYNOLDS C W. Flocks, herds and schools: A distributed behavioral model[J]. ACM SIG-GRAPH Computer Graphics,1987,21(4):25 - 34.

[2] VICSEK T,CZIROOK A,BEN - JACOB E,COHEN O,SHOCHET I. Novel type of phase transitions in a system of self - driven particles[J]. Phys. Rev. Lett. ,1995,75:1226 - 1229.

[3] PUZZO M L R,DE VIRGILIIS A,GRIGERA T S. Self - propelled vicsek particles at low speed and low density[J]. Physical Review E,2019,99(5):052602.

[4] CUCKER F,SMALE S. Emergent behavior in flocks[J]. IEEE Transactions on Automatic Control,2007,52(5):852 - 862.

[5] BARBARO A B T,CANIZO J A,CARRILLO J A,DEGOND P. Phase transitions in a kinetic flocking model of cucker – smale type[J]. Multi – scale Modeling and Simulation,2016,14 (3):1063 – 1088.

[6] COUZIN I D,KRAUSE J,FRANKS N R,LEVIN S A. Effective leadership and decision making in animal groups on the move[J]. Nature,2005,433:513 – 516.

[7] NAGY M,AKOS Z,BIRO D,VICSEK T. Hierarchical group dynamics in pigeon flocks[J]. Nature,2010,464(7290):890.

[8] JIA Y N, VICSEK T. Modelling hierarchical flocking [J]. New Journal of Physics, 2019, 21:093048.

[9] CAVAGNA A,CIMARELLIB A,GIARDINA I,PARISI G,SANTAGATIB R,STEFANINI F,VI- ALE M. Scale – free correlations in starling flocks[J]. Proceedings of the National Academy of Sciences,2010,107(26):11865 – 11870.

[10] GINELLI F,CHATE H. Relevance of metric – free interactions in flocking phenomena[J]. Physical Review Letters,2010,105(16):168103.

[11] CHOU Y L,WOLFE R,IHLE T. Kinetic theory for systems of self – propelled particles with metric – free interactions[J]. Physical Review E Statal Nonlinear and Soft Matter Physics, 2012,86:021120.

[12] PEARCE D J G,TURNER M S. Density regulation in strictly metric – free swarms[J]. New Journal of Physics,2014,16(8):082002.

[13] ALDANA M,HUEPE C. Phase transitions in self – driven many – particle systems and relat- ed non – equilibrium models:A network approach[J]. Journal of Statistical Physics,2003, 112(1 – 2):135 – 153.

[14] SAVKIN A V. Coordinated collective motion of groups of autonomous mobile robots:analysis of vicsek's model[J]. IEEE Transactions on Automatic Control,2004,49(6):981 – 982.

[15] CZIRK A,VICSEK T. Collective behavior of interacting self – propelled particles[J]. Physica A:Statistical Mechanics and Its Applications,2012,281(1 – 4):17 – 29.

[16] BARBARO A B T,DEGOND P. Phase transition and diffusion among socially interacting self – propelled agents[J]. Discrete and Continuous Dynamical Systems – Series B,2014,19(5): 1249 – 1278.

[17] SOLON A P,CHATE H,TAILLEUR J. From phase to microphase separation in flocking mod- els:the essential role of nonequilibrium fluctuations[J]. Physical Review Letters,2015,114 (6):068101.

[18] PATTANAYAK S,MISHRA S. Collection of polar self – propelled particles with a modified a- lignment interaction[J]. Journal of Physics Communications,2018,2(4):045007.

[19] ESCAFF D,DELPIANO R. Flocking transition within the framework of kuramoto paradigm for

synchronization：Clustering and the role of the range of interaction［J］. Chaos,2020,30 (8)：083137.

［20］ DEGOND P,DIEZ A,FROUVELLE A,MERINO – ACEITUNO S. Phase transitions and macroscopic limits in a bgk model of body – attitude coordination［J］. Journal of Nonlinear Science,2020,30(6)：2671 – 2736.

［21］ CHEN Y H. Adaptive robust control of artificial swarm systems［J］. Applied Mathematics and Computation,2010,217(3)：980 – 987.

［22］ MOUSSA N,TARRAS I,MAZROUI M,BOUGHALEB Y. Effects of agent's repulsion in 2d flocking models［J］. International Journal of Modern Physics C,2011,22(7)：661 – 668.

［23］ BHATTACHARYA K,VICSEK T. Collective decision making in cohesive flocks［J］. New Journal of Physics,2010,12(9)：093019.

［24］ BALLERINI M,CABIBBO N,CANDELIER R,CAVAGNA A,CISBANI E,GIARDINA I,ORLANDI P G,PROCACCINI V. Empirical investigation of starling flocks：a benchmark study in collective animal behaviour［J］. Animal Behavior London – Baillere Tindall Then Academic Press,2008,76：201 – 215.

［25］ OLFATI – SABER R,MURRAY R M. Consensus problems in networks of agents with switching topology and time – delays［J］. IEEE Transactions on Automatic Control,2004,49(9)：1520 – 1533.

［26］ CHATE H,GINELLI F,GREGOIRE G,PERUANI F,RAYNAUD F. Modeling collective motion：variations on the vicsek model［J］. European Physical Journal B,2008,64(3 – 4)：451 – 456.

［27］ BALLERINI M,CABIBBO N,CANDELIER R,CAVAGNA A,CISBANI E,GIARDINA I,LECOMTE V,ORLANDI A,PARISI G,PROCACCINI A,VIALE M. Interaction ruling animal collective behavior depends on topological rather than metric distance：Evidence from a field study［J］. Proceedings of the National Academy of Sciences,2008,105(4)：1232 – 1237.

［28］ CAMPERI M,CAVAGNA A,GIARDINA I. Spatially balanced topological interaction grants optimal cohesion in flocking models［J］. Interface Focus,2012,2(6)：715 – 725.

［29］ LEWIS J M,TURNER M S. Density distributions and depth in flocks［J］. Journal of Physics D Applied Physics,2017,50(49)：494003.

［30］ STRANDBURG – PESHKIN A,TWOMEY C R,BODE N W F,KAO A B,KATZ Y,IOANNOU C C,ROSENTHAL S B,TORNEY C J,WU H S,LEVIN S A,COUZIN I D. Visual sensory networks and effective information transfer in animal groups［J］. Current Biology,2013,23(17)：709 – 711.

［31］ DAVIDSON J D,SOSNA M M G,TWOMEY C R,SRIDHAR V,LEBLANC S,COUZIN I D. Collective detection based on visual information in animal groups［J］. Journal of the Royal Society Interface,2021：431380.

［32］ COUZIN I,KRAUSE J,JAMES R. Collective memory and spatial sorting in animal groups［J］. Journal of Theoretical Biology,2002,218(1):1 – 11.

［33］ MARTIN G R. Visual fields in woodcocks scolopax rusticola(scolopacidae;charadriiformes) ［J］. Journal of Comparative Physiology A,1994,174(6):787 – 793.

［34］ ANDREAS H,CHRISTIAN W. The simulation of the movement of fish schools［J］. Journal of Theoretical Biology,1992,156(3):365 – 385.

［35］ MIGUEL M C,PARLEY J T,PASTOR – SATORRAS R. Effects of heterogeneous social interactions on flocking dynamics［J］. Physical Review Letters,2018,120(6):068303.

［36］ NETZER G,YAROM Y,ARIEL G. Heterogeneous populations in a network model of collective motion［J］. Physica A:Statistical Mechanics and Its Applications,2019,530:121550.

［37］ DEGOND P,MERINO – ACEITUNO S. Nematic alignment of self – propelled particles:From particle to macroscopic dynamics［J］. Mathematical Models and Methods in Applied Sciences 2020,30(10):1935 – 1986.

［38］ AFSHARIZAND B,CHAGHOEI P H,KORDBACHEH A A,TRUFANOV A,JAFARI G. Market of stocks during crisis looks like a flock of birds［J］. Entropy,2020,22(9):1038.

［39］ GEORGE M,GHOSE D. Reducing convergence times of self – propelled swarms via modified nearest neighbor rules［J］. Physica A:Statistical Mechanics and Its Applications,2012,391 (16):4121 – 4127.

［40］ CHEN G,LIU Z X,GUO L. The smallest possible interaction radius for flock synchronization ［J］. SIAM Journal on Control and Optimization,2012,50(4):1950 – 1970.

［41］ WANG X G,ZHU C P,YIN C Y,HU D S,YAN Z J. A modified vicsek model for self – propelled agents with exponential neighbor weight and restricted visual field［J］. Physica A:Statistical Mechanics and Its Applications,2013,392(10):2398 – 2405.

［42］ NGUYEN P T,LEE S H,NGO V T. Effect of vision angle on the phase transition in flocking behavior of animal groups［J］. Physical Review E,2015,92(3):032716.

［43］ DURVE M,SAYEED A. First – order phase transition in a model of self – propelled particles with variable angular range of interaction［J］. Physical Review E,2016,93(5):052115.

［44］ LI Y J,WANG S,HAN Z L,TIAN B M,XI Z D,WANG B H. Optimal view angle in the three – dimensional self – propelled particle model［J］. Europhysics Letters,2011,93(6):68003.

［45］ JIA Y N,LI Q,ZHANG Z L. Accelerating emergence of aerial swarm［J］. Applied Science, 2020,10:7986.

［46］ MARTIN G R. The eye of a passeriform bird,the european starling(sturnus vulgaris):eye movement amplitude,visual fields and schematic optics［J］. Journal of Comparative Physiology A,1986,159(4):545 – 557.

# 结　语

又是一年美丽的深秋,时值中国共产党第二十次全国代表大会胜利召开之际,而我却因重要任务滞留在杭州。天赐的闲情不能辜负,白日泛舟西子湖上,月下饱览钱江怒潮……大自然以神秘未知系统所集成的伟大力量,送给人间的一面是波澜壮阔的磅礴力量,一面是平湖秋月的岁月静好。

遥想千里之外的首都,此刻,正是全球的焦点! 习近平总书记以百年大党总指挥的非凡气魄,正引领 14 亿华夏儿女谱写中华民族伟大复兴的宏大叙事。而中共二十大,已经把科教兴国定义为高质量发展的范式。此情此景,如何不让人心潮澎湃、激情豪迈?

我与贾永楠同志多年来都把心思放在了宏观现象之微观机制的仿真建模研究上。一幅经常性的场景就是:窗外灯火阑珊、桌前火锅滚滚,而我和贾博士却在"高谈阔论"鱼群效应、大洋环流、DAI( Distributed Artificial Intelligence )、Herding Effect、风云际会、复变偏导、仿真建模等专业领域的平常词句,恍惚之间,在邻桌诧异的表情和好奇的眼神中依然故我……

数年如一日的砥砺交互,终成面前微薄的小书。但我和贾博士非常满足——所有极致的简单,正因其超越了无限的复杂;正因为我们向世界奉献了简单,我们才与世界纠缠出无限的可能……

我是金融科技的一个尖兵,之所以愿意如此深沉地投入研究,不仅仅是因为流体力学的模型正推动着金融算法的日新月异,也不仅仅是因为分布式协同模型才刚刚开始介入生产力场景,更是因为,华尔街的实践已经证明,人类模拟大自然群落与群体分布式协同运动而产生的思维方式,正在成为资产定价与风险控制的前沿模型;更有意义的是,在未来的 20 年,分布式协同控制思想,必然为人类浩瀚的财富创造浪潮提供最为基础的方法论。

在过去的五年中,我从小小的芯片研究开始,"为万物立心";从 Ecode 编码研究开始,"为万物立命";从 RFID 通信开始,"为万物立言"。在国家创新体系中,互联网,仅仅是第三次全要素生产率革命的上半场;而物联网( Internet of

Things，IOT），正在开启第三次全要素生产率时代的下半场。本书的研究，已经并将继续为自动化孪生生产力场景而催生理论生态；尤其重要的是，本书的研究，将为普遍匮乏效率的数字化转型运动提供"价值函数"级的内驱力。

换言之，本书的研究结论，将为孪生世界提供价值与效率创造的方法论；否则，相当多的数字化转型命题将变得无解。

我和贾博士的研究，始终扫描"空谈误国"的前沿理论研究陷阱，始终仰望星空、更俯视大地，我们从鱼群、雁群运动，到流体力学与金融资产运动；从静态金融资产身份，到金融交易区块链Token；从绿色有机农产品供应链，到定制化服装产业链……目光所及，必脚踏实地；心之所向，必抓地有痕。未来一到两年，新一代产业协同平台即将诞生，如果我们的研究能渗透到国民经济的方方面面，如果我们的理论能催化数字化裂变，那么，我们会因此感到欣慰而觉得不虚此行！

星空下，西湖之上，水平如镜、皓月当空……

此刻，我不由想起在北京的牛牛、蛋蛋宝贝，想起远在大洋彼岸的大升，谨以此书，作为我向你们致谢的礼物！在过去一年中，在本书成稿的日子里，你们用心带给我那么美好的时光，才让我如此努力与笃定……

力强

杭州西子宾馆

2022年10月